# 智能电网调度控制系统标准化作业指导书汇编

国网浙江省电力公司
国网绍兴供电公司　组编

中国电力出版社
CHINA ELECTRIC POWER PRESS

## 内 容 提 要

本书介绍了 D5000 系统标准化作业指导书的编制及应用使用的技术书籍。第一、二章为综述部分，介绍了 D5000 传统作业方式的局限性，阐述了《D5000 系统标准化作业指导书》的编制背景和依据，分析和总结了其特点和成效，并详细给出了体系结构和编制步骤。第三、四、五章为应用部分，收录了设备安装、系统运维、业务接入三大类 30 套典型的 D5000 系统标准化作业指导书。

本书注重实际，可操作性强，可为电网调度自动化人员提供标准化作业指导，也可作为 D5000 系统操作的培训教材。

**图书在版编目（CIP）数据**

智能电网调度控制系统标准化作业指导书汇编 / 国网浙江省电力公司，国网绍兴供电公司组编. —北京：中国电力出版社，2015.10（2017.12 重印）

ISBN 978-7-5123-8184-1

Ⅰ. ①智… Ⅱ. ①国…②国… Ⅲ. ①智能控制–电力系统调度–标准化 Ⅳ. ①TM76-65

中国版本图书馆 CIP 数据核字（2015）第 200176 号

中国电力出版社出版、发行

（北京市东城区北京站西街 19 号 100005 http://www.cepp.sgcc.com.cn）

三河市万龙印装有限公司

各地新华书店经售

*

2015 年 10 月第一版 2017 年 12 月北京第二次印刷

787 毫米×1092 毫米 16 开本 16.5 印张 401 千字

定价 **60.00** 元

# 本书编委会

# 前 言

D5000 系统是适应统一坚强智能电网建设的要求、具有自主创新、国际领先水平的新一代一体化智能电网调度控制系统，涵盖实时监控与预警、调度计划、安全校核、调度管理四大类应用。为强化 D5000 系统作业现场和作业人员的安全管理、提高调度自动化专业技术人员的业务素质，根据《国家电网公司关于开展现场标准化作业的指导意见》（国家电网生〔2006〕356 号），按照《国家电网公司现场标准化作业指导书编制导则（试行）》（国家电网生〔2004〕503 号）的要求，国网浙江省电力公司于 2012 年完成 D5000 系统作业指导书相关素材的收集和整理，2013 年完成 D5000 系统标准化作业指导书初稿的编制并投入试用，2014 年完成作业指导书的修订，形成终稿并开展应用。自实施以来，各标准化作业指导书已在 1500 余次日常作业和 20 余次技术技能培训中使用，涉及人员近 2200 人次，对提升浙江电网 D5000 系统的运行维护水平发挥了重要作用。

本书即是对 D5000 系统标准化作业指导书编制和应用的介绍。本书共 5 章：第一章介绍了编制背景、传统作业方式的局限性、编制的依据、标准化作业指导书的特点以及成效和前景；第二章介绍了 D5000 系统标准化作业书的架构和编制方法；第三章是软硬件设备安装类作业指导书，共 15 套；第四章是系统运行维护类作业指导书，共 9 套；第五章是业务接入类作业指导书，共 6 套。

该书注重实际，可操作性强，是规范深化 D5000 系统现场作业、提升作业质量的有益尝试。希望该书的出版能进一步满足调度自动化专业人才队伍培养的需要，为各级调度自动化专业人员提供积极有益的帮助，从而提高电网调度自动化的整体水平。

编 者

2015 年 6 月

# 目　录

# 1 概　　述

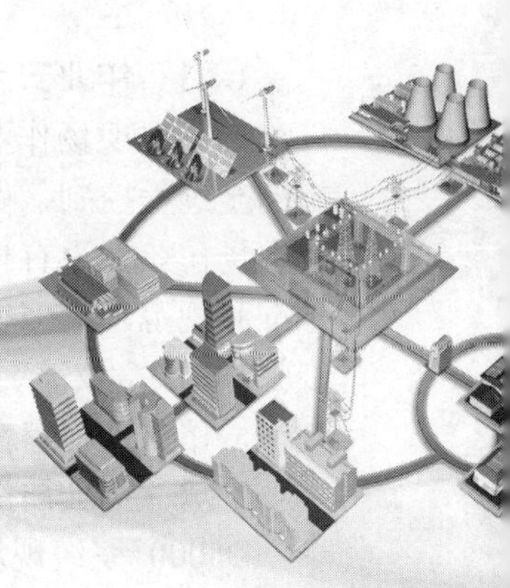

## 1.1 编 制 的 背 景

D5000 系统又称智能电网调度控制系统，是适应统一坚强智能电网建设的要求，具有自主创新、国际领先水平的新一代一体化智能电网调度控制系统。系统由基础平台和实时监控与预警、调度计划、安全校核、调度管理四大类应用组成，提供完整的智能电网调度技术支持手段，实现敏锐的全景化前瞻预警、优化的自适应自动调整、多维的全局观协调控制、统筹的精细化调度计划和规范的流程化高效管理，是电网运行控制和调度生产管理的重要技术支撑手段。所以，提升 D5000 系统的运行维护水平，确保 D5000 系统在电网运行控制和调度生产管理中的支撑作用，显得尤为重要。

## 1.2 传统作业方式的局限性

### 1.2.1 作业安全预控差

为确保现场作业的质量和安全，国家电网公司提出了标准化作业要求，以实现对作业实施的全过程控制，保证作业过程处于“可控、在控”状态，不出现偏差和错误。但 D5000 系统现场作业并没有相关的规范性指导意见，这导致 D5000 系统现场作业程序缺乏可以遵循的标准和规范。许多操作在作业前未开展危险点分析，作业现场危险源辨识不清，缺乏对操作步骤、人员、仪表、备品备件的细化和对作业环境、操作方法的安全预控，作业的安全措施不到位，作业过程存在安全隐患。

### 1.2.2 作业质量差异大

D5000 系统现场作业主要包含设备安装、系统运维、业务接入三大类，每个专业人员难以全面熟悉所有应用和设备的作业方法，导致了作业质量和效率的参差不齐，系统的稳定可靠运行存在安全隐患。

### 1.2.3 作业过程不规范

作业过程不规范表现为整个作业程序和操作过程中具体环节的随意性。整个作业程序不仅包含了作业本身，还应包括作业之前的各项准备工作和作业后的分析、检查和记录。由于缺乏相关规范，是否能充分做好作业前、作业中和作业后的各项工作，取决于专业人员的经验和态度。此外，每位专业人员对系统和设备的了解程度存在差异，面对同一作业任务采用不同的作业方法和步骤，这导致了作业过程中具体环节的随意性。作业过程的不规范可能诱发安全风险和作业质量的不可控。

### 1.2.4 作业针对性培训少

由于 D5000 系统正式投入运行时间较短，缺少 D5000 系统现场作业培训教材。作业人员缺乏针对现场作业的学习和培训，对作业程序、操作过程和各项安全、质量要求掌握不够，业务技能水平亟待提高。

## 1.3 编 制 的 依 据

国家电网公司于 2004 年颁布了《国家电网公司现场标准化作业指导书编制导则（试行）》，

要求在公司系统全面推行作业标准化这一新的管理方法。通过对现场作业过程的细化、量化、标准化，实现全过程控制。

国家电网公司于 2005 年颁布了《国家电网公司关于加强安全生产工作的决定》，要求强化生产现场和作业人员的安全管理，切实做到“五个百分之百”中的“标准化作业百分之百到位”。

国家电网公司于 2006 年颁布了《国家电网公司关于开展现场标准化作业的指导意见》，要求电网安全生产可控、在控、能控，全面推进公司系统现场标准化作业工作。

## 1.4 标准化作业指导书的特点

D5000 系统标准化作业指导书主要从范围、规范性引用文件、作业前准备、流程图、作业程序及作业标准、作业指导书执行情况评估、作业记录等方面进行编制，具有以下四方面的特点：

### 1.4.1 涵盖作业全过程

在编写过程中强化作业前的各项准备工作，针对各类作业，从准备工作安排、劳动组织、作业人员要求、技术资料、危险点分析及预控、主要安全措施等多个方面提出了明确要求，力求贴近实际的运行维护作业。D5000 系统标准化作业指导书重点强调作业中的关键步骤和危险点控制，针对作业中的关键步骤编写作业流程图，确保作业人员操作的正确性，提高作业质量；对作业指导书的执行情况进行评估，提出存在问题和改进意见，保证作业的完整性。

### 1.4.2 突出作业精细化

D5000 系统标准化作业指导书通过流程图的形式说明作业的关键步骤，对每个作业步骤进行细化和规范，注重对作业过程中工艺质量的把控，对每个作业子项明确工艺标准和安全措施及注意事项，并在作业中对重要的功能和数据进行测试，从源头上控制作业过程，保证作业质量。

### 1.4.3 强调作业规范性

D5000 系统标准化作业指导书强调作业前劳动组织、作业人员要求、技术资料、危险点分析及预控、主要安全措施等准备工作安排。要求作业过程严格遵守作业程序及作业标准，逐项对照、检查、操作、记录，以保证作业质量达到指导书的要求。作业后进行作业指导书执行情况的评估，并做好作业记录。

### 1.4.4 强化作业覆盖率

D5000 系统标准化作业指导书覆盖了 D5000 系统基础平台、稳态监控、调度计划、安全校核等应用中设备安装、系统运维、业务接入三大类作业类型，包括各类服务器和工作站的安装、服务器启停、平台应用切换、系统备份与恢复、硬件更换、日常巡视、调度计划维护、安全校核维护、调度管理维护、AGC 联调、AVC 联调、状态估计调试、厂站接入、WAMS 联调、综合智能告警调试等现场作业。

## 1.5 成 效 和 前 景

智能电网的建设及大运行体系的全面提升，对做好 D5000 系统的运行维护工作提出了更高的要求。D5000 系统标准化作业指导书规范了 D5000 系统现场作业，提高了作业质量，控制了作业风险，增强了 D5000 系统对智能电网的技术支撑能力。同时，作业指导书推动了浙江电网调度自动化标准化作业的建设和发展，拓展了标准化作业的覆盖面，并在实践中取得了较好的经济效益和社会效益，在当前国家电网公司全面推行标准化作业的背景下，具有较大推广应用价值。

标准化作业是一个不断完善的过程，随着智能电网建设的不断推进，调度自动化技术的不断发展，标准化作业指导书需要在生产实践中不断改进和扩充，使标准化作业为生产实践创造更多的效益，以满足建设现代化电力企业的需要。

# 2 编制说明

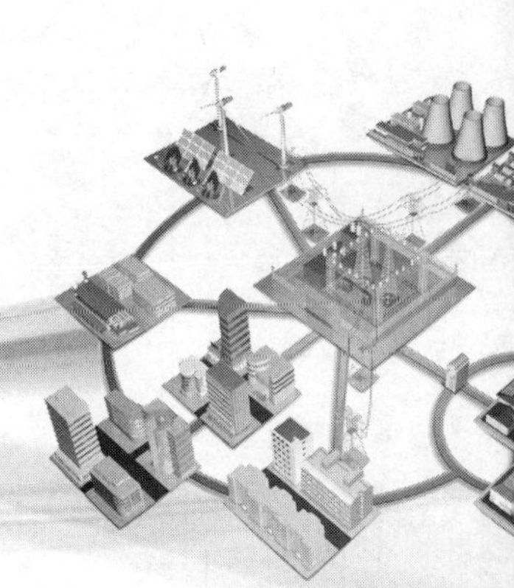

## 2.1 架 构 说 明

《D5000 系统标准化作业指导书》以国家电网标准化作业要求为基本准绳进行编制，分为设备安装、系统运行维护、业务接入三大类，共计 30 套作业指导书。D5000 系统标准化作业指导书体系结构和框架见图 2-1。D5000 系统标准化作业指导书系列目录见表 2-1。

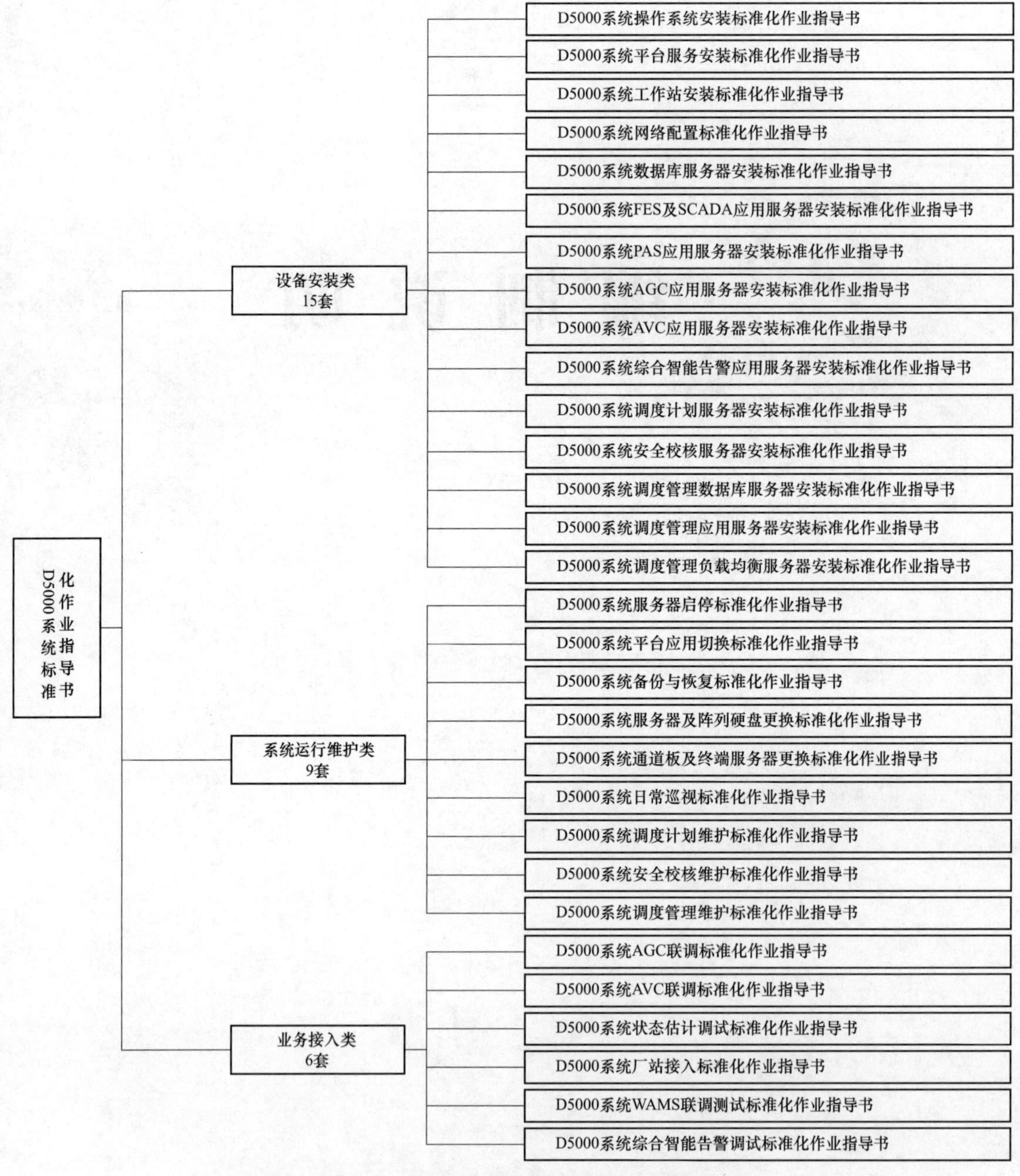


图 2-1　D5000 系统标准化作业指导书体系结构和框架

表 2-1 **D5000 系统标准化作业指导书系列目录**

| 序号 | 指导书名称 | 实施时间 |
| --- | --- | --- |
| 1 | D5000 系统操作系统安装标准化作业指导书 | 2013-08-01 |
| 2 | D5000 系统平台服务安装标准化作业指导书 | 2013-08-01 |
| 3 | D5000 系统工作站安装标准化作业指导书 | 2013-08-01 |
| 4 | D5000 系统网络配置标准化作业指导书 | 2013-08-01 |
| 5 | D5000 系统数据库服务器安装标准化作业指导书 | 2013-08-01 |
| 6 | D5000 系统 FES 及 SCADA 应用服务器安装标准化作业指导书 | 2013-08-01 |
| 7 | D5000 系统 PAS 应用服务器安装标准化作业指导书 | 2013-08-01 |
| 8 | D5000 系统 AGC 应用服务器安装标准化作业指导书 | 2013-08-01 |
| 9 | D5000 系统 AVC 应用服务器安装标准化作业指导书 | 2013-08-01 |
| 10 | D5000 系统综合智能告警应用服务器安装标准化作业指导书 | 2013-08-01 |
| 11 | D5000 系统调度计划服务器安装标准化作业指导书 | 2013-08-01 |
| 12 | D5000 系统安全校核服务器安装标准化作业指导书 | 2013-08-01 |
| 13 | D5000 系统调度管理数据库服务器安装标准化作业指导书 | 2013-08-01 |
| 14 | D5000 系统调度管理应用服务器安装标准化作业指导书 | 2013-08-01 |
| 15 | D5000 系统调度管理负载均衡服务器安装标准化作业指导书 | 2013-08-01 |
| 16 | D5000 系统服务器启停标准化作业指导书 | 2013-08-01 |
| 17 | D5000 系统平台应用切换标准化作业指导书 | 2013-08-01 |
| 18 | D5000 系统备份与恢复标准化作业指导书 | 2013-08-01 |
| 19 | D5000 系统服务器及阵列硬盘更换标准化作业指导书 | 2013-08-01 |
| 20 | D5000 系统通道板及终端服务器更换标准化作业指导书 | 2013-08-01 |
| 21 | D5000 系统日常巡视标准化作业指导书 | 2013-08-01 |
| 22 | D5000 系统调度计划维护标准化作业指导书 | 2013-08-01 |
| 23 | D5000 系统安全校核维护标准化作业指导书 | 2013-08-01 |
| 24 | D5000 系统调度管理维护标准化作业指导书 | 2013-08-01 |
| 25 | D5000 系统 AGC 联调标准化作业指导书 | 2013-08-01 |
| 26 | D5000 系统 AVC 联调标准化作业指导书 | 2013-08-01 |
| 27 | D5000 系统状态估计调试标准化作业指导书 | 2013-08-01 |
| 28 | D5000 系统厂站接入标准化作业指导书 | 2013-08-01 |
| 29 | D5000 系统 WAMS 联调测试标准化作业指导书 | 2013-08-01 |
| 30 | D5000 系统综合智能告警调试标准化作业指导书 | 2013-08-01 |

## 2.2 编 制 方 法

遵照《国家电网公司现场标准化作业指导书编制导则（试行）》要求，D5000 系统标准化作业指导书的编制包括封面、正文、规范性附录三大部分，正文部分又分为范围、规范性引用文件、作业前准备、流程图、作业程序及作业标准、作业指导书执行情况评估、作业记录七大部分。正文部分中的作业前准备分为准备工作安排、劳动组织、作业人员要求、技术资料、危险点分析及预控、主要安全措施六部分；作业程序及作业标准分为工作许可、开工检查、作业项目与工艺标准、作业完工四部分。

**2.2.1 封面**

包括作业名称、编号、编写人及时间、审核人及时间、批准人及时间、作业负责人、作业工期、编写单位八项内容。

**2.2.2 正文**

1. 范围

对作业指导书的应用范围做出具体的规定。

2. 引用文件

明确编写作业指导书所引用的法规、规程、标准、设备说明书及企业管理规定和文件。

3. 作业前准备

（1）准备工作安排。阐述本次作业需要做的准备工作及标准，如工作票的填写、作业设备的准备、应急预案的宣贯等（详见相应作业指导书）。

（2）劳动组织。明确本次作业工作负责人、技术负责人和作业人员的职责和人数。

工作负责人（安全监护人）：明确作业人员分工；办理工作票，组织编制安全措施、技术措施，合理分配工作并组织实施；工作前对工作人员交代安全事项，工作结束后总结经验与不足之处；严格遵照《国家电网公司电力安全工作规程（变电部分）》（简称《安规》）对作业过程的安全进行监护；对现场作业危险源预控负有责任，负责落实防范措施；对作业人员进行安全教育，督促工作人员遵守安规，检查工作票所载安全措施是否正确完备，安全措施是否符合现场实际条件。

技术负责人：对安装作业措施、技术指标进行指导；指导现场工作人员严格按照作业指导书进行工作，同时对不规范的行为进行制止；可以由工作负责人或安装人员兼任。

作业人员：严格依照安规及作业指导书的要求作业；经过培训考试合格，对本项作业的质量、进度负有责任。

（3）作业人员要求。明确本次作业作业人员的相关要求。

作业人员经年度安规考试合格；精神状态正常，无妨碍工作的病症，着装符合要求；经过调度自动化主站端维护上岗证培训，并考试合格。

（4）技术资料。明确本次作业所需要的技术资料。

（5）危险点分析及预控。针对本次作业进行危险点分析并提出相应的预控措施。

（6）主要安全措施。针对本次作业提出保证作业正常开展的主要安全措施。

4. 流程图

以流程图的形式展示本次作业相关核心节点操作的先后顺序。

5. 作业程序及作业标准

（1）工作许可。工作票负责人会同工作票许可人检查工作票上所列安全措施是否正确完备，并在工作许可人完成施工现场的安全措施及一起现场核查无误后，与工作票许可人办理工作票许可手续。

（2）开工检查。工作负责人核对本次作业的工作内容，检查所有作业人员是否正确使用劳保用品，并由工作负责人带领进入作业现场并在工作现场向所有作业人员详细交代作业任务、安全措施和安全注意事项、设备状态及人员分工，全体作业人员应明确作业范围、进度要求等内容，并在工作票的工作班成员签字栏内签名。

（3）作业项目与工艺标准。明确本作业相关核心步骤的标准和相关注意事项。

（4）作业完工。恢复安全措施，严格按现场安全技术措施中所做的安全技术措施恢复，恢复后经双方（工作人员及验收人员）核对无误；全体工作班人员清扫、整理现场，清点工具及回收材料；工作负责人周密检查施工现场，检查施工现场是否有遗留的工具、材料；工作负责人在工作票上详细记录工作完成情况、遗留问题、结论意见等，经值班员验收合格，并在工作票上签字后，办理工作票终结手续。

6. 作业指导书执行情况评估

包括符合性、可操作、可操作项、不可操作项、修改项、遗漏项、存在问题、改进意见。

7. 作业记录

包括本次作业的相关记录。

**2.2.3　规范性附录**

包括本次作业相关的工作票、操作票、安全报告、工作记录、状态记录、联调记录、测试记录等相关资料。

# 3 设备安装类作业指导书应用

编号：Q×××××××

# D5000系统操作系统（凝思）安装
# 标准化作业指导书

编写：__________ ________年____月____日

审核：__________ ________年____月____日

批准：__________ ________年____月____日

作业负责人：________________

作业日期：______年____月____日____时至______年____月____日____时

国 网 浙 江 省 电 力 公 司

## 1 范围

本作业指导书适用于 D5000 系统操作系统（凝思）安装作业。

## 2 规范性引用文件

下列文件对于本文件的应用是必不可少的。凡是注日期的引用文件，仅注日期的版本适用于本文件；凡是不注日期的引用文件，其最新版本（包括所有的修改版）适用于本文件。

《电力监控系统安全防护管理规定》（国家发展和改革委员会令　第 14 号）

《智能电网调度技术支持系统》（Q/GDW 680—2011）

《地区智能电网调度技术支持系统应用功能规范》（Q/GDW Z461—2010）

《国家电网公司电力安全工作规程（变电部分）》（Q/GDW 1799.1—2013）

《国家电网公司电力调度自动化系统运行管理规定》（国家电网企管〔2014〕747 号）

《国家电网公司现场标准化作业指导书编制导则（试行）》（国家电网生〔2004〕503 号）

《国家电网公司关于加强安全生产工作的决定》（国家电网办〔2005〕474 号）

《国家电网公司关于开展现场标准化作业的指导意见》（国家电网生〔2006〕356 号）

《国家电网调度控制管理规程》（国家电网调〔2014〕1405 号）

《浙江电网自动化设备检修管理规定》（浙电调〔2012〕1039 号）

《浙江省电力系统调度控制管理规程》（浙电调〔2013〕954 号）

《浙江电网自动化主站"两票三制"管理规定（试行）》（浙电调字〔2009〕204 号）

## 3 作业前准备

### 3.1 准备工作安排（见表 3-1）

表 3-1　　准备工作安排

| √ | 序号 | 内　容 | 标　准 |
|---|---|---|---|
| | 1 | 根据本次作业项目、作业指导书，全体作业人员应熟悉作业内容、进度要求、作业标准、安全措施、危险点注意事项 | 要求所有作业人员都明确本次安装工作的作业内容、进度要求、作业标准及安全措施、危险点注意事项 |
| | 2 | 准备好需安装操作系统的机器、正版操作系统光盘等，准备好操作系统安装资料 | Linux 操作系统版本为凝思 4.2，机器硬件配置应符合 D5000 系统要求 |
| | 3 | 根据现场工作时间和工作内容填写工作票 | 工作票应填写正确，并按《国家电网公司电力安全工作规程（变电部分）》和《浙江电网自动化主站"两票三制"管理规定（试行）》相关部分执行 |
| | 4 | 作业人员应熟悉 D5000 系统事故处理应急预案 | 要求所有作业人员均能按预案处理事故，预案必须放置于值班台；预案必须是及时按时修订的，具有可操作性。事故处理必须遵守《浙江电网自动化系统设备检修流程管理办法（试行）》及《浙江电力调度自动化系统运行管理规范》的规定 |

## 3.2 劳动组织（见表 3-2）

表 3-2 劳 动 组 织

| √ | 序号 | 人员名称 | 职　　责 | 作业人数 |
|---|---|---|---|---|
| | 1 | 工作负责人（安全监护人） | 1）明确作业人员分工。<br>2）办理工作票，组织编制安全措施、技术措施，合理分配工作并组织实施。<br>3）工作前对工作人员交代安全事项，工作结束后总结经验与不足之处。<br>4）严格遵照安规对作业过程的安全进行监护。<br>5）对现场作业危险源预控负有责任，负责落实防范措施。<br>6）对作业人员进行安全教育，督促工作人员遵守安规，检查工作票所载安全措施是否正确完备，安全措施是否符合现场实际条件 | 1 |
| | 2 | 技术负责人 | 1）对安装作业措施、技术指标进行指导。<br>2）指导现场工作人员严格按照本作业指导书进行工作，同时对不规范的行为进行制止。<br>3）可以由工作负责人或安装人员兼任 | 1 |
| | 3 | 作业人员 | 1）严格依照安规及作业指导书要求作业。<br>2）经过培训考试合格，对本项作业的质量、进度负有责任 | 根据需要，至少 1 人 |

## 3.3 作业人员要求（见表 3-3）

表 3-3 作 业 人 员 要 求

| √ | 序号 | 内　　容 | 备注 |
|---|---|---|---|
| | 1 | 经年度安规考试合格 | |
| | 2 | 精神状态正常，无妨碍工作的病症，着装符合要求 | |
| | 3 | 经过调度自动化主站端维护上岗证培训，并考试合格 | |

## 3.4 技术资料（见表 3-4）

表 3-4 技 术 资 料

| √ | 序号 | 名　　称 | 备注 |
|---|---|---|---|
| | 1 | D5000 系统基础平台技术手册 | |
| | 2 | D5000 系统基础平台使用手册 | |
| | 3 | D5000 系统安装手册 | |
| | 4 | 凝思操作系统安装手册 | |

## 3.5 危险点分析及预控（见表 3-5）

表 3-5 危 险 点 分 析 及 预 控

| √ | 序号 | 内　　容 | 预 控 措 施 |
|---|---|---|---|
| | 1 | 操作系统版本与 D5000 系统平台版本不匹配 | 确保所安装操作系统版本为凝思 4.2 |

续表

| √ | 序号 | 内　容 | 预 控 措 施 |
|---|---|---|---|
| | 2 | 需安装的服务器不符合 D5000 系统应用要求 | 检查机器硬件配置，确保符合 D5000 系统要求 |
| | 3 | 作业流程不完整导致功能缺失 | 严格按步骤执行 |

## 3.6 主要安全措施（见表 3-6）

表 3-6　　主 要 安 全 措 施

| √ | 序号 | 内　容 |
|---|---|---|
| | 1 | 确认操作系统版本、机器硬件符合安装作业要求 |
| | 2 | 工作时，不得误碰与工作无关的运行设备 |
| | 3 | 在工作区域放置警示标志 |
| | 4 | 检查设备供电电源是否正常 |

# 4 流程图

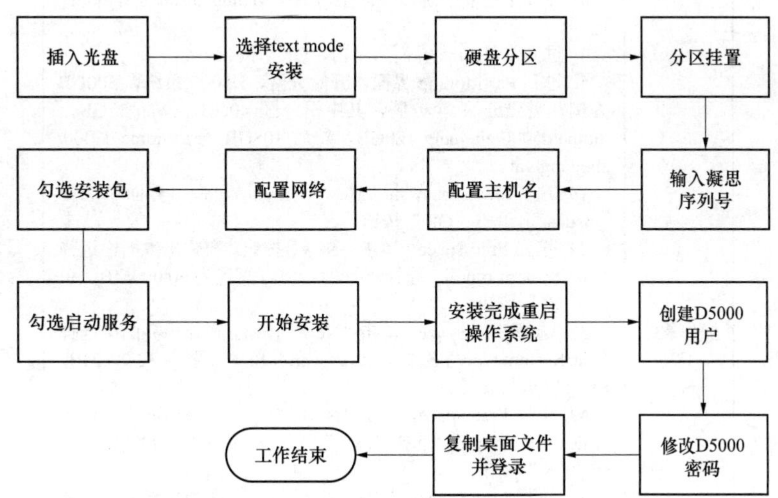


图 3-1　D5000 系统操作系统（凝思）安装作业流程

# 5 作业程序及作业标准

## 5.1 工作许可

工作票负责人会同工作票许可人检查工作票上所列安全措施是否正确完备，并在工作许可人完成施工现场的安全措施及一起现场核查无误后，与工作票许可人办理工作票许可手续。

## 5.2 开工检查（见表 3-7）

表 3-7　　开　工　检　查

| √ | 序号 | 内　容 | 标准及注意事项 |
|---|---|---|---|
| | 1 | 工作内容核对 | 核对本次工作的内容，核对操作系统版本等信息 |
| | 2 | 机器硬件检查 | 检查机器硬件配置，如硬盘容量、分区容量、内存大小等硬件配置是否符合要求 |
| | 3 | 工作分工及安全交底 | 开工前工作负责人检查所有作业人员是否正确使用劳保用品，并由工作负责人带领进入作业现场并在工作现场向所有作业人员详细交代作业任务、安全措施和安全注意事项、设备状态及人员分工，全体作业人员应明确作业范围、进度要求等内容，并在工作票的工作班成员签字栏内签名 |

## 5.3 作业项目与工艺标准（见表 3-8）

表 3-8　　D5000 系统操作系统（凝思）安装作业

| √ | 序号 | 内容 | 标　准 | 注意事项 |
|---|---|---|---|---|
| | 1 | 操作系统安装 | 1. 从凝思操作系统商务负责人或技术负责人处取得凝思操作系统安装光盘和安装序列号。<br>2. 将安装光盘插入到服务器光驱，调整 BIOS 为光盘启动，进入光盘。<br>3. 在弹出的安装选项界面中，选择“Manual install text mode”选项。<br>4. 进到 Welcome 界面，单击“OK”按钮。<br>5. 进到 Partitioning 界面，开始分区，D5000 系统以 300GB 为例，需要分 4 个分区，其中根分区 40GB，swap 32GB，/home/d5000/zhejiang 120GB，剩余 108GB 分给/home/d5000/zhejiang/var。<br>1）选择/dev/sda 单击“New”按钮，在弹出界面中选择“msdos”，单击“OK”按钮。<br>2）选择 Free Space，单击“New”按钮，在弹出界面中选择“File System type”，选择“ext3”，Size 设置为 60 000MB，单击“OK”按钮。<br>3）选择 Free Space，单击“New”按钮，在弹出界面中选择“File System type”，选择“linux-swap”，Size 设置为 32 000MB，单击“OK”按钮。<br>4）选择 Free Space，单击“New”按钮，在弹出界面中选择“File System type”，选择“ext3”，Size 设置为 120 000MB，单击“OK”按钮。<br>5）选择 Free Space，单击“New”按钮，在弹出界面中选择“File System type”，选择“ext3”，Size 设置为 108 000MB，单击“OK”按钮。<br>6）回到 Partitioning 界面，单击“OK”按钮，进到 MountPoint Configure 界面。<br>7）选择/dev/sda1，单击“Edit”按钮，在弹出界面中 mountpoint 处输入/，单击“OK”按钮。<br>8）选择/dev/sda2，单击“Edit”按钮，在弹出界面中 File System Type 处选择“linux-swap”，勾选“Format the partition”复选框，单击“OK”按钮。<br>9）选择/dev/sda3，单击“Edit”按钮，在弹出界面中 mountpoint 处输入/home/d5000/zhejiang，单击“OK”按钮。 | |

续表

| √ | 序号 | 内容 | 标　准 | 注意事项 |
|---|---|---|---|---|
| | 1 | 操作系统安装 | 10）选择/dev/sda3，单击“Edit”按钮，在弹出界面中mountpoint处输入/home/d5000/zhejiang/var，单击“OK”按钮。<br>11）回到MountPoint Configure界面，单击“Next”按钮。<br>12）弹出Serial Number界面，输入凝思提供的安装序列号，单击“OK”按钮。<br>13）弹出Network Configure界面，选择“Static IP Address”，单击“OK”按钮。<br>14）输入主机名、IP、netmask、gateway，确认无误后，单击“OK”按钮。<br>15）弹出Package Group Select界面，勾选所有选项，单击“OK”按钮。<br>16）弹出Start Service界面，勾选所有选项，单击“OK”按钮。<br>17）弹出Installation Information界面，单击“Install”按钮，开始安装操作系统。<br>18）安装进度条走到100%后，弹出安装完成界面，单击“OK”按钮，重启机器即可 | |
| | 2 | 操作系统配置 | 1. 机器启动后，进到图形登录界面，输入用户名root，密码rocky登录到操作系统，打开一个终端执行命令 useradd -d /home/d5000/zhejiang -s /bin/tcsh d5000创建d5000用户。<br>2. 执行命令passwd d5000修改d5000用户密码。<br>3. cp -r /etc/skel/.kde /home/d5000/zhejiang，修改权限chown d5000：d5000 /home/d5000。<br>4. 单击左下角的菜单栏，注销root用户，然后输入用户d5000登录到图形界面，安装结束 | |

### 5.4 作业完工（见表3-9）

**表3-9　　作　业　完　工**

| √ | 序号 | 内　容 |
|---|---|---|
| | 1 | 核对新装操作系统功能是否正常，并填写操作系统安装报告（见附录A） |
| | 2 | 恢复安全措施，严格按现场安全技术措施中所做的安全技术措施恢复，恢复后经双方（工作人员及验收人员）核对无误 |
| | 3 | 全体工作班人员清扫、整理现场，清点工具及回收材料 |
| | 4 | 工作负责人检查施工现场，检查施工现场是否有遗留的工具、材料 |
| | 5 | 工作负责人在工作票上详细记录工作完成情况、遗留问题、结论意见等 |
| | 6 | 经值班员验收合格，并在工作票上签字后，办理工作票终结手续 |

## 6 作业指导书执行情况评估（见表3-10）

**表3-10　　作业指导书执行情况评估**

| 评估内容 | 符合性 | 优 | | 可操作项 | |
|---|---|---|---|---|---|
| | | 良 | | 不可操作项 | |

续表

<table>
<tr><td rowspan="2">评估内容</td><td rowspan="2">可操作性</td><td>优</td><td></td><td>修改项</td><td></td></tr>
<tr><td>良</td><td></td><td>遗漏项</td><td></td></tr>
<tr><td>存在问题</td><td colspan="5"></td></tr>
<tr><td>改进意见</td><td colspan="5"></td></tr>
</table>

## 7 作业记录

D5000 系统操作系统安装报告（见附录 A）。

# 附　录　A
## （规范性附录）
## D5000 系统操作系统安装报告

<table>
<tr><td colspan="4">××记录</td></tr>
<tr><td>序号</td><td>内　容</td><td colspan="2">备　注</td></tr>
<tr><td>1</td><td>机器型号</td><td colspan="2"></td></tr>
<tr><td>2</td><td>操作系统版本</td><td colspan="2"></td></tr>
<tr><td>3</td><td>其他</td><td colspan="2"></td></tr>
<tr><td colspan="4">自验收记录</td></tr>
<tr><td colspan="2">存在问题及处理意见</td><td colspan="2"></td></tr>
<tr><td colspan="2">安装结论</td><td colspan="2"></td></tr>
<tr><td colspan="3">责任人签字：</td><td>安装时间：</td></tr>
</table>

编号：Q×××××××

# D5000 系统平台服务安装<br>标准化作业指导书

编写：__________ ________年____月____日

审核：__________ ________年____月____日

批准：__________ ________年____月____日

作业负责人：________________

作业日期：______年____月____日____时至______年____月____日____时

国 网 浙 江 省 电 力 公 司

## 1 范围

本作业指导书适用于 D5000 系统的平台服务安装作业。

## 2 规范性引用文件

下列文件对于本文件的应用是必不可少的。凡是注日期的引用文件，仅注日期的版本适用于本文件；凡是不注日期的引用文件，其最新版本（包括所有的修改版）适用于本文件。

《电力监控系统安全防护管理规定》（国家发展和改革委员会令　第 14 号）

《智能电网调度技术支持系统》（Q/GDW 680—2011）

《地区智能电网调度技术支持系统应用功能规范》（Q/GDW Z461—2010）

《国家电网公司电力安全工作规程（变电部分）》（Q/GDW 1799.1—2013）

《国家电网公司电力调度自动化系统运行管理规定》（国家电网企管〔2014〕747 号）

《国家电网公司现场标准化作业指导书编制导则（试行）》（国家电网生〔2004〕503 号）

《国家电网公司关于加强安全生产工作的决定》（国家电网办〔2005〕474 号）

《国家电网公司关于开展现场标准化作业的指导意见》（国家电网生〔2006〕356 号）

《国家电网调度控制管理规程》（国家电网调〔2014〕1405 号）

《浙江电网自动化设备检修管理规定》（浙电调〔2012〕1039 号）

《浙江省电力系统调度控制管理规程》（浙电调〔2013〕954 号）

《浙江电网自动化主站“两票三制”管理规定（试行）》（浙电调字〔2009〕204 号）

## 3 作业前准备

### 3.1 准备工作安排（见表 3-11）

**表 3-11　　准 备 工 作 安 排**

| √ | 序号 | 内　　容 | 标　　准 |
|---|---|---|---|
| | 1 | 根据本次作业项目、作业指导书，全体作业人员应熟悉作业内容、进度要求、作业标准、安全措施、危险点注意事项 | 要求所有作业人员都明确本次安装工作的作业内容、进度要求、作业标准及安全措施、危险点注意事项 |
| | 2 | 确认需安装的服务器是否符合 D5000 系统的应用要求 | 检查机器硬件配置，确保符合 D5000 系统平台的安装要求 |
| | 3 | 确认服务器凝思操作系统是否安装正确 | 要求操作系统版本与 D5000 系统平台版本相匹配 |
| | 4 | 准备好平台服务安装资料 | |
| | 5 | 根据现场工作时间和工作内容填写工作票 | 工作票应填写正确，并按《国家电网公司电力安全工作规程（变电部分）》和《浙江电网自动化主站“两票三制”管理规定（试行）》相关部分执行 |
| | 6 | 作业人员应熟悉 D5000 系统事故处理应急预案 | 要求所有作业人员均能按预案处理事故，预案必须放置于值班台；<br>预案必须是及时按时修订的，具有可操作性。事故处理必须遵守《浙江电网自动化系统设备检修流程管理办法（试行）》及《浙江电力调度自动化系统运行管理规范》的规定 |

## 3.2 劳动组织（见表 3-12）

表 3-12　劳动组织

| √ | 序号 | 人员名称 | 职　责 | 作业人数 |
|---|---|---|---|---|
| | 1 | 工作负责人（安全监护人） | 1）明确作业人员分工。<br>2）办理工作票，组织编制安全措施、技术措施，合理分配工作并组织实施。<br>3）工作前对工作人员交代安全事项，工作结束后总结经验与不足之处。<br>4）严格遵照安规对作业过程安全进行监护。<br>5）对现场作业危险源预控负有责任，负责落实防范措施。<br>6）对作业人员进行安全教育，督促工作人员遵守安规，检查工作票所载安全措施是否正确完备，安全措施是否符合现场实际条件 | 1 |
| | 2 | 技术负责人 | 1）对安装作业措施、技术指标进行指导。<br>2）指导现场工作人员严格按照本作业指导书进行工作，同时对不规范的行为进行制止。<br>3）可以由工作负责人或安装人员兼任 | 1 |
| | 3 | 作业人员 | 1）严格依照安规及作业指导书要求作业。<br>2）经过培训考试合格，对本项作业的质量、进度负有责任 | 根据需要，至少 1 人 |

## 3.3 作业人员要求（见表 3-13）

表 3-13　作业人员要求

| √ | 序号 | 内　容 | 备注 |
|---|---|---|---|
| | 1 | 经年度安规考试合格 | |
| | 2 | 精神状态正常，无妨碍工作的病症，着装符合要求 | |
| | 3 | 经过调度自动化主站端维护上岗证培训，并考试合格 | |

## 3.4 技术资料（见表 3-14）

表 3-14　技术资料

| √ | 序号 | 名　称 | 备注 |
|---|---|---|---|
| | 1 | D5000 系统基础平台技术手册 | |
| | 2 | D5000 系统基础平台使用手册 | |
| | 3 | D5000 系统安装手册 | |

## 3.5 危险点分析及预控（见表 3-15）

表 3-15　危险点分析及预控

| √ | 序号 | 内　容 | 预控措施 |
|---|---|---|---|
| | 1 | IP 地址冲突导致运行设备及系统异常 | 详细核对新装平台服务器的 IP 地址，避免与运行设备一致 |

续表

| √ | 序号 | 内　容 | 预　控　措　施 |
|---|---|---|---|
| | 2 | 平台服务器的操作系统存在不安全的服务和端口等安全漏洞 | 完成安全防护加固措施，并通过安全防护检测 |
| | 3 | 带病毒的平台服务器接入网络导致病毒传播，引起系统异常或大面积瘫痪，甚至威胁电网安全 | 接入网络前进行防病毒检测并部署相应的防病毒措施 |
| | 4 | D5000 系统平台服务的程序版本不一致导致功能异常 | 确保安装的程序文件版本是当前系统运行的版本 |
| | 5 | D5000 系统平台服务配置文件错误导致功能异常 | 详细确认关键配置文件的配置 |
| | 6 | hosts 文件版本不统一导致功能异常 | 安装完成后确认本平台服务器与主服务器上的 hosts 文件统一 |
| | 7 | 作业流程不完整导致功能缺失 | 严格按步骤执行，并做好逐项记录 |

## 3.6　主要安全措施（见表 3-16）

**表 3-16　　主 要 安 全 措 施**

| √ | 序号 | 内　容 |
|---|---|---|
| | 1 | 核查入网设备的 IP 地址、机器名与运行系统不冲突 |
| | 2 | 核查入网设备的安全防护措施 |
| | 3 | 核查入网设备安装程序版本及配置文件 |
| | 4 | 工作时，不得误碰与工作无关的运行设备 |
| | 5 | 在工作区域放置警示标志 |
| | 6 | 检查设备供电电源的运行状态和方式 |

# 4　流程图

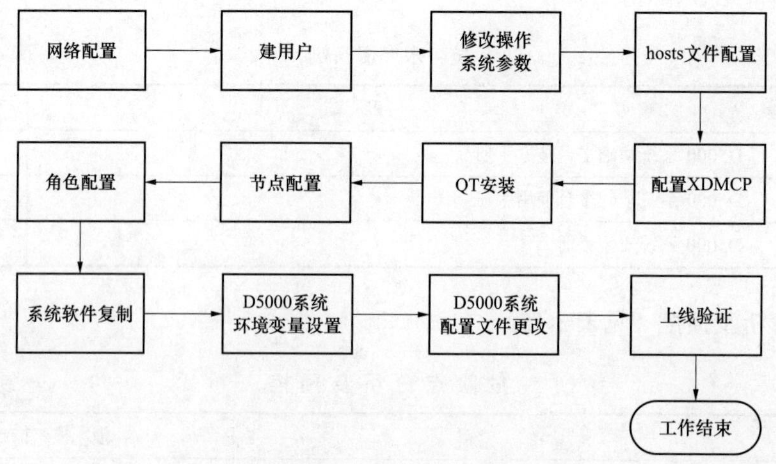


图 3-2　D5000 系统平台服务安装作业流程

## 5 作业程序及作业标准

### 5.1 工作许可

工作票负责人会同工作票许可人检查工作票上所列安全措施是否正确完备，并在工作许可人完成施工现场的安全措施及一起现场核查无误后，与工作票许可人办理工作票许可手续。

### 5.2 开工检查（见表 3-17）

表 3-17　　开　工　检　查

| √ | 序号 | 内　　容 | 标准及注意事项 |
|---|---|---|---|
| | 1 | 工作内容核对 | 核对本次工作的内容，核对工作站的应用类型、命名、IP 地址、登录限制、是否遥控等 |
| | 2 | 工作站硬件检查 | 检查工作站硬盘容量、分区容量、内存大小等硬件配置是否符合要求 |
| | 3 | 源码机检查 | 详细检查源码机的软件版本是否与当前运行系统一致 |
| | 4 | 工作分工及安全交底 | 开工前工作负责人检查所有作业人员是否正确使用劳保用品，并由工作负责人带领进入作业现场并在工作现场向所有作业人员详细交代作业任务、安全措施和安全注意事项、设备状态及人员分工，全体作业人员应明确作业范围、进度要求等内容，并在工作票的工作班成员签字栏内签名 |

### 5.3 作业项目与工艺标准（见表 3-18）

表 3-18　　D5000 系统工作站安装作业

| √ | 序号 | 内容 | 标　　准 | 注意事项 |
|---|---|---|---|---|
| | 1 | 网络配置 | 在界面左下角的菜单栏里选择“设置”菜单中的“网络设置”命令，启动 eth0、eth1 网口，并配置相应的 IP | |
| | 2 | 建用户 | 在界面左下角的菜单栏中选择“系统”菜单中的“Kuser-用户段里程序”命令，创建用户 d5000，输入口令，登录 Shell 选择“/bin/tcsh”，主目录填 d5000 主目录，配置完毕后保存退出 | |
| | 3 | 修改操作系统参数 | 从源码机复制文件 d5000 主目录下的.cshrc、/etc/sysctl.conf 和 /etc/services | |
| | 4 | hosts 文件配置 | 编辑服务器上的/etc/hosts 文件，加入该平台服务器名和 IP 地址，将文件复制到本机/etc 目录，并同步到系统所有的服务器 | |
| | 5 | 配置 XDMCP | 为了能够使用 Xwin32 或 Xmanager 登录到 Linux 主机所进行的配置。在屏幕下方的“系统”菜单中选择“管理”下的“登录屏幕”命令，出现“登录窗口首选项”窗口。在该窗口中选择“远程”选项卡，将“样式”改为“与本地相同”。选择“安全”选项卡，勾选“允许远程管理员登录”复选框；取消勾选“禁止 TCP 连接到 X 服务器”复选框（为了以后图形程序能通过普通终端远程执行）。单击“关闭”按钮 | |
| | 6 | QT 安装 | 从其他工作站复制文件/home/d5000/qt453.tar 至本机/home/d5000/目录下并解压 | |

| √ | 序号 | 内容 | 标　　准 | 注意事项 |
|---|---|---|---|---|
| | 7 | 节点配置 | 在其他运行的 d5000 维护工作站中启动 DBI。<br>在节点信息表（mng_node_info）中新增一条记录，配置新增工作站的节点的名称、ID 和类型，其中：<br>节点 id（node_id）自动生成；<br>节点名（node_name）表示工作站主机名称，该域根据工程实际情况修改；<br>节点类型（node_type）：0 表示工作站；<br>记录节点号（ID 括号内中间的数字） | |
| | 8 | 角色配置 | 在权限配置中配置哪些工作组能登录本机；<br>根据需要在系统参数配置的遥控节点配置中加入本机节点 | |
| | 9 | 系统软件复制 | 将源码机 d5000 主目录下的 bin、lib、conf、data 四个文件夹打包复制到本机主目录下，并解压 | |
| | 10 | D5000 系统环境变量设置 | 从其他平台服务器上复制.cshrc 文件到 d5000 主目录下，运行 source .cshrc | |
| | 11 | D5000 系统配置文件更改 | 1）网卡配置文件：d5000 主目录下 conf/net_config.sys，增加节点的网卡名称和 IP 地址。<br>[zjzd1-sca01]　　//机器名称<br>BOND_NAME=bond0　　//绑定网卡名<br>CARD_NAME1=eth0　　//绑定的网口 1<br>CARD_NAME2=eth1　　//绑定的网口 2<br>2）修改配置文件 d5000 主目录下 conf/ mng_priv_app.ini，修改节点的 BASE_SERVICE 应用属性和相关进程（全部机器需要修改）。<br>具体内容如下例：<br>[zjzd1-sca01]<br>OS_TYPE=1　　//类型 服务器为 1 工作站为 2<br>NODE_ID=46　　//增加节点信息表时记录的节点号<br>CONTEXT=15　　//默认不需修改<br>APP_NAME=base_srv　　//默认不需修改<br>APP_ID=3400000　　//默认不需修改<br>APP_PRIORITY=1　　//默认不需修改<br>PROC_CONFIG=UNIX_SERVER　　//系统类型 服务器为 UNIX_SERVER 工作站为 UNIX_CLIENT<br><br>[NODE_ID_NAME]<br>46=zjzd1-sta01　　//节点号=机器名<br>3）修改配置文件 d5000 主目录 conf/nic/sys_netcard_conf.txt。<br>domain　　10<br>serv　　01<br>event　　2<br>udpport　　15000<br>monitor_interval　　100<br>write_interval　　300<br>flow_interval　　60<br>flow_limit　　30<br>flow_peak　　1000<br>udp　　bond0　　//绑定的网卡名<br>nic　　bond0　　//绑定的网卡名<br>nic　　eth0　　//绑定的 1 号网口名<br>nic　　eth1　　//绑定的 2 号网口名<br>ping bond0 171.1.1.254 171.1.1.254　　//网关地址，或本机地址，保证能 ping 通 | 至此，调度和维护工作站已安装完成 |
| | 12 | 上线验证 | 启动平台服务，检查系统功能是否完整正确并与预期一致 | |

## 5.4 作业完工（见表 3-19）

表 3-19　　作　业　完　工

| √ | 序号 | 内　容 |
|---|---|---|
| | 1 | 核对新装平台服务功能是否正常，并填写平台服务安装报告（见附录 A） |
| | 2 | 恢复安全措施，严格按现场安全技术措施中所做的安全技术措施恢复，恢复后经双方（工作人员及验收人员）核对无误 |
| | 3 | 全体工作班人员清扫、整理现场，清点工具及回收材料 |
| | 4 | 工作负责人检查施工现场，检查施工现场是否有遗留的工具、材料 |
| | 5 | 工作负责人在工作票上详细记录工作完成情况、遗留问题、结论意见等 |
| | 6 | 经值班员验收合格，并在工作票上签字后，办理工作票终结手续 |

# 6 作业指导书执行情况评估（见表 3-20）

表 3-20　　作业指导书执行情况评估

| 评估内容 | 符合性 | 优 | | 可操作项 | |
|---|---|---|---|---|---|
| | | 良 | | 不可操作项 | |
| | 可操作性 | 优 | | 修改项 | |
| | | 良 | | 遗漏项 | |
| 存在问题 | | | | | |
| 改进意见 | | | | | |

# 7 作业记录

D5000 系统平台服务安装报告（见附录 A）。

# 附　录　A

## （规范性附录）

## D5000 系统平台服务安装报告

<table>
<tr><td colspan="3">××记录</td></tr>
<tr><td>序号</td><td>内　容</td><td>备　注</td></tr>
<tr><td>1</td><td>平台服务器型号</td><td></td></tr>
<tr><td>2</td><td>安装位置</td><td></td></tr>
<tr><td>3</td><td>软件版本</td><td></td></tr>
<tr><td>4</td><td>节点配置</td><td>节点号：________；节点类型：________；是否允许遥控：________；<br>IP 地址：________；机器名：________</td></tr>
<tr><td>5</td><td>上线验证</td><td></td></tr>
<tr><td>6</td><td>其他</td><td></td></tr>
<tr><td colspan="3">自验收记录</td></tr>
<tr><td colspan="2">存在问题及处理意见</td><td></td></tr>
<tr><td colspan="2">安装结论</td><td></td></tr>
<tr><td colspan="2">责任人签字：</td><td>安装时间：</td></tr>
</table>

编号：Q××××××××

# D5000系统工作站安装标准化作业指导书

编写：__________ ________年____月____日

审核：__________ ________年____月____日

批准：__________ ________年____月____日

作业负责人：________________

作业日期：______年____月____日____时至______年____月____日____时

国 网 浙 江 省 电 力 公 司

## 1 范围

本作业指导书适用于 D5000 系统的调度、监控和维护等工作站安装作业。

## 2 规范性引用文件

下列文件对于本文件的应用是必不可少的。凡是注日期的引用文件，仅注日期的版本适用于本文件；凡是不注日期的引用文件，其最新版本（包括所有的修改版）适用于本文件。

《电力监控系统安全防护管理规定》（国家发展和改革委员会令　第 14 号）

《智能电网调度技术支持系统》（Q/GDW 680—2011）

《地区智能电网调度技术支持系统应用功能规范》（Q/GDW Z461—2010）

《国家电网公司电力安全工作规程（变电部分）》（Q/GDW 1799.1—2013）

《国家电网公司电力调度自动化系统运行管理规定》（国家电网企管〔2014〕747 号）

《国家电网公司现场标准化作业指导书编制导则（试行）》（国家电网生〔2004〕503 号）

《国家电网公司关于加强安全生产工作的决定》（国家电网办〔2005〕474 号）

《国家电网公司关于开展现场标准化作业的指导意见》（国家电网生〔2006〕356 号）

《国家电网调度控制管理规程》（国家电网调〔2014〕1405 号）

《浙江电网自动化设备检修管理规定》（浙电调〔2012〕1039 号）

《浙江省电力系统调度控制管理规程》（浙电调〔2013〕954 号）

《浙江电网自动化主站“两票三制”管理规定（试行）》（浙电调字〔2009〕204 号）

## 3 作业前准备

### 3.1 准备工作安排（见表 3-21）

表 3-21　　准备工作安排

| √ | 序号 | 内　容 | 标　准 |
|---|---|---|---|
| | 1 | 根据本次作业项目、作业指导书，全体作业人员应熟悉作业内容、进度要求、作业标准、安全措施、危险点注意事项 | 要求所有作业人员都明确本次安装工作的作业内容、进度要求、作业标准及安全措施、危险点注意事项 |
| | 2 | 确认需安装的工作站是否符合 D5000 系统的应用要求 | 检查机器硬件配置，确保符合 D5000 系统应用的安装要求 |
| | 3 | 确认服务器凝思操作系统是否安装正确 | 要求操作系统版本与 D5000 系统应用版本相匹配 |
| | 4 | 准备网线若干，准备好工作站安装资料，如主机名、IP 地址、是否允许遥控等 | |
| | 5 | 根据现场工作时间和工作内容填写工作票 | 工作票应填写正确，并按《国家电网公司电力安全工作规程（变电部分）》和《浙江电网自动化主站“两票三制”管理规定（试行）》相关部分执行 |
| | 6 | 作业人员应熟悉 D5000 系统事故处理应急预案 | 要求所有作业人员均能按预案处理事故，预案必须放置于值班台：<br>预案必须是及时按时修订的，具有可操作性。事故处理必须遵守《浙江电网自动化系统设备检修流程管理办法（试行）》及《浙江电力调度自动化系统运行管理规范》的规定 |

## 3.2 劳动组织（见表 3-22）

表 3-22 劳 动 组 织

| √ | 序号 | 人员名称 | 职 责 | 作业人数 |
| --- | --- | --- | --- | --- |
| | 1 | 工作负责人（安全监护人） | 1）明确作业人员分工。<br>2）办理工作票，组织编制安全措施、技术措施，合理分配工作并组织实施。<br>3）工作前对工作人员交代安全事项，工作结束后总结经验与不足之处。<br>4）严格遵照安规对作业过程安全进行监护。<br>5）对现场作业危险源预控负有责任，负责落实防范措施。<br>6）对作业人员进行安全教育，督促工作人员遵守安规，检查工作票所载安全措施是否正确完备，安全措施是否符合现场实际条件 | 1 |
| | 2 | 技术负责人 | 1）对安装作业措施、技术指标进行指导。<br>2）指导现场工作人员严格按照本作业指导书进行工作，同时对不规范的行为进行制止。<br>3）可以由工作负责人或安装人员兼任 | 1 |
| | 3 | 作业人员 | 1）严格依照安规及作业指导书要求作业。<br>2）经过培训考试合格，对本项作业的质量、进度负有责任 | 根据需要，至少 1 人 |

## 3.3 作业人员要求（见表 3-23）

表 3-23 作 业 人 员 要 求

| √ | 序号 | 内 容 | 备注 |
| --- | --- | --- | --- |
| | 1 | 经年度安规考试合格 | |
| | 2 | 精神状态正常，无妨碍工作的病症，着装符合要求 | |
| | 3 | 经过调度自动化主站端维护上岗证培训，并考试合格 | |

## 3.4 技术资料（见表 3-24）

表 3-24 技 术 资 料

| √ | 序号 | 名 称 | 备注 |
| --- | --- | --- | --- |
| | 1 | D5000 系统基础平台技术手册 | |
| | 2 | D5000 系统基础平台使用手册 | |
| | 3 | D5000 系统安装手册 | |

## 3.5 危险点分析及预控（见表 3-25）

表 3-25 危 险 点 分 析 及 预 控

| √ | 序号 | 内 容 | 预 控 措 施 |
| --- | --- | --- | --- |
| | 1 | IP 地址冲突导致运行设备及系统异常 | 计划被替换的故障工作站应退出运行；<br>详细核对新装工作站的 IP 地址，避免与运行设备一致 |

续表

| √ | 序号 | 内　　容 | 预　控　措　施 |
|---|---|---|---|
| | 2 | 工作站的操作系统存在不安全的服务和端口等安全漏洞 | 完成安全防护加固措施，并通过安全防护检测 |
| | 3 | 带病毒的工作站接入网络导致病毒传播，引起系统异常或大面积瘫痪，甚至威胁电网安全 | 接入网络前进行防病毒检测并部署相应的防病毒措施 |
| | 4 | D5000 系统工作站的应用程序版本不一致导致功能异常 | 确保安装的应用程序文件版本是当前系统运行的版本 |
| | 5 | D5000 系统工作站配置文件错误导致功能异常 | 详细确认关键配置文件的配置 |
| | 6 | hosts 文件版本不统一导致功能异常 | 安装完成后确认本工作站与主服务器上的 hosts 文件统一 |
| | 7 | 作业流程不完整导致功能缺失 | 严格按步骤执行，并做好逐项记录 |

### 3.6 主要安全措施（见表 3-26）

表 3-26　　主 要 安 全 措 施

| √ | 序号 | 内　　容 |
|---|---|---|
| | 1 | 核查入网设备的 IP 地址、机器名与运行系统不冲突 |
| | 2 | 核查入网设备的安全防护措施 |
| | 3 | 核查入网设备安装程序版本及配置文件 |
| | 4 | 工作时，不得误碰与工作无关的运行设备 |
| | 5 | 在工作区域放置警示标志 |
| | 6 | 检查设备供电电源的运行状态和方式 |

## 4 流程图

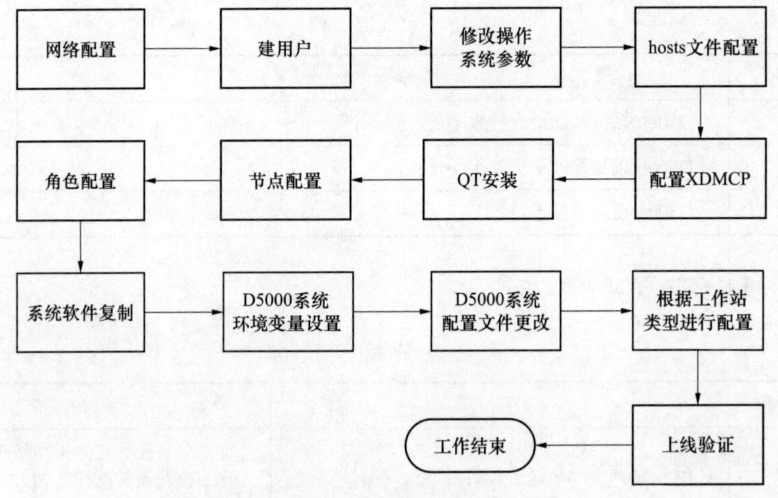


图 3-3　D5000 系统工作站安装作业流程

## 5 作业程序及作业标准

### 5.1 工作许可

工作票负责人会同工作票许可人检查工作票上所列安全措施是否正确完备，并在工作许可人完成施工现场的安全措施及一起现场核查无误后，与工作票许可人办理工作票许可手续。

### 5.2 开工检查（见表 3-27）

表 3-27　　开　工　检　查

| √ | 序号 | 内　容 | 标准及注意事项 |
|---|---|---|---|
| | 1 | 工作内容核对 | 核对本次工作的内容，核对工作站的应用类型、命名、IP 地址、登录限制、是否遥控等 |
| | 2 | 工作站硬件检查 | 检查工作站硬盘容量、分区容量、内存大小等硬件配置是否符合要求 |
| | 3 | 源码机检查 | 详细检查源码机的软件版本是否与当前运行系统一致 |
| | 4 | 工作分工及安全交底 | 开工前工作负责人检查所有作业人员是否正确使用劳保用品，并由工作负责人带领进入作业现场并在工作现场向所有作业人员详细交代作业任务、安全措施和安全注意事项、设备状态及人员分工，全体作业人员应明确作业范围、进度要求等内容，并在工作票的工作班成员签字栏内签名 |

### 5.3 作业项目与工艺标准（见表 3-28）

表 3-28　　D5000 系统工作站安装作业

| √ | 序号 | 内容 | 标　准 | 注意事项 |
|---|---|---|---|---|
| | 1 | 网络配置 | 在界面左下角的菜单栏里选择“设置”菜单中的“网络设置”命令，启动 eth0、eth1 网口，并配置相应的 IP | |
| | 2 | 建用户 | 在界面左下角的菜单栏里选择“系统”菜单中的“Kuser-用户段里程序”命令，创建用户 d5000，输入口令，登录 Shell 选择“/bin/tcsh”，主目录填 d5000 主目录，配置完毕后保存退出 | |
| | 3 | 修改操作系统参数 | 从源码机复制文件 d5000 主目录下.cshrc、/etc/sysctl.conf 和/etc/services | |
| | 4 | hosts 文件配置 | 编辑服务器上的/etc/hosts 文件，加入该工作站名和 IP 地址，将文件复制到本机/etc 目录，并同步到系统所有的服务器 | |
| | 5 | 配置 XDMCP | 为了能够使用 Xwin32 或 Xmanager 登录到 Linux 主机所进行的配置。在屏幕下方的“系统”菜单中选择“管理”下的“登录屏幕”命令，出现“登录窗口首选项”窗口。在该窗口中选择“远程”选项卡，将“样式”改为：“与本地相同”。选择“安全”选项卡，勾选“允许远程管理员登录”复选框；取消勾选“禁止 TCP 连接到 X 服务器”复选框（为了以后图形程序能通过普通终端远程执行）。单击“关闭”按钮 | |
| | 6 | QT 安装 | 从其他工作站复制文件/home/d5000/qt453.tar 至本机/home/d5000/目录下并解压 | |

续表

| √ | 序号 | 内容 | 标　　准 | 注意事项 |
|---|---|---|---|---|
|  | 7 | 节点配置 | 在其他运行的 d5000 维护工作站中启动 DBI。<br>在节点信息表（mng_node_info）中新增一条记录，配置新增工作站的节点的名称、ID 和类型，其中：<br>节点 id（node_id）自动生成；<br>节点名（node_name）表示工作站主机名称，该域根据工程实际情况修改；<br>节点类型（node_type）0 表示工作站；<br>记录节点号（ID 括号内中间的数字） |  |
|  | 8 | 角色配置 | 在权限配置中配置哪些工作组能登录本机。<br>根据需要在系统参数配置的遥控节点配置中加入本机节点 |  |
|  | 9 | 系统软件复制 | 将源码机 d5000 主目录下的 bin、lib、conf、data 四个文件夹打包复制到本机主目录下，并解压 |  |
|  | 10 | D5000 系统环境变量设置 | 从其他相同应用类型的工作站上复制.cshrc 文件到 d5000 主目录下，运行 source .cshrc |  |
|  | 11 | D5000 系统配置文件更改 | 1）网卡配置文件：d5000 主目录下 conf/net_config.sys，增加节点的网卡名称和 IP 地址。<br>[zjzd1-sta01]　　　//机器名称<br>BOND_NAME=bond0　　　//绑定网卡名<br>CARD_NAME1=eth0　　　//绑定的网口 1<br>CARD_NAME2=eth1　　　//绑定的网口 2<br>2）修改配置文件 d5000 主目录下 conf/ mng_priv_app.ini，修改节点的 BASE_SERVICE 应用属性和相关进程（全部机器需要修改）。<br>具体内容如下例：<br>[zjzd1-sta01]<br>OS_TYPE=2　　　//类型 服务器为 1 工作站为 2<br>NODE_ID=46　　　//增加节点信息表时记录的节点号<br>CONTEXT=15　　　//默认不需修改<br>APP_NAME=base_srv//默认不需修改<br>APP_ID=3400000　//默认不需修改<br>APP_PRIORITY=1　//默认不需修改<br>PROC_CONFIG=UNIX_CLIENT //系统类型 服务器为 UNIX_SERVER 工作站为 UNIX_CLIENT<br><br>[NODE_ID_NAME]<br>46=zjzd1-sta01　//节点号=机器名<br>3）修改配置文件 d5000 主目录 conf/nic/sys_ netcard_conf.txt。<br>domain　　10<br>serv　　01<br>event　　2<br>udpport　　15000<br>monitor_interval　　100<br>write_interval　　300<br>flow_interval　　60<br>flow_limit　　30<br>flow_peak　　1000<br>udp　bond0　　//绑定的网卡名<br>nic　bond0　　//绑定的网卡名<br>nic　eth0　　//绑定的 1 号网口名<br>nic　eth1　　//绑定的 2 号网口名<br>ping bond0 171.1.1.254 171.1.1.254 //网关地址，或本机地址，保证能 ping 通 | 至此，调度和维护工作站已安装完成 |

续表

| √ | 序号 | 内容 | 标　准 | 注意事项 |
| --- | --- | --- | --- | --- |
|  | 12 | 监控工作站 | 1）从其他监控工作站复制 d5000 主目录下 data/sounds 中的文件到本机相同目录下。<br>2）从其他监控工作站复制 d5000 主目录下 conf/scada_popup_menu.ini 中的文件到本机相同目录下。<br>3）系统启动后，修改告警窗口“编辑”菜单下的“告警类型设置”只勾选监控员关注的告警类型（或者从监控工作站复制 d5000 主目录 warn_define.ini 配置文件） | 需在 1～11 步的基础上，增加相关内容 |
|  | 13 | 综合智能告警工作站 | 1. 从源码机 lib 目录下复制下述动态库文件至本机相同目录下：<br>libDLL_ FaultAppTreeWidget.so<br>libDLL_ WAMSTreeWidget.so<br>libDLL_ RelayAppTreeWidget.so<br>libDLL_ BaseMonitorThemeWidget.so<br>libDLL_DsaAppTreeWidget.so<br>libDLL_ThunderAppTreeWidget.so<br>libDLL_NasAppTreeWidget.so<br>libDLL_CtgyMonitorThemeWidget.so<br>libDLL_ CdsAppTreeWidget.so<br>libisw_pub.so<br>libisw_name.so<br>libisw_alarm.so<br>libSensQuery.so<br>2. 需要从源码机或相同类型的工作站上复制贴片到本机。<br>1）data/graph_client/image 目录下复制 InfoPanel 目录以及 lighting.png 闪电图标到工作站的 data/graph_client/image 目录下。<br>2）data/icon 目录整个覆盖到需要配置工作站的 data/icon 目录下。<br>3. 环境变量修改：<br>d5000 主目录下.cshrc 找到 #setenv VISUAL_RUN OK 删除前面的#，保存执行 source .cshrc。<br>4. 需要从源码机，或者已配置完成的可视化工作站的 d5000 主目录下的 conf 目录下，复制如下配置文件到工作站的 conf 目录下（只需复制无需修改）：<br>isw_theme_cfg.ini<br>isw_fault_cfg.ini<br>theme_widget_config.xml<br>visual_app_total_info.xml | 需在 1～11 步的基础上，增加相关内容 |
|  | 14 | 调度计划、安全校核工作站 | 1）修改配置文件 d5000 主目录下 conf/ app_default.sys。<br>具体内容如下例：<br>[机器名称]<br>RESEARCH_MODE_NO=1 //此处按照当前已经使用的研究模式自动加 1，比如当前研究模式 1 和 2 都有了那么就需要填写为 3<br>DEFAULT_AVAIL=2<br>DEFAULT_APP_ID=1000<br>DEFAULT_CONTEXT_NO=2<br>2）修改配置文件 d5000 主目录 conf/ locator.conf。<br>zjzd2-ops01 // 1 区机器内容为 zjzd1-sca01，修改为 2 区机器<br>zjzd2-ops02<br>3）修改配置文件 d5000 主目录 conf/domain.sys。<br>[DOMAIN]<br>NAME=d5000_ZJZD2 //与 1 区不同<br>TYPEID=1 //与 1 区不同<br>LOCAL=ZJZD_d5000<br>PROXY=zjzd2-agent02 //与 1 区不同<br>PROXY1=zjzd2-agent01 //与 1 区不同 | 需在 1～11 步的基础上，增加相关内容 |

续表

| √ | 序号 | 内容 | 标　准 | 注意事项 |
|---|---|---|---|---|
| | 15 | AVC工作站 | AVC应用的配置文件修改：可以登录到AVC服务器，通过脚本进行远程修改。<br>具体操作如下：在d5000主目录zavc/bat/目录下，运行脚本avc2d5000工作站名称；运行成功后，可以在DBI以及图形界面中查看到AVC的数据 | 需在1～11步的基础上，增加相关内容 |
| | 16 | AGC工作站 | 1）检查该节点上的配置文件是否正确，即/home/d5000/zhejiang/.cshrc里面的内容是否正确。<br>2）将服务器上的data/dbsecs/agc文件夹复制至本节点的相应的目录下。<br>3）在服务器/home/d5000/Zhejiang/bin目录下搜索ls *agc*，查看所有agc所有的进程，复制至本节点的相应目录下。将/home/d5000/Zhejiang/bin目录下unittest、cpsdisp进程复制至该目录下。<br>4）复制lib/graph目录下的libDLL_AGCCallback.so复制至该节点的相应目录下。<br>5）检查conf目录下与AGC相关的配置是否正确，主要包括agc_popup_menu.ini、agc_simu.ini、down_load_AGC.sys，如果不一样则将服务器上的配置文件复制至该节点对应目录。<br>6）执行manual_app_start agc –s down，启动AGC应用（注：必须带参数启动），观察启动过程中的打印信息，检查AGC是否启动成功，用ss\|grep agc检查应用状态。如果曾经启动过AGC应用，最好先执行manual_app_stop agc，再启动应用。<br>7）检查AGC界面，数据是否刷新，单击“画面置数”按钮，检查右键调用是否正常 | 需在1～11步的基础上，增加相关内容 |
| | 17 | DTS工作站 | 1. 将DTS服务器的%D5000_HOME/conf和%D5000_HOME/bin目录下的文件分发到二区DTS的工作站上。<br>2. 修改以下配置文件：<br>1）conf/domain.sys：这个文件必须与一区的区别开，系统启动时是根据这个文件来判断服务器属于哪个安全区域，并防止一区二区消息互串的。<br>2）conf/locator.conf：资源定位文件，文件内容为二区DTS服务器主机名。<br>3）conf/locator_app_name.conf：增加文件服务相关的配置，使二区直接从一区文件服务主机上获取数据，增加状态估计和调度员潮流主机信息，用于二区从一区定位状态估计和调度员潮流主机；二区增加dts实时态、scada培训态、pas_rtnet培训态等资源的定位。<br>4）conf/locator_host_name.conf：资源定位文件，需修改二区主机名。<br>3. 将DTS服务器sys/graph_client目录下的内容复制到任意一台工作站的对应目录下，依次打开这些图形做网络保存 | 需在1～11步的基础上，增加相关内容 |

续表

| √ | 序号 | 内容 | 标　准 | 注意事项 |
|---|---|---|---|---|
|  | 18 | WAMS 工作站 | 1. 网络参数。<br>1）分配及配置 WAMS_FES 服务器外网地址（与 PMU 子站通信地址）。<br>2）待接入 PMU 子站 IP 地址及网关。<br>3）WAMS 主站侧数据端口 8000 端口已经开启。<br>4）PMU 子站侧命令端口 8001 和离线端口 8002（或者 8600，根据具体现场规定）已经开启。<br>2. PMU 子站配置参数。<br>PMU 子站厂家人员告知 8 位 IDCODE（IDCODE 必须与子站保持一致）以及 16 位 STN 厂站编号。<br>3. 子站侧。<br>1）网络参数：PMU 子站到主站网络连接正常，可以访问主站侧数据端口。<br>2）PMU 子站配置：PMU 厂家需要修改 PMU 子站配置，增加与 D5000-WAMS 前置通信的主站组 | 需在 1～11 步的基础上，增加相关内容 |
|  | 19 | 上线验证 | 启动工作站系统，检查系统功能是否完整正确并与预期一致 |  |

## 5.4 作业完工（见表 3-29）

**表 3-29　　作　业　完　工**

| √ | 序号 | 内　容 |
|---|---|---|
|  | 1 | 核对新装工作站功能是否正常，并填写工作站安装报告（见附录 A） |
|  | 2 | 恢复安全措施，严格按现场安全技术措施中所做的安全技术措施恢复，恢复后经双方（工作人员及验收人员）核对无误 |
|  | 3 | 全体工作班人员清扫、整理现场，清点工具及回收材料 |
|  | 4 | 工作负责人检查施工现场，检查施工现场是否有遗留的工具、材料 |
|  | 5 | 工作负责人在工作票上详细记录工作完成情况、遗留问题、结论意见等 |
|  | 6 | 经值班员验收合格，并在工作票上签字后，办理工作票终结手续 |

# 6 作业指导书执行情况评估（见表 3-30）

**表 3-30　　作业指导书执行情况评估**

<table>
<tr><td rowspan="4">评估内容</td><td rowspan="2">符合性</td><td>优</td><td></td><td>可操作项</td><td></td></tr>
<tr><td>良</td><td></td><td>不可操作项</td><td></td></tr>
<tr><td rowspan="2">可操作性</td><td>优</td><td></td><td>修改项</td><td></td></tr>
<tr><td>良</td><td></td><td>遗漏项</td><td></td></tr>
<tr><td>存在问题</td><td colspan="5"></td></tr>
<tr><td>改进意见</td><td colspan="5"></td></tr>
</table>

## 7 作业记录

D5000系统工作站安装报告（见附录A）。

# 附 录 A
## （规范性附录）
## D5000系统工作站安装报告

<table>
<tr><td colspan="4">××记录</td></tr>
<tr><td>序号</td><td>内 容</td><td colspan="2">备 注</td></tr>
<tr><td>1</td><td>工作站型号</td><td colspan="2"></td></tr>
<tr><td>2</td><td>应用类型</td><td colspan="2"></td></tr>
<tr><td>3</td><td>安装位置</td><td colspan="2"></td></tr>
<tr><td>4</td><td>软件版本</td><td colspan="2"></td></tr>
<tr><td>5</td><td>节点配置</td><td colspan="2">节点号：________；节点类型：________；是否允许遥控：________；IP地址：________；机器名：________</td></tr>
<tr><td>6</td><td>上线验证</td><td colspan="2"></td></tr>
<tr><td>7</td><td>其他</td><td colspan="2"></td></tr>
<tr><td colspan="4">自验收记录</td></tr>
<tr><td colspan="2">存在问题及处理意见</td><td colspan="2"></td></tr>
<tr><td colspan="2">安装结论</td><td colspan="2"></td></tr>
<tr><td colspan="3">责任人签字：</td><td>安装时间：</td></tr>
</table>

编号：Q×××××××

# D5000 系统网络配置
# 标准化作业指导书

编写：__________ _________年____月____日

审核：__________ _________年____月____日

批准：__________ _________年____月____日

作业负责人：________________

作业日期：______年____月____日____时至______年____月____日____时

国 网 浙 江 省 电 力 公 司

## 1 范围

本作业指导书适用于 D5000 系统网络配置作业。

## 2 规范性引用文件

下列文件对于本文件的应用是必不可少的。凡是注日期的引用文件，仅注日期的版本适用于本文件；凡是不注日期的引用文件，其最新版本（包括所有的修改版）适用于本文件。

《电力监控系统安全防护管理规定》（国家发展和改革委员会令　第 14 号）

《智能电网调度技术支持系统》（Q/GDW 680—2011）

《地区智能电网调度技术支持系统应用功能规范》（Q/GDW Z461—2010）

《国家电网公司电力安全工作规程（变电部分）》（Q/GDW 1799.1—2013）

《国家电网公司电力调度自动化系统运行管理规定》（国家电网企管〔2014〕747 号）

《国家电网公司现场标准化作业指导书编制导则（试行）》（国家电网生〔2004〕503 号）

《国家电网公司关于加强安全生产工作的决定》（国家电网办〔2005〕474 号）

《国家电网公司关于开展现场标准化作业的指导意见》（国家电网生〔2006〕356 号）

《国家电网调度控制管理规程》（国家电网调〔2014〕1405 号）

《浙江电网自动化设备检修管理规定》（浙电调〔2012〕1039 号）

《浙江省电力系统调度控制管理规程》（浙电调〔2013〕954 号）

《浙江电网自动化主站“两票三制”管理规定（试行）》（浙电调字〔2009〕204 号）

## 3 作业前准备

### 3.1 准备工作安排（见表 3-31）

**表 3-31　　准 备 工 作 安 排**

| √ | 序号 | 内　　容 | 标　　准 |
|---|---|---|---|
| | 1 | 根据本次作业项目、作业指导书，全体作业人员应熟悉作业内容、进度要求、作业标准、安全措施、危险点注意事项 | 要求所有作业人员都明确本次安装工作的作业内容、进度要求、作业标准及安全措施、危险点注意事项 |
| | 2 | 准备好需配置的网络设备 | 系统支持各种档次的交换机，以 Cisco 交换机为例，一般采用 Cisco3550、Cisco3560、Cisco3750、Cisco4500 等系列交换机；以 Huawei 交换机为例，一般采用 Huawei S3100、Huawei S3600、Huawei S5100、Huawei S5600、Huawei S7500 等系列交换机 |
| | 3 | 根据现场工作时间和工作内容填写工作票 | 工作票应填写正确，并按《国家电网公司电力安全工作规程（变电部分）》和《浙江电网自动化主站“两票三制”管理规定（试行）》相关部分执行 |
| | 4 | 作业人员应熟悉 D5000 系统事故处理应急预案 | 要求所有作业人员均能按预案处理事故，预案必须放置于值班台；<br>预案必须按时修订，具有可操作性。事故处理必须遵守《浙江电网自动化系统设备检修流程管理办法（试行）》及《浙江电力调度自动化系统运行管理规范》的规定 |

## 3.2 劳动组织（见表 3-32）

表 3-32　　劳　动　组　织

| √ | 序号 | 人员名称 | 职　　责 | 作业人数 |
|---|---|---|---|---|
| | 1 | 工作负责人（安全监护人） | 1）明确作业人员分工。<br>2）办理工作票，组织编制安全措施、技术措施，合理分配工作并组织实施。<br>3）工作前对工作人员交代安全事项，工作结束后总结经验与不足之处。<br>4）严格遵照安规对作业过程安全进行监护。<br>5）对现场作业危险源预控负有责任，负责落实防范措施。<br>6）对作业人员进行安全教育，督促工作人员遵守安规，检查工作票所载安全措施是否正确完备，安全措施是否符合现场实际条件 | 1 |
| | 2 | 技术负责人 | 1）对安装作业措施、技术指标进行指导。<br>2）指导现场工作人员严格按照本作业指导书进行工作，同时对不规范的行为进行制止。<br>3）可以由工作负责人或安装人员兼任 | 1 |
| | 3 | 作业人员 | 1）严格依照安规及作业指导书要求作业。<br>2）经过培训考试合格，对本项作业的质量、进度负有责任 | 根据需要，至少 1 人 |

## 3.3 作业人员要求（见表 3-33）

表 3-33　　作 业 人 员 要 求

| √ | 序号 | 内　　容 | 备注 |
|---|---|---|---|
| | 1 | 经年度安规考试合格 | |
| | 2 | 精神状态正常，无妨碍工作的病症，着装符合要求 | |
| | 3 | 经过调度自动化主站端维护上岗证培训，并考试合格 | |

## 3.4 技术资料（见表 3-34）

表 3-34　　技　术　资　料

| √ | 序号 | 名　　称 | 备注 |
|---|---|---|---|
| | 1 | D5000 系统基础平台技术手册 | |
| | 2 | D5000 系统基础平台使用手册 | |
| | 3 | D5000 系统安装手册 | |
| | 4 | 交换机配置手册 | |

## 3.5 危险点分析及预控（见表 3-35）

表 3-35　　危 险 点 分 析 及 预 控

| √ | 序号 | 内　　容 | 预 控 措 施 |
|---|---|---|---|
| | 1 | IP 地址冲突导致运行设备及系统异常 | 详细核对 IP 地址，避免与运行设备一致 |

续表

| √ | 序号 | 内　容 | 预　控　措　施 |
|---|---|---|---|
| | 2 | 需配置的网络设备不符合 D5000 系统应用要求 | 检查网络设备性能配置，确保符合 D5000 系统要求 |
| | 3 | 作业流程不完整导致功能缺失 | 严格按步骤执行，并做好逐项记录 |

## 3.6 主要安全措施（见表 3-36）

表 3-36　主 要 安 全 措 施

| √ | 序号 | 内　容 |
|---|---|---|
| | 1 | 核查入网设备的 IP 地址、机器名与运行系统不冲突 |
| | 2 | 核查入网设备的安全防护措施 |
| | 3 | 工作时，不得误碰与工作无关的运行设备 |
| | 4 | 在工作区域放置警示标志 |
| | 5 | 检查设备供电电源的运行状态和方式 |

# 4 流程图

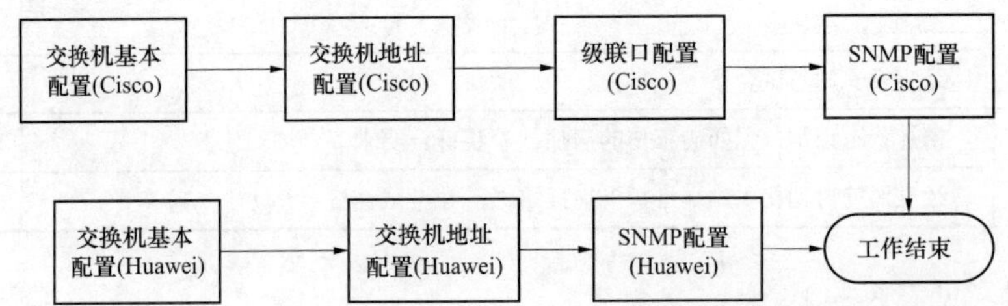


图 3-4　D5000 系统网络设备配置作业流程

# 5 作业程序及作业标准

## 5.1 工作许可

工作票负责人会同工作票许可人检查工作票上所列安全措施是否正确完备，并在工作许可人完成施工现场的安全措施及一起现场核查无误后，与工作票许可人办理工作票许可手续。

## 5.2 开工检查（见表 3-37）

表 3-37　开　工　检　查

| √ | 序号 | 内　容 | 标准及注意事项 |
|---|---|---|---|
| | 1 | 工作内容核对 | 核对本次工作的内容，是否涵盖所有交换机配置 |
| | 2 | 硬件检查 | 检查网络设备，检查电源是否都工作正常，风扇是否运转正常 |

续表

| √ | 序号 | 内　　容 | 标准及注意事项 |
|---|---|---|---|
| | 3 | 工作分工及安全交底 | 开工前工作负责人检查所有作业人员是否正确使用劳保用品，并由工作负责人带领进入作业现场并在工作现场向所有作业人员详细交代作业任务、安全措施和安全注意事项、设备状态及人员分工，全体作业人员应明确作业范围、进度要求等内容，并在工作票的工作班成员签字栏内签名 |

## 5.3　作业项目与工艺标准（见表 3-38～表 3-40）

**表 3-38　　　　D5000 系统核心交换机配置作业**

| √ | 序号 | 内容 | 标　　准 | 注意事项 |
|---|---|---|---|---|
| | 1 | 交换机基本配置（Cisco） | 串口登录交换机执行：<br>switch(config)#hostname sw1<br>sw1(config)#enable secret cisco<br>sw1(config)#no ip domain-lookup<br>sw1(config)#line vty 0 15<br>sw1(config-line)#password cisco<br>sw1(config-line)#login | 两台主干核心交换机需配置，名称不要相同 |
| | 2 | 增加交换机地址（Cisco） | 对交换机设置缺省 vlan，增加交换机地址用于系统所有节点监测。<br>sw1(config)#interface vlan 1<br>进入接口配置模式，提示符：sw1（config-if）#。<br>sw1(config-if)#ip address 168.10.101.252 255.255.0.0<br>此时主网的地址是 168.10.101。<br>sw1(config-if)#ip address 168.16.101.254 255.255.0.0 secondary<br>此处辅地址第二网段网络号加 6。<br>sw1(config-if)#no shutdown | 具体地址根据主干网组网地址设置 |
| | 3 | 级联口配置（Cisco） | sw1(config)#interface GigabitEthernet 1/0/47<br>进入接口配置模式，提示符：sw1（config-if）#；GigabitEthernet 1/0/47 为所需配置的端口名称（用 show running 命令可以看出本机的端口名是如何命名的）。<br>sw1(config-if)#switchport trunk encapsulation dot1q<br>设置接口干道的封装模式为 802.1Q。<br>sw1(config-if)#switchport mode trunk<br>设置接口工作模式为干道 | 具体端口已实际交换机为准 |
| | 4 | SNMP 配置（Cisco） | sw1(config)#snmp-server community public ro<br>启用 sw1 上的 snmp-server，它的通信字串为 public（小写），访问方式为 ro（只读）。<br>sw1(config)#snmp-server enable traps snmp linkup linkdown<br>定制该 sw1 上发送的 trap 消息类型为 linkup linkdown（链路通断）。<br>sw1(config)#snmp-server host 192.168.1.3 sw1 udp-port 10162<br>定义发送到的目的地主机的相关配置：IP 地址为 168.10.101.1。<br>端口为 udp 端口 10162，用于标识哪台交换机发出的标签（主机名 sw1）。<br>sw1(config)#snmp-server host 192.168.1.4 sw1 udp-port 10162<br>sw1(config)#snmp-server host 192.168.1.5 sw1 udp-port 10162<br>sw1(config)#snmp-server host 192.168.1.6 sw1 udp-port 10162 | |

续表

| √ | 序号 | 内容 | 标　准 | 注意事项 |
|---|---|---|---|---|
| | 5 | 交换机基本配置（Huawei） | 串口登录交换机：<br><switch>system-view<br>System View: return to User View with Ctrl+Z<br>[switch]#sysname sw1 | 两台主干核心交换机需配置，名称不要相同 |
| | 6 | 增加交换机地址（Huawei） | <switch>system-view<br>System View: return to User View with Ctrl+Z.<br>[switch]#interface Vlanif1<br>[switch-Vlanif1]ip address 168.10.101.252 255.255.0.0<br>[switch-Vlanif1]ip address 168.16.101.254 255.255.0.0 sub<br>[switch-Vlanif1]undo shutdown | 具体地址根据主干网组网地址设置 |
| | 7 | SNMP配置（Huawei） | <switch>system-view<br>System View: return to User View with Ctrl+Z.<br>[switch]#snmp-agent<br>[switch]#snmp-agent sys-info version all<br>[switch]#snmp-agent community read public<br>[switch]#snmp- agent trap enable feature-name standard trap-name linkup<br>[switch]#snmp-agent trap enable feature-name standard trap-name linkdown<br>[switch]#snmp-agent target-host trap address udp-domain 168.10.101.1 udp-port 10162 params securityname switch | |

**表 3-39　D5000 系统前置交换机配置作业**

| √ | 序号 | 内容 | 标　准 | 注意事项 |
|---|---|---|---|---|
| | 1 | 交换机基本配置（Cisco） | 串口登录交换机执行：<br>switch(config)#hostname sw3<br>sw3(config)#enable secret cisco<br>sw3(config)#no ip domain-lookup<br>sw3(config)#line vty 0 15<br>sw3(config-line)#password cisco<br>sw3(config-line)#login | 多台前置都需要配置，交换机名不要配置相同 |
| | 2 | 增加交换机地址（Cisco） | 对交换机设置缺省vlan，增加交换机地址用于系统所有节点监测：<br>sw3(config)#interface vlan 1<br>进入接口配置模式，提示符：sw3（config-if）#。<br>sw3(config-if)#ip address 168.13.101.252 255.255.0.0<br>此时主网的地址是168.10.101。<br>sw1(config-if)#no shutdown | 具体地址根据前置网组网地址设置 |
| | 3 | 交换机基本配置（Huawei） | 串口登录交换机：<br><switch>system-view<br>System View: return to User View with Ctrl+Z<br>[switch]#sysname sw3 | 多台前置都需要配置，交换机名不要配置一样 |
| | 4 | 增加交换机地址（Huawei） | <switch>system-view<br>System View: return to User View with Ctrl+Z.<br>[switch]#interface Vlanif1<br>[switch-Vlanif1]ip address 168.13.101.252 255.255.0.0<br>[switch-Vlanif1]undo shutdown | 具体地址根据前置网组网地址设置 |

表 3-40　　D5000 系统服务器网络配置作业

| √ | 序号 | 内容 | 标　准 | 注意事项 |
|---|---|---|---|---|
| | 1 | 服务器地址配置 | 将每台服务器地址告知凝思操作系统工程师在安装操作系统时配置 | 提前规划好服务器地址 |

## 5.4 作业完工（见表 3-41）

表 3-41　　作　业　完　工

| √ | 序号 | 内　容 |
|---|---|---|
| | 1 | 核对配置完成的网络设备功能是否正常，并填写网络配置报告（见附录 A） |
| | 2 | 恢复安全措施，严格按现场安全技术措施中所做的安全技术措施恢复，恢复后经双方（工作人员及验收人员）核对无误 |
| | 3 | 全体工作班人员清扫、整理现场，清点工具及回收材料 |
| | 4 | 工作负责人检查施工现场，检查施工现场是否有遗留的工具、材料 |
| | 5 | 工作负责人在工作票上详细记录工作完成情况、遗留问题、结论意见等 |
| | 6 | 经值班员验收合格，并在工作票上签字后，办理工作票终结手续 |

# 6　作业指导书执行情况评估（见表 3-42）

表 3-42　　作业指导书执行情况评估

| 评估内容 | 符合性 | 优 | | 可操作项 | |
|---|---|---|---|---|---|
| | | 良 | | 不可操作项 | |
| | 可操作性 | 优 | | 修改项 | |
| | | 良 | | 遗漏项 | |
| 存在问题 | | | | | |
| 改进意见 | | | | | |

# 7　作业记录

D5000 系统网络配置报告（见附录 A）。

# 附 录 A
## （规范性附录）
## D5000 系统网络配置报告

| ××记录 | | | |
|---|---|---|---|
| 序号 | 内　容 | 备　注 | |
| 1 | 设备类型 | 填核心交换机、前置交换机或服务器 | |
| 4 | 设备型号 | | |
| 3 | 其他 | | |
| 自验收记录 | | | |
| 存在问题及处理意见 | | | |
| 安装结论 | | | |
| 责任人签字： | | 安装时间： | |

编号：Q×××××××

# D5000系统数据库服务器安装
# 标准化作业指导书

编写：__________ ________年____月____日

审核：__________ ________年____月____日

批准：__________ ________年____月____日

作业负责人：________________

作业日期：______年____月____日____时至______年____月____日____时

国 网 浙 江 省 电 力 公 司

## 1 范围

本作业指导书适用于 D5000 系统数据库服务器安装作业。

## 2 规范性引用文件

下列文件对于本文件的应用是必不可少的。凡是注日期的引用文件，仅注日期的版本适用于本文件；凡是不注日期的引用文件，其最新版本（包括所有的修改版）适用于本文件。

《电力监控系统安全防护管理规定》（国家发展和改革委员会令　第 14 号）

《智能电网调度技术支持系统》（Q/GDW 680—2011）

《地区智能电网调度技术支持系统应用功能规范》（Q/GDW Z461—2010）

《国家电网公司电力安全工作规程（变电部分）》（Q/GDW 1799.1—2013）

《国家电网公司电力调度自动化系统运行管理规定》（国家电网企管〔2014〕747 号）

《国家电网公司现场标准化作业指导书编制导则（试行）》（国家电网生〔2004〕503 号）

《国家电网公司关于加强安全生产工作的决定》（国家电网办〔2005〕474 号）

《国家电网公司关于开展现场标准化作业的指导意见》（国家电网生〔2006〕356 号）

《国家电网调度控制管理规程》（国家电网调〔2014〕1405 号）

《浙江电网自动化设备检修管理规定》（浙电调〔2012〕1039 号）

《浙江省电力系统调度控制管理规程》（浙电调〔2013〕954 号）

《浙江电网自动化主站“两票三制”管理规定（试行）》（浙电调字〔2009〕204 号）

## 3 作业前准备

### 3.1 准备工作安排（见表 3-43）

表 3-43　　准备工作安排

| √ | 序号 | 内　容 | 标　准 |
|---|---|---|---|
| | 1 | 根据本次作业项目、作业指导书，全体作业人员应熟悉作业内容、进度要求、作业标准、安全措施、危险点注意事项 | 要求所有作业人员都明确本次安装工作的作业内容、进度要求、作业标准及安全措施、危险点注意事项 |
| | 2 | 确认需安装的服务器是否符合 D5000 系统应用要求 | 检查机器硬件配置，确保符合 D5000 系统数据库安装要求 |
| | 3 | 确认服务器凝思操作系统是否安装正确 | 要求操作系统版本与 D5000 系统数据库版本相匹配 |
| | 4 | 准备网线若干，准备好服务器安装资料，如主机名、IP 地址、是否允许遥控等 | |
| | 5 | 根据现场工作时间和工作内容填写工作票 | 工作票应填写正确，并按《国家电网公司电力安全工作规程（变电部分）》和《浙江电网自动化主站“两票三制”管理规定（试行）》相关部分执行 |
| | 6 | 作业人员应熟悉 D5000 系统事故处理应急预案 | 要求所有作业人员均能按预案处理事故，预案必须放置于值班台；<br>预案必须是及时按时修订的，具有可操作性。事故处理必须遵守《浙江电网自动化系统设备检修流程管理办法（试行）》及《浙江电力调度自动化系统运行管理规范》的规定 |

## 3.2 劳动组织（见表 3-44）

表 3-44 劳 动 组 织

| √ | 序号 | 人员名称 | 职　责 | 作业人数 |
|---|---|---|---|---|
| | 1 | 工作负责人（安全监护人） | 1）明确作业人员分工。<br>2）办理工作票，组织编制安全措施、技术措施，合理分配工作并组织实施。<br>3）工作前对工作人员交代安全事项，工作结束后总结经验与不足之处。<br>4）严格遵照安规对作业过程安全进行监护。<br>5）对现场作业危险源预控负有责任，负责落实防范措施。<br>6）对作业人员进行安全教育，督促工作人员遵守安规，检查工作票所载安全措施是否正确完备，安全措施是否符合现场实际条件 | 1 |
| | 2 | 技术负责人 | 1）对安装作业措施、技术指标进行指导。<br>2）指导现场工作人员严格按照本作业指导书进行工作，同时对不规范的行为进行制止。<br>3）可以由工作负责人或安装人员兼任 | 1 |
| | 3 | 作业人员 | 1）严格依照安规及作业指导书要求作业。<br>2）经过培训考试合格，对本项作业的质量、进度负有责任 | 根据需要，至少 1 人 |

## 3.3 作业人员要求（见表 3-45）

表 3-45 作 业 人 员 要 求

| √ | 序号 | 内　容 | 备注 |
|---|---|---|---|
| | 1 | 经年度安规考试合格 | |
| | 2 | 精神状态正常，无妨碍工作的病症，着装符合要求 | |
| | 3 | 经过调度自动化主站端维护上岗证培训，并考试合格 | |

## 3.4 技术资料（见表 3-46）

表 3-46 技 术 资 料

| √ | 序号 | 名　称 | 备注 |
|---|---|---|---|
| | 1 | D5000 系统基础平台技术手册 | |
| | 2 | D5000 系统基础平台使用手册 | |
| | 3 | D5000 系统安装手册 | |
| | 4 | 达梦数据库安装手册 | |
| | 5 | 达梦数据库技术手册 | |

## 3.5 危险点分析及预控（见表 3-47）

表 3-47 危 险 点 分 析 及 预 控

| √ | 序号 | 内　容 | 预 控 措 施 |
|---|---|---|---|
| | 1 | IP 地址冲突导致运行设备及系统异常 | 计划被替换的故障服务器应退出运行；<br>详细核对新装服务器的 IP 地址，避免与运行设备一致 |

续表

| √ | 序号 | 内　　容 | 预　控　措　施 |
|---|---|---|---|
| | 2 | 服务器的操作系统和数据库存在不安全的服务和端口等安全漏洞 | 完成安全防护加固措施，并通过安全防护检测 |
| | 3 | 带病毒的服务器接入网络导致病毒传播，引起系统异常或大面积瘫痪，甚至威胁电网安全 | 接入网络前进行防病毒检测并部署相应的防病毒措施 |
| | 4 | D5000 系统服务器的数据库版本与平台版本或操作系统版本不匹配导致功能异常 | 确保安装的数据库版本与当前系统运行的平台版本相匹配 |
| | 5 | D5000 系统服务器数据库配置错误导致功能异常 | 详细确认数据库配置的正确性 |
| | 6 | hosts 文件版本不统一导致功能异常 | 安装完成后确认本服务器与主服务器上的 hosts 文件统一 |
| | 7 | 作业流程不完整导致功能缺失 | 严格按步骤执行，并做好逐项记录 |

## 3.6　主要安全措施（见表 3-48）

**表 3-48　　　　　　　　　主 要 安 全 措 施**

| √ | 序号 | 内　　容 |
|---|---|---|
| | 1 | 核查入网设备的 IP 地址、机器名与运行系统不冲突 |
| | 2 | 核查入网设备的安全防护措施 |
| | 3 | 核查入网设备安装程序版本及配置文件 |
| | 4 | 工作时，不得误碰与工作无关的运行设备 |
| | 5 | 在工作区域放置警示标志 |
| | 6 | 检查设备供电电源的运行状态和方式 |

# 4　流程图

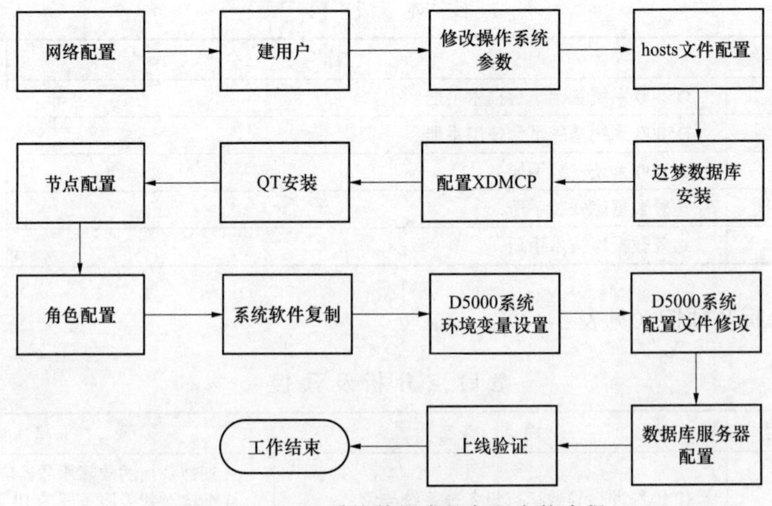


图 3-5　D5000 系统数据库服务器安装流程

## 5 作业程序及作业标准

### 5.1 工作许可

工作票负责人会同工作票许可人检查工作票上所列安全措施是否正确完备，并在工作许可人完成施工现场的安全措施及一起现场核查无误后，与工作票许可人办理工作票许可手续。

### 5.2 开工检查（见表 3-49）

表 3-49　　开　工　检　查

| √ | 序号 | 内　　容 | 标准及注意事项 |
|---|---|---|---|
| | 1 | 工作内容核对 | 核对本次工作的内容，核对服务器的命名、IP 地址、登录限制、是否遥控等 |
| | 2 | 服务器硬件检查 | 检查服务器硬件配置是否完备 |
| | 3 | 源码机检查 | 详细检查源码机的软件版本是否与当前运行系统一致 |
| | 4 | 工作分工及安全交底 | 开工前工作负责人检查所有作业人员是否正确使用劳保用品，并由工作负责人带领进入作业现场并在工作现场向所有作业人员详细交代作业任务、安全措施和安全注意事项、设备状态及人员分工，全体作业人员应明确作业范围、进度要求等内容，并在工作票的工作班成员签字栏内签名 |

### 5.3 作业项目与工艺标准（见表 3-50）

表 3-50　　D5000 系统数据库服务器安装作业

| √ | 序号 | 内容 | 标　　准 | 注意事项 |
|---|---|---|---|---|
| | 1 | 网络配置 | 在界面左下角的菜单栏里选择“设置”菜单中的“网络设置”命令，启动 eth0、eth1 网口，并配置相应的 IP | |
| | 2 | 建用户 | 在界面左下角的菜单栏里选择“系统”菜单中的“Kuser-用户段里程序”命令，创建用户 d5000，输入口令，登录 Shell 选择/bin/tcsh，主目录填 d5000 主目录，配置完毕后保存退出 | |
| | 3 | 修改操作系统参数 | 从源码机复制文件 d5000 主目录下.cshrc、/etc/sysctl.conf 和/etc/services | |
| | 4 | hosts 文件配置 | 编辑服务器上的/etc/hosts 文件，加入该工作站名和 IP 地址，将文件复制到本机/etc 目录，并同步到系统所有的服务器 | |
| | 5 | 达梦数据库安装 | 1）从达梦数据库商务负责人或技术负责人处取得数据库安装包（DM_Install.bin）和安装许可证书（dm.key）。<br>2）确定达梦数据库安装需要的工作目录和空间大小。<br>安装文件目录建议/dmdb/dm，大小 100GB 以上；<br>数据文件目录建议/dbdata/dmdata，大小可根据 D5000 系统业务量和使用年限而定，最小 200GB； | |

续表

| √ | 序号 | 内容 | 标　　准 | 注意事项 |
| --- | --- | --- | --- | --- |
|  | 5 | 达梦数据库安装 | 备份文件目录为阵列库可选，建议/dbbak/dmbak，大小可根据备份库的数据量和备份个数而定，最小 50GB。<br>3）执行 su-root 切换到操作系统超级用户，执行 export LANG= zh_CN 切换到中文字符编码，执行 chmod 777 DM_Install.bin 给安装包赋可执行权限。<br>4）执行./DM_Install.bin-i 开始安装。<br>Please Input the Path of the Key File[/home/d5000/dm_install/dm.key]:<br>输入 dm.key 文件存放的绝对路径。<br>Please Input the number of the Installation Type [1 Typicail]:<br>选择 1，为典型安装，即包括服务端和客户端。<br>Please Input the install path [/opt/dmdbms]:<br>输入安装文件目录的绝对路径。<br>Please Confirm the install path (Y/y,N/n) [Y/y]:<br>输入 Y 确认安装目录。<br>Whether to Initialize the Database (Y/y,N/n) [Y/y]:<br>输入 Y 确认开始初始化数据库。<br>Install Demo Database (Y/y,N/n) [N/n]:<br>输入 N 确认不安装一个名为 bookshop 的示例库。<br>Please Input the data install path [/dmdb/dm/data]:<br>输入数据文件目录的绝对路径。<br>Please Confirm the data install path (Y/y,N/n) [Y/y]:<br>输入 Y 确认数据文件目录。<br>Whether to Modify DataBase Initiation Parameter (Y/y,N/n) [N/n]:<br>输入 Y 确认修改数据库初始化参数设置。<br>Data Page Size, only 4K，8K，16K，32K [8]:<br>输入 32 确认数据页大小为 32K<br>Data File Extent Size, only 16 pages or 32 pages [16]:<br>输入 16 确认数据簇大小为 16 页。<br>String case sensitive: Y sensitive;N no sensitive [N]:<br>输入 Y 确认字符串大小写敏感。<br>UNICODE Support:　0 no support;1 support [0]:<br>输入 0 确认不支持 UNICODE 字符集。<br>Empty String('') as NULL: Y yes;N no [N]:<br>输入 Y 确认空串（''）作为 NULL 输出。<br>Whether to Modify SYSDBA Password (Y/y,N/n) [N/n]:<br>输入 N 选择不修改 SYSDBA 的初始密码。<br>Whether to Modify SYSAUDITOR Password (Y/y,N/n) [N/n]:<br>输入 N 选择不修改 SYSAUDITOR 的初始密码。<br>Confirm to Install? (Y/y,N/n) [Y/y]:<br>输入 Y 确认开始安装。<br>5）执行/etc/rc.d/init.d/dmserverd start 启动数据库服务，出现 OK 后服务器安装部分完毕 |  |

续表

<table>
<tr><th>√</th><th>序号</th><th>内容</th><th>标　　准</th><th>注意事项</th></tr>
<tr><td></td><td>6</td><td>达梦数据库配置</td><td>（1）单机库配置。<br>1）执行 vim /dmdb/dm/bin/dm.ini 编辑数据库配置文件。<br>需添加部分：<br>DYN_DDL_PERMIT = 1<br>TOTAL_NUM_OBJECT_LIMIT = 800000<br>OBJECT_NUM_LIMIT = 500000<br>BCP_WITH_LOG = 1<br>CTAB_SEL_WITH_PK = 1<br>ENABLE_FAST_UPDATE = 1<br>MAX_ROW_LOCK_NUMBER = 20000<br>ENABLE_RWLOCK_S_WAIT = 0<br>SVR_LOG = 300000<br>SVR_LOG_FILE_NUM = 20<br>SQL_LOG_MASK = 2:3:29<br>需修改部分：<br>MEMORY_POOL = 100 #内存池大小，设为100<br>BUFFER = 200000 #32GB 建议设置为200000<br>MAX_BUFFER = 200000 #32GB 建议设置为200000<br>DBUF_MODE = 0 #需设置为0<br>WORKER_THREADS = 32 #CPU 核数，根据服务器配置而定<br>CHKPNT_INTERVAL = 300 #需设置为300<br>CHKPNT_FLUSH = 20 #需设置为20<br>IO_THR_GROUPS = 8 #CPU 核数8<br>MAX_SESSIONS = 500 #最大会话连接数<br>BAK_POLICY = 1 #备份策略<br>PWD_POLICY = 0 #密码策略<br>IGNORE_MUTATING_CHECK = 1<br>wq 保存退出，执行/etc/rc.d/init.d/dmserverd restart 重启数据库服务，需出现两次 OK 后表示数据库服务使用修改后的配置启动。<br>2）vim 打开/root/.bash_profile，配置 DM_HOME 为/dmdb/dm、LD_LIBRARY_PATH 为/dmdb/dm/bin，wq 保存退出，source /root/.bash_profile 使环境变量设置生效。<br>3）vim 打开/etc/dm_svc.conf 修改。<br>debug=(0)<br>mdb=(192.168.200.1) //IP 地址请以工程实际为准，为数据库服务器物理 IP<br>his=(192.168.200.1) //IP 地址请以工程实际为准，为数据库服务器物理 IP primary_key=(off, precision,context,interval,percent,frequence)<br>show_sql=(0)<br>4）/dmdb/dm/bin/isql SYSDBA/SYSDBA@mdb 登录数据库服务器即可连库使用。<br>（2）阵列库配置（基于单机库基础配置）。<br>1）删除 his01/his02 两台数据库服务器/etc/rc.d/rc3.d 和 rc5.d 下的 S98dmserverd、S98dmagentd、/etc/rc.d/rc0.d 和 rc6.d 下的 K02dmserverd、K02dmagentd。<br>2）vim 打开/dmdb/dm/bin/dm.ini 修改。<br>THE_OTHER_SIDE_IP = HA 另一台机器物理 IP；<br>THE_OTHER_SIDE_IP = HA 另一台机器心跳 IP1；<br>THE_OTHER_SIDE_IP = HA 另一台机器心跳 IP2。</td><td>1. d5000 用户的 LD_LIBRARY_PATH 环境变量记录在/home/d5000/*/.cshrc 文件中（*为项目简称），在通过 d5000 用户使用客户端工具时，如果出现找不到达梦动态库文件（如 libdmapi.so、libdmucvt.so 等），需要查看此环境变量指向的目录（一般为/home/d5000/*/lib）中是否有相应的库文件，没有的话可以从数据库服务器/dmdb/dm/bin/中复制过去；修改此环境变量时，只需在 setenv LD_LIBRARY_PATH 后添加目录即可；保存退出后记得 source 使其生效。</td></tr>
</table>

续表

| √ | 序号 | 内容 | 标　　准 | 注意事项 |
| --- | --- | --- | --- | --- |
|  | 6 | 达梦数据库配置 | 3）将 his01 本地/dbdata 目录下的/dmdata 移至磁盘阵列对应目录，删除 his02 本地/dbdata 目录下的/dmdata（或可移至其他本地目录）。<br>4）/etc/dm_svc.conf 中 mdb 和 his 参数设置为阵列库 VIP。<br>5）his01 或 his02 执行 /dmdb/dm/bin/isql SYSDBA/SYSDBA@mdb 登录数据库服务器即可连库使用。<br>（3）应用服务器客户端配置。<br>1）创建好安装目录，其他应用服务器和工作站客户端统一安装在/home/d5000/dm/dmClient 下。<br>2）执行./DM_Install.bin –i 开始安装，下面两步需注意。<br>Please Input the install path [/opt/dmdbms]:<br>输入安装目录的绝对路径（/home/d5000/dm/dmClient）。<br>Please Input the number of the Installation Type [1 Typicail]:<br>选择 3，为客户端安装，即只安装达梦客户端和相关组件。<br>3）进入/home/d5000/dm/dmClient/bin/下执行。<br>cp impdb /home/d5000/dm/dmClient/imp；<br>cp expdb /home/d5000/dm/dmClient/exp；<br>cp isql /home/d5000/dm/dmClient/isql。<br>4）vim 打开 /root/.bash_profile，配置 DM_HOME 为 /home/d5000/dm/dmClient、LD_LIBRARY_PATH 为/home/d5000/dm/dmClient/bin，wq 保存退出，source /root/.bash_profile 使环境变量设置生效。<br>5）vim 打开/etc/dm_svc.conf 修改 mdb 和 his 的值设为数据库服务器的物理 IP（阵列库为 VIP）。<br>6）/home/d5000/dm/dmClient/isql SYSDBA/SYSDBA@mdb 登录数据库服务器即可连库使用 | 2. d5000 用户如需在任何目录下可调用 isql 工具，可在/home/d5000/*/.cshrc 文件中添加 alias isql /home/d5000/dm/dmClient/bin/isql 即可；保存退出后记得 source 使其生效 |
|  | 7 | 配置 XDMCP | 为了能够使用 Xwin32 或 Xmanager 登录到 Linux 主机所进行的配置。在屏幕下方的“系统”菜单中选择“管理”下的“登录屏幕”命令，出现“登录窗口首选项”窗口。在该窗口中选择“远程”选项卡，将“样式”改为：“与本地相同”。选择“安全”选项卡，勾选“允许远程管理员登录”复选框；取消勾选“禁止 TCP 连接到 X 服务器”复选框（为了以后图形程序能通过普通终端远程执行）。单击“关闭”按钮 |  |
|  | 8 | QT 安装 | 从其他工作站复制文件/home/d5000/qt453.tar 至本机/home/d5000/目录下并解压 |  |
|  | 9 | 节点配置 | 在其他运行的 d5000 维护工作站中启动 DBI。<br>在节点信息表（mng_node_info）中新增一条记录，配置新增工作站的节点的名称、ID 和类型，其中：<br>节点 id（node_id）自动生成；<br>节点名（node_name）表示工作站主机名称，该域根据工程实际情况修改；<br>节点类型（node_type）0 表示工作站；<br>记录节点号（ID 括号内中间的数字） |  |
|  | 10 | 角色配置 | 在权限配置中配置哪些工作组能登录本机；<br>根据需要在系统参数配置的遥控节点配置中加入本机节点 |  |
|  | 11 | 系统软件复制 | 将源码机 d5000 主目录下的 bin、lib、conf、data 四个文件夹打包复制到本机主目录下，并解压 |  |
|  | 12 | D5000 系统环境变量设置 | 从其他相同应用类型的工作站上复制.cshrc 文件到 d5000 主目录下，运行 source .cshrc |  |

续表

| √ | 序号 | 内容 | 标　　准 | 注意事项 |
|---|---|---|---|---|
| | 13 | D5000系统配置文件更改 | 1）网卡配置文件：d5000主目录下conf/net_config.sys，增加节点的网卡名称和IP地址。<br>[zjzd1-sta01]　　　　//机器名称<br>BOND_NAME=bond0　　　//绑定网卡名<br>CARD_NAME1=eth0　　　//绑定的网口1<br>CARD_NAME2=eth1　　　//绑定的网口2<br>2）修改配置文件d5000主目录下conf/ mng_priv_app.ini，修改节点的BASE_SERVICE 应用属性和相关进程（全部机器需要修改）。<br>具体内容如下例：<br>[zjzd1-sta01]<br>OS_TYPE=2　　　　//类型 服务器为1 工作站为2<br>NODE_ID=46　　　　//增加节点信息表时记录的节点号<br>CONTEXT=15　　　　//默认不需修改<br>APP_NAME=base_srv　　//默认不需修改<br>APP_ID=3400000　　　//默认不需修改<br>APP_PRIORITY=1　　　//默认不需修改<br>PROC_CONFIG=UNIX_CLIENT　//系统类型 服务器为UNIX_SERVER 工作站为UNIX_CLIENT<br><br>[NODE_ID_NAME]<br>46=zjzd1-sta01　//节点号=机器名<br>3）修改配置文件 d5000 主目录 conf/nic/sys_netcard_conf.txt。<br>domain　　　　　　10<br>serv　　　　　　　01<br>event　　　　　　 2<br>udpport　　　　　 15000<br>monitor_interval　100<br>write_interval　　300<br>flow_interval　　 60<br>flow_limit　　　　30<br>flow_peak　　　　 1000<br>udp　　　bond0　　//绑定的网卡名<br>nic　　　bond0　　//绑定的网卡名<br>nic　　　eth0　　 //绑定的1号网口名<br>nic　　　eth1　　 //绑定的2号网口名<br>ping bond0 171.1.1.254 171.1.1.254　//网关地址，或本机地址，保证能ping通 | |
| | 14 | 上线验证 | 启动服务器系统，检查系统功能是否完整正确并与预期一致 | 在安装报告中记录验证结果 |

## 5.4 作业完工（见表3-51）

**表3-51**　　　　　　　　**作 业 完 工**

| √ | 序号 | 内　　容 |
|---|---|---|
| | 1 | 核对新装服务器功能是否正常，并填写服务器安装报告（见附录A） |
| | 2 | 恢复安全措施，严格按现场安全技术措施中所做的安全技术措施恢复，恢复后经双方（工作人员及验收人员）核对无误 |
| | 3 | 全体工作班人员清扫、整理现场，清点工具及回收材料 |

续表

| √ | 序号 | 内　容 |
|---|---|---|
| | 4 | 工作负责人周密检查施工现场，检查施工现场是否有遗留的工具、材料 |
| | 5 | 工作负责人在工作票上详细记录工作完成情况、遗留问题、结论意见等 |
| | 6 | 经值班员验收合格，并在工作票上签字后，办理工作票终结手续 |

## 6　作业指导书执行情况评估（见表 3-52）

**表 3-52　　作业指导书执行情况评估**

<table>
<tr><td rowspan="4">评估内容</td><td rowspan="2">符合性</td><td>优</td><td></td><td>可操作项</td><td></td></tr>
<tr><td>良</td><td></td><td>不可操作项</td><td></td></tr>
<tr><td rowspan="2">可操作性</td><td>优</td><td></td><td>修改项</td><td></td></tr>
<tr><td>良</td><td></td><td>遗漏项</td><td></td></tr>
<tr><td>存在问题</td><td colspan="5"></td></tr>
<tr><td>改进意见</td><td colspan="5"></td></tr>
</table>

## 7　作业记录

D5000 系统数据库服务器安装报告（见附录 A）。

# 附　录　A
## （规范性附录）
## D5000 系统数据库服务器安装报告

<table>
<tr><td colspan="4">作　业　记　录</td></tr>
<tr><td>序号</td><td>内　　容</td><td colspan="2">备　　注</td></tr>
<tr><td>1</td><td>服务器型号</td><td colspan="2"></td></tr>
<tr><td>2</td><td>安装位置</td><td colspan="2"></td></tr>
<tr><td>3</td><td>软件版本</td><td colspan="2"></td></tr>
<tr><td>4</td><td>节点配置</td><td colspan="2">节点号：________；节点类型：________；是否允许遥控：________；IP 地址：________；机器名：________</td></tr>
<tr><td>5</td><td>上线验证</td><td colspan="2"></td></tr>
<tr><td>6</td><td>其他</td><td colspan="2"></td></tr>
<tr><td colspan="4">自验收记录</td></tr>
<tr><td colspan="2">存在问题及处理意见</td><td colspan="2"></td></tr>
<tr><td colspan="2">安装结论</td><td colspan="2"></td></tr>
<tr><td colspan="3">责任人签字：</td><td>安装时间：</td></tr>
</table>

编号：Q××××××××

# D5000 系统 FES 及 SCADA 应用服务器安装标准化作业指导书

编写：__________ ________年____月____日

审核：__________ ________年____月____日

批准：__________ ________年____月____日

作业负责人：________________

作业日期：______年____月____日____时至______年____月____日____时

国 网 浙 江 省 电 力 公 司

## 1 范围

本作业指导书适用于 D5000 系统 FES 及 SCADA 应用服务器安装作业。

## 2 规范性引用文件

下列文件对于本文件的应用是必不可少的。凡是注日期的引用文件，仅注日期的版本适用于本文件；凡是不注日期的引用文件，其最新版本（包括所有的修改版）适用于本文件。

《电力监控系统安全防护管理规定》（国家发展和改革委员会令　第 14 号）

《智能电网调度技术支持系统》（Q/GDW 680—2011）

《地区智能电网调度技术支持系统应用功能规范》（Q/GDW Z461—2010）

《国家电网公司电力安全工作规程（变电部分）》（Q/GDW 1799.1—2013）

《国家电网公司电力调度自动化系统运行管理规定》（国家电网企管〔2014〕747 号）

《国家电网公司现场标准化作业指导书编制导则（试行）》（国家电网生〔2004〕503 号）

《国家电网公司关于加强安全生产工作的决定》（国家电网办〔2005〕474 号）

《国家电网公司关于开展现场标准化作业的指导意见》（国家电网生〔2006〕356 号）

《国家电网调度控制管理规程》（国家电网调〔2014〕1405 号）

《浙江电网自动化设备检修管理规定》（浙电调〔2012〕1039 号）

《浙江省电力系统调度控制管理规程》（浙电调〔2013〕954 号）

《浙江电网自动化主站“两票三制”管理规定（试行）》（浙电调字〔2009〕204 号）

## 3 作业前准备

### 3.1 准备工作安排（见表 3-53）

表 3-53　　准备工作安排

| √ | 序号 | 内　容 | 标　准 |
|---|---|---|---|
| | 1 | 根据本次作业项目、作业指导书，全体作业人员应熟悉作业内容、进度要求、作业标准、安全措施、危险点注意事项 | 要求所有作业人员都明确本次安装工作的作业内容、进度要求、作业标准及安全措施、危险点注意事项 |
| | 2 | 确认需安装的服务器是否符合 D5000 系统 SCADA 应用要求 | 检查机器硬件配置，确保符合 D5000 系统 SCADA 应用安装要求 |
| | 3 | 确认服务器凝思操作系统是否安装正确 | 要求操作系统版本与 D5000 系统平台或 SCADA 应用版本相匹配 |
| | 4 | 准备网线若干，准备好服务器安装资料，如主机名、IP 地址、是否允许遥控等 | |
| | 5 | 根据现场工作时间和工作内容填写工作票 | 工作票应填写正确，并按《国家电网公司电力安全工作规程（变电部分）》和《浙江电网自动化主站“两票三制”管理规定（试行）》相关部分执行 |
| | 6 | 作业人员应熟悉 D5000 系统事故处理应急预案 | 要求所有作业人员均能按预案处理事故，预案必须放置于值班台；<br>预案必须是及时按时修订的，具有可操作性。事故处理必须遵守《浙江电网自动化系统设备检修流程管理办法（试行）》及《浙江电力调度自动化系统运行管理规范》的规定 |

## 3.2 劳动组织（见表 3-54）

表 3-54 劳动组织

| √ | 序号 | 人员名称 | 职责 | 作业人数 |
|---|---|---|---|---|
| | 1 | 工作负责人（安全监护人） | 1）明确作业人员分工。<br>2）办理工作票，组织编制安全措施、技术措施，合理分配工作并组织实施。<br>3）工作前对工作人员交代安全事项，工作结束后总结经验与不足之处。<br>4）严格遵照安规对作业过程安全进行监护。<br>5）对现场作业危险源预控负有责任，负责落实防范措施。<br>6）对作业人员进行安全教育，督促工作人员遵守安规，检查工作票所载安全措施是否正确完备，安全措施是否符合现场实际条件 | 1 |
| | 2 | 技术负责人 | 1）对安装作业措施、技术指标进行指导。<br>2）指导现场工作人员严格按照本作业指导书进行工作，同时对不规范的行为进行制止。<br>3）可以由工作负责人或安装人员兼任 | 1 |
| | 3 | 作业人员 | 1）严格依照安规及作业指导书要求作业。<br>2）经过培训考试合格，对本项作业的质量、进度负有责任 | 根据需要，至少 1 人 |

## 3.3 作业人员要求（见表 3-55）

表 3-55 作业人员要求

| √ | 序号 | 内容 | 备注 |
|---|---|---|---|
| | 1 | 经年度安规考试合格 | |
| | 2 | 精神状态正常，无妨碍工作的病症，着装符合要求 | |
| | 3 | 经过调度自动化主站端维护上岗证培训，并考试合格 | |

## 3.4 技术资料（见表 3-56）

表 3-56 技术资料

| √ | 序号 | 名称 | 备注 |
|---|---|---|---|
| | 1 | D5000 系统基础平台技术手册 | |
| | 2 | D5000 系统基础平台使用手册 | |
| | 3 | D5000 系统安装手册 | |
| | 4 | D5000 系统电网运行稳态监控技术手册 | |
| | 5 | D5000 系统电网运行稳态监控使用手册 | |

## 3.5 危险点分析及预控（见表 3-57）

表 3-57 危险点分析及预控

| √ | 序号 | 内容 | 预控措施 |
|---|---|---|---|
| | 1 | IP 地址冲突导致运行设备及系统异常 | 详细核对新装 FES 或 SCADA 服务器的 IP 地址，避免与运行设备一致 |

续表

| √ | 序号 | 内　　容 | 预　控　措　施 |
| --- | --- | --- | --- |
|  | 2 | FES 或 SCADA 服务器的操作系统存在不安全的服务和端口等安全漏洞 | 完成安全防护加固措施，并通过安全防护检测 |
|  | 3 | 带病毒的 FES 或 SCADA 服务器接入网络导致病毒传播，引起系统异常或大面积瘫痪，甚至威胁电网安全 | 接入网络前进行防病毒检测并部署相应的防病毒措施 |
|  | 4 | D5000 系统 FES 或 SCADA 程序版本与系统平台版本不匹配导致功能异常 | 确保安装的程序文件版本是当前系统运行的版本，与系统平台版本相匹配 |
|  | 5 | D5000 系统 FES 或 SCADA 服务器的配置文件错误导致功能异常 | 详细确认关键配置文件的配置 |
|  | 6 | hosts 文件版本不统一导致功能异常 | 安装完成后确认本 FES 或 SCADA 服务器与主服务器上的 hosts 文件统一 |
|  | 7 | 作业流程不完整导致功能缺失 | 严格按步骤执行，并做好逐项记录 |

## 3.6　主要安全措施（见表 3-58）

**表 3-58　　主 要 安 全 措 施**

| √ | 序号 | 内　　容 |
| --- | --- | --- |
|  | 1 | 核查入网设备的 IP 地址、机器名与运行系统不冲突 |
|  | 2 | 核查入网设备的安全防护措施 |
|  | 3 | 核查入网设备安装程序版本及配置文件 |
|  | 4 | 工作时，不得误碰与工作无关的运行设备 |
|  | 5 | 在工作区域放置警示标志 |
|  | 6 | 检查设备供电电源的运行状态和方式 |

# 4　流程图

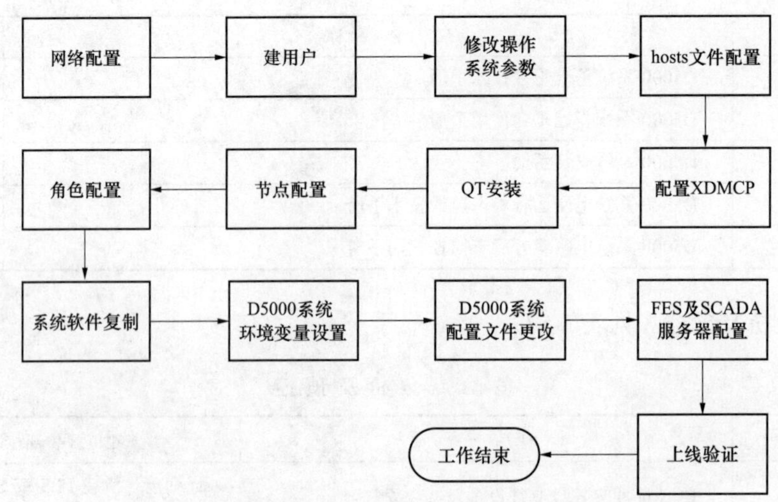


图 3-6　D5000 系统 FES 及 SCADA 应用服务器安装流程

## 5 作业程序及作业标准

### 5.1 工作许可

工作票负责人会同工作票许可人检查工作票上所列安全措施是否正确完备，并在工作许可人完成施工现场的安全措施及一起现场核查无误后，与工作票许可人办理工作票许可手续。

### 5.2 开工检查（见表 3-59）

表 3-59 开 工 检 查

| √ | 序号 | 内 容 | 标准及注意事项 |
|---|---|---|---|
| | 1 | 工作内容核对 | 核对本次工作的内容，核对服务器的命名、IP 地址、登录限制、是否遥控等 |
| | 2 | 服务器硬件检查 | 检查服务器硬件配置是否完备 |
| | 3 | 源码机检查 | 详细检查源码机的软件版本是否与当前运行系统一致 |
| | 4 | 工作分工及安全交底 | 开工前工作负责人检查所有作业人员是否正确使用劳保用品，并由工作负责人带领进入作业现场并在工作现场向所有作业人员详细交代作业任务、安全措施和安全注意事项、设备状态及人员分工，全体作业人员应明确作业范围、进度要求等内容，并在工作票的工作班成员签字栏内签名 |

### 5.3 作业项目与工艺标准（见表 3-60）

表 3-60 D5000 系统 FES 及 SCADA 应用服务器安装作业

| √ | 序号 | 内容 | 标 准 | 注意事项 |
|---|---|---|---|---|
| | 1 | 网络配置 | 在界面左下角的菜单栏里选择“设置”菜单中的“网络设置”命令，启动 eth0、eth1 网口，并配置相应的 IP | |
| | 2 | 建用户 | 在界面左下角的菜单栏里选择“系统”菜单中的“Kuser-用户段里程序”命令，创建用户 d5000，输入口令，登录 Shell 选择/bin/tcsh，主目录填 d5000 主目录，配置完毕后保存退出 | |
| | 3 | 修改操作系统参数 | 从源码机复制文件 d5000 主目录下.cshrc、/etc/sysctl.conf 和/etc/services | |
| | 4 | hosts 文件配置 | 编辑服务器上的/etc/hosts 文件，加入该工作站名和 IP 地址，将文件复制到本机/etc 目录，并同步到系统所有的服务器 | |
| | 5 | 配置 XDMCP | 为了能够使用 Xwin32 或 Xmanager 登录到 Linux 主机所进行的配置。在屏幕下方的“系统”菜单中选择“管理”下的“登录屏幕”命令，出现“登录窗口首选项”窗口。在该窗口中选择“远程”选项卡，将“样式”改为：“与本地相同”。选择“安全”选项卡，勾选“允许远程管理员登录”复选框；取消勾选“禁止 TCP 连接到 X 服务器”复选框（为了以后图形程序能通过普通终端远程执行）。单击“关闭”按钮 | |
| | 6 | QT 安装 | 从其他工作站复制文件/home/d5000/qt453.tar 至本机/home/d5000/目录下并解压 | |

续表

| √ | 序号 | 内容 | 标　准 | 注意事项 |
| --- | --- | --- | --- | --- |
| | 7 | 节点配置 | 在其他运行的 d5000 维护工作站中启动 DBI。<br>在节点信息表（mng_node_info）中新增一条记录，配置新增工作站的节点的名称、ID 和类型，其中：<br>节点 id（node_id）自动生成；<br>节点名（node_name）表示工作站主机名称，该域根据工程实际情况修改；<br>节点类型（node_type）0 表示工作站；<br>记录节点号（ID 括号内中间的数字） | |
| | 8 | 角色配置 | 在权限配置中配置哪些工作组能登录本机；<br>根据需要在系统参数配置的遥控节点配置中加入本机节点 | |
| | 9 | 系统软件复制 | 将源码机 d5000 主目录下的 bin、lib、conf、data 四个文件夹打包复制到本机主目录下，并解压 | |
| | 10 | D5000 系统环境变量设置 | 从其他相同应用类型的工作站上复制.cshrc 文件到 d5000 主目录下，运行 source .cshrc | |
| | 11 | D5000 系统配置文件更改 | 1）网卡配置文件：d5000 主目录下 conf/net_config.sys，增加节点的网卡名称和 IP 地址。<br>[zjzd1-sta01]　　　//机器名称<br>BOND_NAME=bond0　　　//绑定网卡名<br>CARD_NAME1=eth0　　　//绑定的网口 1<br>CARD_NAME2=eth1　　　//绑定的网口 2<br>2）修改配置文件 d5000 主目录下 conf/ mng_priv_app.ini，修改节点的 BASE_SERVICE 应用属性和相关进程（全部机器需要修改）。<br>具体内容如下例：<br>[zjzd1-sta01]<br>OS_TYPE=2　　　//类型 服务器为 1 工作站为 2<br>NODE_ID=46　　　//增加节点信息表时记录的节点号<br>CONTEXT=15　　　//默认不需修改<br>APP_NAME=base_srv　　　//默认不需修改<br>APP_ID=3400000　　　//默认不需修改<br>APP_PRIORITY=1　　　//默认不需修改<br>PROC_CONFIG=UNIX_CLIENT　//系统类型　服务器为 UNIX_SERVER 工作站为 UNIX_CLIENT<br><br>[NODE_ID_NAME]<br>46=zjzd1-sta01　　　//节点号=机器名<br>3）修改配置文件 d5000 主目录 conf/nic/sys_netcard_conf.txt。<br>domain　　　10<br>serv　　　01<br>event　　　2<br>udpport　　　15000<br>monitor_interval　　　100<br>write_interval　　　300<br>flow_interval　　　60<br>flow_limit　　　30<br>flow_peak　　　1000<br>udp　　bond0　　　//绑定的网卡名<br>nic　　bond0　　　//绑定的网卡名<br>nic　　eth0　　　//绑定的 1 号网口名<br>nic　　eth1　　　//绑定的 2 号网口名<br>ping bond0 171.1.1.254 171.1.1.254　//网关地址，或本机地址，保证能 ping 通 | |

续表

| √ | 序号 | 内容 | 标　　准 | 注意事项 |
| --- | --- | --- | --- | --- |
| | 12 | FES 服务器配置 | 1）将源码机/home/d5000/zhejiang 中 fes_bin 文件夹打包复制到/home/d5000/zhejiang 目录下并解压。<br>2）修改/etc/hosts 文件。<br>前置服务器上必须配上交换机地址，如是双网需要配置 switch-1、switch-2 地址，如果是四网需要配置 switch-3、switch-4 地址。<br>192.120.1.253　　switch-1<br>192.120.2.253　　switch-2<br>192.120.3.254　　switch-3<br>192.120.4.254　　switch-4<br>3）需在/home/d5000/zhejiang/fes_bin 目录下执行 init_log.sh 和 set_caps.sh 脚本。<br>4）系统应用分布信息表：配置 FES 应用节点名，可在安装平台时配好。<br>进程信息表：配置 FES 应用进程，一般已配好 | |
| | 13 | SCADA 服务器配置 | 1）安装程序和配置文件存放路径。<br>执行文件放在/users/d5000/工程名/bin 目录下；<br>配置文件放在/users/d5000/工程名/conf 目录下。<br>2）表配置。<br>系统应用分布信息表：配置 SCADA 应用节点名，可在安装平台时配好；<br>进程信息表：配置 SCADA 应用进程，一般已配好 | |
| | 14 | 上线验证 | 启动服务器系统，检查系统功能是否完整正确并与预期一致 | 在安装报告中记录验证结果 |

## 5.4 作业完工（见表 3-61）

**表 3-61**　　　　　　　　作 业 完 工

| √ | 序号 | 内　　容 |
| --- | --- | --- |
| | 1 | 核对新装服务器功能是否正常，并填写服务器安装报告（见附录 A） |
| | 2 | 恢复安全措施，严格按现场安全技术措施中所做的安全技术措施恢复，恢复后经双方（工作人员及验收人员）核对无误 |
| | 3 | 全体工作班人员清扫、整理现场，清点工具及回收材料 |
| | 4 | 工作负责人周密检查施工现场，检查施工现场是否有遗留的工具、材料 |
| | 5 | 工作负责人在工作票上详细记录工作完成情况、遗留问题、结论意见等 |
| | 6 | 经值班员验收合格，并在工作票上签字后，办理工作票终结手续 |

## 6 作业指导书执行情况评估（见表 3-62）

表 3-62　　　　作业指导书执行情况评估

| 评估内容 | 符合性 | 优 | | 可操作项 | |
|---|---|---|---|---|---|
| | | 良 | | 不可操作项 | |
| | 可操作性 | 优 | | 修改项 | |
| | | 良 | | 遗漏项 | |
| 存在问题 | | | | | |
| 改进意见 | | | | | |

## 7 作业记录

D5000 系统 FES 及 SCADA 应用服务器安装报告（见附录 A）。

# 附　录　A
## （规范性附录）
## D5000 系统 FES 及 SCADA 应用服务器安装报告

| 作　业　记　录 | | |
|---|---|---|
| 序号 | 内　　容 | 备　　注 |
| 1 | 服务器型号 | |
| 2 | 安装位置 | |
| 3 | 软件版本 | |
| 4 | 节点配置 | 节点号：________；节点类型：________；是否允许遥控：________；IP 地址：________；机器名：________ |
| 5 | 上线验证 | |
| 6 | 其他 | |
| 自验收记录 | | |
| 存在问题及处理意见 | | |
| 安装结论 | | |
| 责任人签字： | | 安装时间： |

编号：Q×××××××

# D5000 系统 PAS 应用服务器安装标准化作业指导书

编写：__________ ________年____月____日

审核：__________ ________年____月____日

批准：__________ ________年____月____日

作业负责人：________________

作业日期：______年____月____日____时至______年____月____日____时

国 网 浙 江 省 电 力 公 司

## 1 范围

本作业指导书适用于 D5000 系统 PAS 应用服务器安装作业。

## 2 规范性引用文件

下列文件对于本文件的应用是必不可少的。凡是注日期的引用文件，仅注日期的版本适用于本文件；凡是不注日期的引用文件，其最新版本（包括所有的修改版）适用于本文件。

《电力监控系统安全防护管理规定》（国家发展和改革委员会令 第 14 号）

《智能电网调度技术支持系统》（Q/GDW 680—2011）

《地区智能电网调度技术支持系统应用功能规范》（Q/GDW Z461—2010）

《国家电网公司电力安全工作规程（变电部分）》（Q/GDW 1799.1—2013）

《国家电网公司电力调度自动化系统运行管理规定》（国家电网企管〔2014〕747 号）

《国家电网公司现场标准化作业指导书编制导则（试行）》（国家电网生〔2004〕503 号）

《国家电网公司关于加强安全生产工作的决定》（国家电网办〔2005〕474 号）

《国家电网公司关于开展现场标准化作业的指导意见》（国家电网生〔2006〕356 号）

《国家电网调度控制管理规程》（国家电网调〔2014〕1405 号）

《浙江电网自动化设备检修管理规定》（浙电调〔2012〕1039 号）

《浙江省电力系统调度控制管理规程》（浙电调〔2013〕954 号）

《浙江电网自动化主站“两票三制”管理规定（试行）》（浙电调字〔2009〕204 号）

## 3 作业前准备

### 3.1 准备工作安排（见表 3-63）

表 3-63　　准备工作安排

| √ | 序号 | 内　容 | 标　准 |
|---|---|---|---|
| | 1 | 根据本次作业项目、作业指导书，全体作业人员应熟悉作业内容、进度要求、作业标准、安全措施、危险点注意事项 | 要求所有作业人员都明确本次安装工作的作业内容、进度要求、作业标准及安全措施、危险点注意事项 |
| | 2 | 确认需安装的服务器是否符合 D5000 系统 PAS 应用要求 | 检查机器硬件配置，确保符合 D5000 系统 PAS 应用安装要求 |
| | 3 | 确认服务器凝思操作系统是否安装正确 | 要求操作系统版本与 D5000 系统平台或 PAS 应用版本相匹配 |
| | 4 | 准备网线若干，准备好服务器安装资料，如主机名、IP 地址、是否允许遥控等 | |
| | 5 | 根据现场工作时间和工作内容填写工作票 | 工作票应填写正确，并按《国家电网公司电力安全工作规程（变电部分）》和《浙江电网自动化主站“两票三制”管理规定（试行）》相关部分执行 |
| | 6 | 作业人员应熟悉 D5000 系统事故处理应急预案 | 要求所有作业人员均能按预案处理事故，预案必须放置于值班台；<br>预案必须是及时按时修订的，具有可操作性。事故处理必须遵守《浙江电网自动化系统设备检修流程管理办法（试行）》及《浙江电力调度自动化系统运行管理规范》的规定 |

## 3.2 劳动组织（见表 3-64）

表 3-64　　劳 动 组 织

| √ | 序号 | 人员名称 | 职　责 | 作业人数 |
|---|---|---|---|---|
| | 1 | 工作负责人（安全监护人） | 1）明确作业人员分工。<br>2）办理工作票，组织编制安全措施、技术措施，合理分配工作并组织实施。<br>3）工作前对工作人员交代安全事项，工作结束后总结经验与不足之处。<br>4）严格遵照安规对作业过程安全进行监护。<br>5）对现场作业危险源预控负有责任，负责落实防范措施。<br>6）对作业人员进行安全教育，督促工作人员遵守安规，检查工作票所载安全措施是否正确完备，安全措施是否符合现场实际条件 | 1 |
| | 2 | 技术负责人 | 1）对安装作业措施、技术指标进行指导。<br>2）指导现场工作人员严格按照本作业指导书进行工作，同时对不规范的行为进行制止。<br>3）可以由工作负责人或安装人员兼任 | 1 |
| | 3 | 作业人员 | 1）严格依照安规及作业指导书要求作业。<br>2）经过培训考试合格，对本项作业的质量、进度负有责任 | 根据需要，至少 1 人 |

## 3.3 作业人员要求（见表 3-65）

表 3-65　　作 业 人 员 要 求

| √ | 序号 | 内　容 | 备注 |
|---|---|---|---|
| | 1 | 经年度安规考试合格 | |
| | 2 | 精神状态正常，无妨碍工作的病症，着装符合要求 | |
| | 3 | 经过调度自动化主站端维护上岗证培训，并考试合格 | |

## 3.4 技术资料（见表 3-66）

表 3-66　　技 术 资 料

| √ | 序号 | 名　称 | 备注 |
|---|---|---|---|
| | 1 | D5000 系统基础平台技术手册 | |
| | 2 | D5000 系统基础平台使用手册 | |
| | 3 | D5000 系统安装手册 | |
| | 4 | D5000 系统网络分析技术手册 | |
| | 5 | D5000 系统网络分析使用手册 | |

## 3.5 危险点分析及预控（见表 3-67）

表 3-67　　危险点分析及预控

| √ | 序号 | 内　　容 | 预 控 措 施 |
|---|---|---|---|
| | 1 | IP 地址冲突导致运行设备及系统异常 | 详细核对新装 PAS 服务器的 IP 地址，避免与运行设备一致 |
| | 2 | PAS 服务器的操作系统存在不安全的服务和端口等安全漏洞 | 完成安全防护加固措施，并通过安全防护检测 |
| | 3 | 带病毒的 PAS 服务器接入网络导致病毒传播，引起系统异常或大面积瘫痪，甚至威胁电网安全 | 接入网络前进行防病毒检测并部署相应的防病毒措施 |
| | 4 | D5000 系统 PAS 服务器的程序版本不一致导致，或与系统平台版本不匹配导致功能异常 | 确保安装的程序文件版本是当前系统运行的版本，与系统平台版本相匹配 |
| | 5 | D5000 系统 PAS 服务配置文件错误导致功能异常 | 详细确认关键配置文件的配置 |
| | 6 | hosts 文件版本不统一导致功能异常 | 安装完成后确认本 PAS 服务器与主服务器上的 hosts 文件统一 |
| | 7 | 作业流程不完整导致功能缺失 | 严格按步骤执行，并做好逐项记录 |

## 3.6 主要安全措施（见表 3-68）

表 3-68　　主 要 安 全 措 施

| √ | 序号 | 内　　容 |
|---|---|---|
| | 1 | 核查入网设备的 IP 地址、机器名与运行系统不冲突 |
| | 2 | 核查入网设备的安全防护措施 |
| | 3 | 核查入网设备安装程序版本及配置文件 |
| | 4 | 工作时，不得误碰与工作无关的运行设备 |
| | 5 | 在工作区域放置警示标志 |
| | 6 | 检查设备供电电源的运行状态和方式 |

# 4 流程图

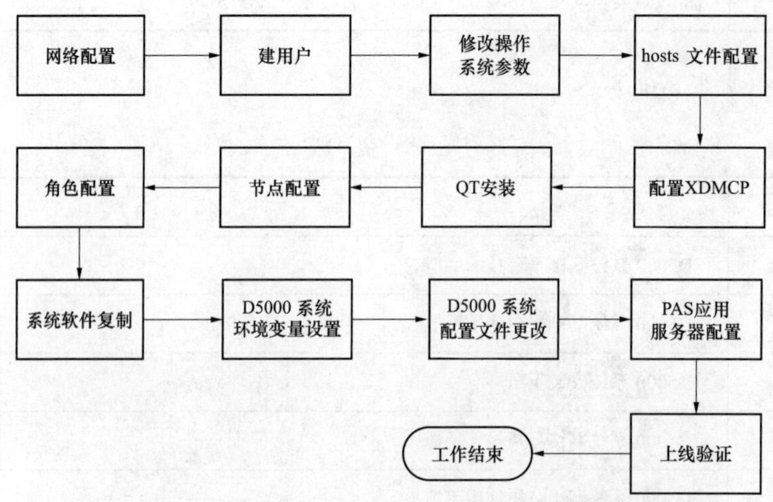


图 3-7　D5000 系统 PAS 应用服务器安装流程

## 5 作业程序及作业标准

### 5.1 工作许可

工作票负责人会同工作票许可人检查工作票上所列安全措施是否正确完备，并在工作许可人完成施工现场的安全措施及一起现场核查无误后，与工作票许可人办理工作票许可手续。

### 5.2 开工检查（见表 3-69）

表 3-69　　开　工　检　查

| √ | 序号 | 内　容 | 标准及注意事项 |
|---|---|---|---|
| | 1 | 工作内容核对 | 核对本次工作的内容，核对服务器的命名、IP 地址、登录限制、是否遥控等 |
| | 2 | 服务器硬件检查 | 检查服务器硬件配置是否完备 |
| | 3 | 源码机检查 | 详细检查源码机的软件版本是否与当前运行系统一致 |
| | 4 | 工作分工及安全交底 | 开工前工作负责人检查所有作业人员是否正确使用劳保用品，并由工作负责人带领进入作业现场并在工作现场向所有作业人员详细交代作业任务、安全措施和安全注意事项、设备状态及人员分工，全体作业人员应明确作业范围、进度要求等内容，并在工作票的工作班成员签字栏内签名 |

### 5.3 作业项目与工艺标准（见表 3-70）

表 3-70　　**D5000 系统 PAS 应用服务器安装作业**

| √ | 序号 | 内容 | 标　准 | 注意事项 |
|---|---|---|---|---|
| | 1 | 网络配置 | 在界面左下角的菜单栏里选择“设置”菜单中的“网络设置”命令，启动 eth0、eth1 网口，并配置相应的 IP | |
| | 2 | 建用户 | 在界面左下角的菜单栏里选择“系统”菜单中的“Kuser-用户段里程序”命令，创建用户 d5000，输入口令，登录 Shell 选择 /bin/tcsh，主目录填 d5000 主目录，配置完毕后保存退出 | |
| | 3 | 修改操作系统参数 | 从源码机复制文件 d5000 主目录下.cshrc、/etc/sysctl.conf 和 /etc/services | |
| | 4 | hosts 文件配置 | 编辑服务器上的/etc/hosts 文件，加入该工作站名和 IP 地址，将文件复制到本机/etc 目录，并同步到系统所有的服务器 | |
| | 5 | 配置 XDMCP | 为了能够使用 Xwin32 或 Xmanager 登录到 Linux 主机所进行的配置。在屏幕下方的“系统”菜单中选择“管理”下的“登录屏幕”命令，出现“登录窗口首选项”窗口。在该窗口中选择“远程”选项卡，将“样式”改为：“与本地相同”。选择“安全”选项卡，勾选“允许远程管理员登录”复选框；取消勾选“禁止 TCP 连接到 X 服务器”复选框（为了以后图形程序能通过普通终端远程执行）。单击“关闭”按钮 | |
| | 6 | QT 安装 | 从其他工作站复制文件/home/d5000/qt453.tar 至本机/home/d5000/目录下并解压 | |

续表

<table>
<tr><th>√</th><th>序号</th><th>内容</th><th>标　准</th><th>注意事项</th></tr>
<tr><td></td><td>7</td><td>节点配置</td><td>在其他运行的 d5000 维护工作站中启动 DBI。<br>在节点信息表（mng_node_info）中新增一条记录，配置新增工作站的节点的名称、ID 和类型，其中：<br>节点 id（node_id）自动生成；<br>节点名（node_name）表示工作站主机名称，该域根据工程实际情况修改；<br>节点类型（node_type）0 表示工作站；<br>记录节点号（ID 括号内中间的数字）</td><td></td></tr>
<tr><td></td><td>8</td><td>角色配置</td><td>在权限配置中配置哪些工作组能登录本机；<br>根据需要在系统参数配置的遥控节点配置中加入本机节点</td><td></td></tr>
<tr><td></td><td>9</td><td>系统软件复制</td><td>将源码机 d5000 主目录下的 bin、lib、conf、data 四个文件夹打包复制到本机主目录下，并解压</td><td></td></tr>
<tr><td></td><td>10</td><td>D5000 系统环境变量设置</td><td>从其他相同应用类型的工作站上复制.cshrc 文件到 d5000 主目录下，运行 source .cshrc</td><td></td></tr>
<tr><td></td><td>11</td><td>D5000 系统配置文件更改</td><td>1）网卡配置文件：d5000 主目录下 conf/net_config.sys，增加节点的网卡名称和 IP 地址。<br>[zjzd1-sta01]　　　　//机器名称<br>BOND_NAME=bond0　　　//绑定网卡名<br>CARD_NAME1=eth0　　　//绑定的网口 1<br>CARD_NAME2=eth1　　　//绑定的网口 2<br>2）修改配置文件 d5000 主目录下 conf/ mng_priv_app.ini，修改节点的 BASE_SERVICE 应用属性和相关进程（全部机器需要修改）。<br>具体内容如下例：<br>[zjzd1-sta01]<br>OS_TYPE=2　　　　　　//类型 服务器为 1 工作站为 2<br>NODE_ID=46　　　　　//增加节点信息表时记录的节点号<br>CONTEXT=15　　　　　//默认不需修改<br>APP_NAME=base_srv　　//默认不需修改<br>APP_ID=3400000　　　//默认不需修改<br>APP_PRIORITY=1　　　//默认不需修改<br>PROC_CONFIG=UNIX_CLIENT　　//系统类型 服务器为 UNIX_SERVER 工作站为 UNIX_CLIENT<br><br>[NODE_ID_NAME]<br>46=zjzd1-sta01　　　//节点号=机器名<br>3）修改配置文件 d5000 主目录 conf/nic/sys_netcard_conf.txt。<br>domain　　　　　　10<br>serv　　　　　　　01<br>event　　　　　　 2<br>udpport　　　　　 15000<br>monitor_interval　100<br>write_interval　　300<br>flow_interval　　 60<br>flow_limit　　　　30<br>flow_peak　　　　 1000<br>udp　bond0　//绑定的网卡名<br>nic　bond0　//绑定的网卡名<br>nic　eth0　 //绑定的 1 号网口名<br>nic　eth1　 //绑定的 2 号网口名<br>ping bond0 171.1.1.254 171.1.1.254　//网关地址，或本机地址，保证能 ping 通</td><td></td></tr>
</table>

续表

| √ | 序号 | 内容 | 标　准 | 注意事项 |
|---|---|---|---|---|
| | 12 | PAS 应用服务器配置 | 1）在源码机/home/d5000/zhejiang/src/advanced 下执行 cp_ss40 so PAS 服务器名；将 ss50 库复制至 PAS 服务器/home/d5000/zhejiang/lib 目录下。<br>2）在源码机/home/d5000/zhejiang/src/advanced 下执行 cp_ss40 exe PAS 服务器名；将 ss50 可执行程序复制至 PAS 服务器/home/d5000/Zhejiang/bin 目录下。<br>3）在源码机/home/d5000/zhejiang/src/advanced 下执行 cp_pas exe PAS 服务器名；将 PAS 可执行程序复制至 PAS 服务器/home/d5000/Zhejiang/bin 目录下。<br>4）在源码机/home/d5000/zhejiang/src/advanced 下执行 cp_pas so PAS 服务器名；将 PAS 动态库复制至 PAS 服务器/home/d5000/zhejiang/lib 目录下。<br>5）在 PAS 服务器上安装 fortran 编译器 | |
| | 13 | 上线验证 | 启动服务器系统，检查系统功能是否完整正确并与预期一致 | 在安装报告中记录验证结果 |

## 5.4 作业完工（见表 3-71）

表 3-71　　作　业　完　工

| √ | 序号 | 内　容 |
|---|---|---|
| | 1 | 核对新装服务器功能是否正常，并填写服务器安装报告（见附录 A） |
| | 2 | 恢复安全措施，严格按现场安全技术措施中所做的安全技术措施恢复，恢复后经双方（工作人员及验收人员）核对无误 |
| | 3 | 全体工作班人员清扫、整理现场，清点工具及回收材料 |
| | 4 | 工作负责人周密检查施工现场，检查施工现场是否有遗留的工具、材料 |
| | 5 | 工作负责人在工作票上详细记录工作完成情况、遗留问题、结论意见等 |
| | 6 | 经值班员验收合格，并在工作票上签字后，办理工作票终结手续 |

# 6　作业指导书执行情况评估（见表 3-72）

表 3-72　　作业指导书执行情况评估

<table>
<tr><td rowspan="4">评估内容</td><td rowspan="2">符合性</td><td>优</td><td></td><td>可操作项</td><td></td></tr>
<tr><td>良</td><td></td><td>不可操作项</td><td></td></tr>
<tr><td rowspan="2">可操作性</td><td>优</td><td></td><td>修改项</td><td></td></tr>
<tr><td>良</td><td></td><td>遗漏项</td><td></td></tr>
<tr><td>存在问题</td><td colspan="5"></td></tr>
<tr><td>改进意见</td><td colspan="5"></td></tr>
</table>

## 7 作业记录

D5000 系统 PAS 应用服务器安装报告（见附录 A）。

# 附 录 A
## （规范性附录）
## D5000 系统 PAS 应用服务器安装报告

<table>
<tr><td colspan="4">作 业 记 录</td></tr>
<tr><td>序号</td><td>内 容</td><td colspan="2">备 注</td></tr>
<tr><td>1</td><td>服务器型号</td><td colspan="2"></td></tr>
<tr><td>2</td><td>安装位置</td><td colspan="2"></td></tr>
<tr><td>3</td><td>软件版本</td><td colspan="2"></td></tr>
<tr><td>4</td><td>节点配置</td><td colspan="2">节点号：________；节点类型：________；是否允许遥控：________；<br>IP 地址：________；机器名：________</td></tr>
<tr><td>5</td><td>上线验证</td><td colspan="2"></td></tr>
<tr><td>6</td><td>其他</td><td colspan="2"></td></tr>
<tr><td colspan="4">自验收记录</td></tr>
<tr><td colspan="2">存在问题及处理意见</td><td colspan="2"></td></tr>
<tr><td colspan="2">安装结论</td><td colspan="2"></td></tr>
<tr><td colspan="3">责任人签字：</td><td>安装时间：</td></tr>
</table>

编号：Q××××××××

# D5000 系统 AGC 应用服务器安装标准化作业指导书

编写：__________ ________年____月____日

审核：__________ ________年____月____日

批准：__________ ________年____月____日

作业负责人：________________

作业日期：______年____月____日____时至______年____月____日____时

国 网 浙 江 省 电 力 公 司

## 1 范围

本作业指导书适用于 D5000 系统 AGC 应用服务器安装作业。

## 2 规范性引用文件

下列文件对于本文件的应用是必不可少的。凡是注日期的引用文件，仅注日期的版本适用于本文件；凡是不注日期的引用文件，其最新版本（包括所有的修改版）适用于本文件。

《电力监控系统安全防护管理规定》（国家发展和改革委员会令　第 14 号）

《智能电网调度技术支持系统》（Q/GDW 680—2011）

《地区智能电网调度技术支持系统应用功能规范》（Q/GDW Z461—2010）

《国家电网公司电力安全工作规程（变电部分）》（Q/GDW 1799.1—2013）

《国家电网公司电力调度自动化系统运行管理规定》（国家电网企管〔2014〕747 号）

《国家电网公司现场标准化作业指导书编制导则（试行）》（国家电网生〔2004〕503 号）

《国家电网公司关于加强安全生产工作的决定》（国家电网办〔2005〕474 号）

《国家电网公司关于开展现场标准化作业的指导意见》（国家电网生〔2006〕356 号）

《国家电网调度控制管理规程》（国家电网调〔2014〕1405 号）

《浙江电网自动化设备检修管理规定》（浙电调〔2012〕1039 号）

《浙江省电力系统调度控制管理规程》（浙电调〔2013〕954 号）

《浙江电网自动化主站"两票三制"管理规定（试行）》（浙电调字〔2009〕204 号）

## 3 作业前准备

### 3.1 准备工作安排（见表 3-73）

表 3-73　准备工作安排

| √ | 序号 | 内　容 | 标　准 |
|---|---|---|---|
| | 1 | 根据本次作业项目、作业指导书，全体作业人员应熟悉作业内容、进度要求、作业标准、安全措施、危险点注意事项 | 要求所有作业人员都明确本次安装工作的作业内容、进度要求、作业标准及安全措施、危险点注意事项 |
| | 2 | 确认需安装的服务器是否符合 D5000 系统 AGC 应用要求 | 检查机器硬件配置，确保符合 D5000 系统 AGC 应用安装要求 |
| | 3 | 确认服务器凝思操作系统是否安装正确 | 要求操作系统版本与 D5000 系统平台或 AGC 应用版本相匹配 |
| | 4 | 准备网线若干，准备好服务器安装资料，如主机名、IP 地址、是否允许遥控等 | |
| | 5 | 根据现场工作时间和工作内容填写工作票 | 工作票应填写正确，并按《国家电网公司电力安全工作规程（变电部分）》和《浙江电网自动化主站"两票三制"管理规定（试行）》相关部分执行 |
| | 6 | 作业人员应熟悉 D5000 系统事故处理应急预案 | 要求所有作业人员均能按预案处理事故；预案必须放置于值班台；<br>预案必须是及时按时修订的，具有可操作性。事故处理必须遵守《浙江电网自动化系统设备检修流程管理办法（试行）》及《浙江电力调度自动化系统运行管理规范》的规定 |

## 3.2 劳动组织（见表 3-74）

表 3-74　　劳 动 组 织

| √ | 序号 | 人员名称 | 职　责 | 作业人数 |
|---|---|---|---|---|
| | 1 | 工作负责人（安全监护人） | 1）明确作业人员分工。<br>2）办理工作票，组织编制安全措施、技术措施，合理分配工作并组织实施。<br>3）工作前对工作人员交代安全事项，工作结束后总结经验与不足之处。<br>4）严格遵照安规对作业过程安全进行监护。<br>5）对现场作业危险源预控负有责任，负责落实防范措施。<br>6）对作业人员进行安全教育，督促工作人员遵守安规，检查工作票所载安全措施是否正确完备，安全措施是否符合现场实际条件 | 1 |
| | 2 | 技术负责人 | 1）对安装作业措施、技术指标进行指导。<br>2）指导现场工作人员严格按照本作业指导书进行工作，同时对不规范的行为进行制止。<br>3）可以由工作负责人或安装人员兼任 | 1 |
| | 3 | 作业人员 | 1）严格依照安规及作业指导书要求作业。<br>2）经过培训考试合格，对本项作业的质量、进度负有责任 | 根据需要，至少 1 人 |

## 3.3 作业人员要求（见表 3-75）

表 3-75　　作 业 人 员 要 求

| √ | 序号 | 内　容 | 备注 |
|---|---|---|---|
| | 1 | 经年度安规考试合格 | |
| | 2 | 精神状态正常，无妨碍工作的病症，着装符合要求 | |
| | 3 | 经过调度自动化主站端维护上岗证培训，并考试合格 | |

## 3.4 技术资料（见表 3-76）

表 3-76　　技 术 资 料

| √ | 序号 | 名　称 | 备注 |
|---|---|---|---|
| | 1 | D5000 系统使用手册——基础平台 | |
| | 2 | D5000 系统应用切换技术手册 | |
| | 3 | D5000 系统启停技术手册 | |
| | 4 | D5000 系统服务器安装技术手册 | |
| | 5 | D5000 系统 AGC 服务器安装技术手册 | |
| | 6 | D5000 系统使用手册-AGC | |

## 3.5 危险点分析及预控（见表 3-77）

表 3-77　　危 险 点 分 析 及 预 控

| √ | 序号 | 内　容 | 预 控 措 施 |
|---|---|---|---|
| | 1 | IP 地址冲突导致运行设备及系统异常 | 计划被替换的故障服务器应关机；详细核对新装服务器的 IP 地址，避免与运行设备一致 |

续表

| √ | 序号 | 内　容 | 预 控 措 施 |
|---|---|---|---|
| | 2 | 服务器的操作系统存在不安全的服务和端口等安全漏洞 | 完成安全防护加固措施，并通过安全防护检测 |
| | 3 | 带病毒的服务器接入网络导致病毒传播，引起系统异常或大面积瘫痪，甚至威胁电网安全 | 服务器应格式化重装系统 |
| | 4 | D5000 系统 AGC 程序版本与平台版本不匹配导致功能异常 | 确保安装的程序文件版本是当前系统运行的版本，或与系统平台版本相匹配 |
| | 5 | D5000 系统 AGC 应用服务器配置文件错误导致功能异常 | 详细确认关键配置文件的配置 |
| | 6 | hosts 文件版本不统一导致功能异常 | 安装完成后确保所有服务器上的 hosts 文件统一 |
| | 7 | 作业流程不完整导致功能缺失 | 严格按步骤执行 |

## 3.6 主要安全措施（见表 3-78）

表 3-78　　主 要 安 全 措 施

| √ | 序号 | 内　容 |
|---|---|---|
| | 1 | 核查入网设备的 IP 地址、机器名与运行系统不冲突 |
| | 2 | 核查入网设备的安全防护措施 |
| | 3 | 核查入网设备安装程序版本及配置文件 |
| | 4 | 工作时，不得误碰与工作无关的运行设备 |
| | 5 | 在工作区域放置警示标志 |
| | 6 | 检查设备供电电源的运行状态和方式 |

# 4 流程图

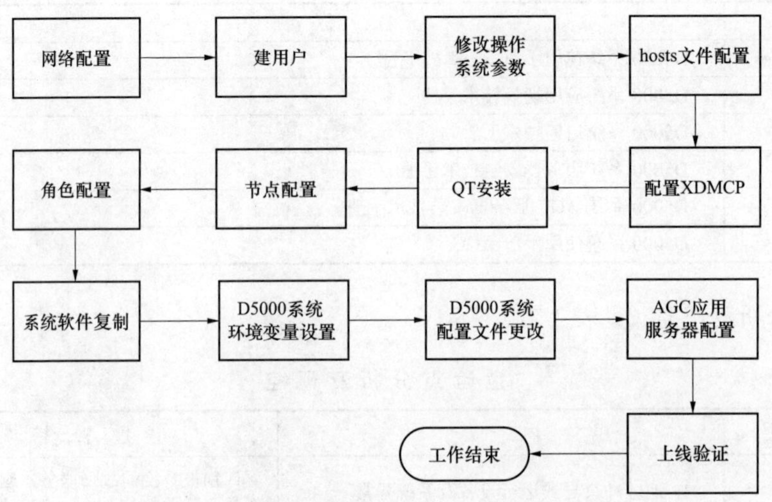


图 3-8　D5000 系统 AGC 应用服务器安装流程

## 5 作业程序及作业标准

### 5.1 工作许可

工作票负责人会同工作票许可人检查工作票上所列安全措施是否正确完备，并在工作许可人完成施工现场的安全措施及一起现场核查无误后，与工作票许可人办理工作票许可手续。

### 5.2 开工检查（见表 3-79）

表 3-79　　开 工 检 查

| √ | 序号 | 内　容 | 标准及注意事项 |
|---|---|---|---|
| | 1 | 工作内容核对 | 核对本次工作的内容，核对服务器的命名、IP 地址、登录限制、是否遥控等 |
| | 2 | 服务器硬件检查 | 检查服务器硬件配置是否完备 |
| | 3 | 源码机检查 | 详细检查源码机的软件版本是否与当前运行系统一致 |
| | 4 | 工作分工及安全交底 | 开工前工作负责人检查所有作业人员是否正确使用劳保用品，并由工作负责人带领进入作业现场并在工作现场向所有作业人员详细交代作业任务、安全措施和安全注意事项、设备状态及人员分工，全体作业人员应明确作业范围、进度要求等内容，并在工作票的工作班成员签字栏内签名 |

### 5.3 作业项目与工艺标准（见表 3-80）

表 3-80　　D5000 系统 AGC 应用服务器安装作业

| √ | 序号 | 内容 | 标　准 | 注意事项 |
|---|---|---|---|---|
| | 1 | 网络配置 | 在界面左下角的菜单栏里选择“设置”菜单中的“网络设置”命令，启动 eth0、eth1 网口，并配置相应的 IP | |
| | 2 | 建用户 | 在界面左下角的菜单栏里选择“系统”菜单中的“Kuser-用户段里程序”命令，创建用户 d5000，输入口令，登录 Shell 选择/bin/tcsh，主目录填 d5000 主目录，配置完毕后保存退出 | |
| | 3 | 修改操作系统参数 | 从源码机复制文件 d5000 主目录下.cshrc，/etc/sysctl.conf 和/etc/services | |
| | 4 | hosts 文件配置 | 编辑服务器上的/etc/hosts 文件，加入该工作站名和 IP 地址，将文件复制到本机/etc 目录，并同步到系统所有的服务器 | |
| | 5 | 配置 XDMCP | 为了能够使用 Xwin32 或 Xmanager 登录到 Linux 主机所进行的配置。在屏幕下方的“系统”菜单中选择“管理”下的“登录屏幕”命令，出现“登录窗口首选项”窗口。在该窗口中选择“远程”选项卡，将“样式”改为：“与本地相同”。选择“安全”选项卡，勾选“允许远程管理员登录”复选框；取消勾选“禁止 TCP 连接到 X 服务器”复选框（为了以后图形程序能通过普通终端远程执行）。单击“关闭”按钮 | |
| | 6 | QT 安装 | 从其他工作站复制文件/home/d5000/qt453.tar 至本机/home/d5000/目录下并解压 | |

续表

| √ | 序号 | 内容 | 标　　准 | 注意事项 |
|---|---|---|---|---|
| | 7 | 节点配置 | 在其他运行的 d5000 维护工作站中启动 DBI。<br>在节点信息表（mng_node_info）中新增一条记录，配置新增工作站的节点的名称、ID 和类型，其中：<br>节点 id（node_id）自动生成；<br>节点名（node_name）表示工作站主机名称，该域根据工程实际情况修改；<br>节点类型（node_type）0 表示工作站；<br>记录节点号（ID 括号内中间的数字） | |
| | 8 | 角色配置 | 在权限配置中配置哪些工作组能登录本机；<br>根据需要在系统参数配置的遥控节点配置中加入本机节点 | |
| | 9 | 系统软件复制 | 将源码机 d5000 主目录下的 bin、lib、conf、data 四个文件夹打包复制到本机主目录下，并解压 | |
| | 10 | D5000 系统环境变量设置 | 从其他相同应用类型的工作站上复制.cshrc 文件到 d5000 主目录下，运行 source .cshrc | |
| | 11 | D5000 系统配置文件更改 | 1）网卡配置文件：d5000 主目录下 conf/net_config.sys，增加节点的网卡名称和 IP 地址。<br>[zjzd1-sta01]　　　　//机器名称<br>BOND_NAME=bond0　　　　//绑定网卡名<br>CARD_NAME1=eth0　　　　//绑定的网口 1<br>CARD_NAME2=eth1　　　　//绑定的网口 2<br>2）修改配置文件 d5000 主目录下 conf/ mng_priv_app.ini，修改节点的 BASE_SERVICE 应用属性和相关进程（全部机器需要修改）。<br>具体内容如下例：<br>[zjzd1-sta01]<br>OS_TYPE=2　　　　//类型 服务器为 1 工作站为 2<br>NODE_ID=46　　　　//增加节点信息表时记录的节点号<br>CONTEXT=15　　　　//默认不需修改<br>APP_NAME=base_srv //默认不需修改<br>APP_ID=3400000　　//默认不需修改<br>APP_PRIORITY=1　　//默认不需修改<br>PROC_CONFIG=UNIX_CLIENT　　//系统类型 服务器为 UNIX_SERVER 工作站为 UNIX_CLIENT<br><br>[NODE_ID_NAME]<br>46=zjzd1-sta01　//节点号=机器名<br>3）修改配置文件 d5000 主目录 conf/nic/sys_netcard_conf.txt。<br>domain　　10<br>serv　　01<br>event　　2<br>udpport　　15000<br>monitor_interval　　100<br>write_interval　　300<br>flow_interval　　60<br>flow_limit　　30<br>flow_peak　　1000<br>udp　　bond0　　//绑定的网卡名<br>nic　　bond0　　//绑定的网卡名<br>nic　　eth0　　//绑定的 1 号网口名<br>nic　　eth1　　//绑定的 2 号网口名<br>ping bond0 171.1.1.254 171.1.1.254　//网关地址，或本机地址，保证能 ping 通 | |

续表

| √ | 序号 | 内容 | 标　准 | 注意事项 |
|---|---|---|---|---|
| | 12 | AGC 应用服务器配置 | 1）检查该节点上的配置文件是否正确，即/home/d5000/zhejiang/.cshrc 里面的内容是否正确。<br>2）将服务器上的 data/dbsecs/agc 文件夹复制至本节点的相应的目录下。<br>3）在服务器/home/d5000/Zhejiang/bin 目录下搜索 ls *agc*，查看所有 agc 所有的进程，复制至本节点的相应目录下。将/home/d5000/Zhejiang/bin 目录下 unittest、cpsdisp 进程复制至该目录下。<br>4）复制 lib/graph 目录下的 libDLL_AGCCallback.so 复制至该节点的相应目录下。<br>5）检查 conf 目录下与 AGC 相关的配置是否正确，主要包括 agc_popup_menu.ini、agc_simu.ini、down_load_AGC.sys，如果不一样则将服务器上的配置文件复制至该节点对应目录。<br>6）执行 manual_app_start agc-s down，启动 AGC 应用（注：必须带参数启动），观察启动过程中的打印信息，检查 AGC 是否启动成功，用 ss\|grep agc 检查应用状态。如果曾经启动过 AGC 应用，最好先执行 manual_app_stop agc，再启动应用。<br>7）检查 AGC 界面，数据是否刷新，单击“画面置数”按钮，检查右键调用是否正常 | |
| | 13 | 上线验证 | 启动服务器系统，检查系统功能是否完整正确并与预期一致 | 在安装报告中记录验证结果 |

## 5.4 作业完工（见表 3-81）

**表 3-81**　　　　作　业　完　工

| √ | 序号 | 内　容 |
|---|---|---|
| | 1 | 核对新装服务器功能是否正常，并填写服务器安装报告（见附录 A） |
| | 2 | 恢复安全措施，严格按现场安全技术措施中所做的安全技术措施恢复，恢复后经双方（工作人员及验收人员）核对无误 |
| | 3 | 全体工作班人员清扫、整理现场，清点工具及回收材料 |
| | 4 | 工作负责人周密检查施工现场，检查施工现场是否有遗留的工具、材料 |
| | 5 | 工作负责人在工作票上详细记录工作完成情况、遗留问题、结论意见等 |
| | 6 | 经值班员验收合格，并在工作票上签字后，办理工作票终结手续 |

# 6 作业指导书执行情况评估（见表 3-82）

**表 3-82**　　　　作业指导书执行情况评估

| 评估内容 | 符合性 | 优 | | 可操作项 | |
|---|---|---|---|---|---|
| | | 良 | | 不可操作项 | |
| | 可操作性 | 优 | | 修改项 | |
| | | 良 | | 遗漏项 | |
| 存在问题 | | | | | |
| 改进意见 | | | | | |

## 7 作业记录

D5000 系统 AGC 应用服务器安装报告（见附录 A）。

# 附　录　A
## （规范性附录）
## D5000 系统 AGC 应用服务器安装报告

<table>
<tr><td colspan="4">作 业 记 录</td></tr>
<tr><td>序号</td><td>内　容</td><td colspan="2">备　注</td></tr>
<tr><td>1</td><td>服务器型号</td><td colspan="2"></td></tr>
<tr><td>2</td><td>安装位置</td><td colspan="2"></td></tr>
<tr><td>3</td><td>软件版本</td><td colspan="2"></td></tr>
<tr><td>4</td><td>节点配置</td><td colspan="2">节点号：________；节点类型：________；是否允许遥控：________；IP 地址：________；机器名：________</td></tr>
<tr><td>5</td><td>上线验证</td><td colspan="2"></td></tr>
<tr><td>6</td><td>其他</td><td colspan="2"></td></tr>
<tr><td colspan="4">自验收记录</td></tr>
<tr><td colspan="2">存在问题及处理意见</td><td colspan="2"></td></tr>
<tr><td colspan="2">安装结论</td><td colspan="2"></td></tr>
<tr><td colspan="3">责任人签字：</td><td>安装时间：</td></tr>
</table>

编号：Q×××××××

# D5000 系统 AVC 应用服务器安装标准化作业指导书

编写：__________ ________年____月____日

审核：__________ ________年____月____日

批准：__________ ________年____月____日

作业负责人：________________

作业日期：______年____月____日____时至______年____月____日____时

国 网 浙 江 省 电 力 公 司

## 1 范围

本作业指导书适用于 D5000 系统 AVC 应用服务器安装作业。

## 2 规范性引用文件

下列文件对于本文件的应用是必不可少的。凡是注日期的引用文件，仅注日期的版本适用于本文件；凡是不注日期的引用文件，其最新版本（包括所有的修改版）适用于本文件。

《电力监控系统安全防护管理规定》（国家发展和改革委员会令　第 14 号）

《智能电网调度技术支持系统》（Q/GDW 680—2011）

《地区智能电网调度技术支持系统应用功能规范》（Q/GDW Z461—2010）

《国家电网公司电力安全工作规程（变电部分）》（Q/GDW 1799.1—2013）

《国家电网公司电力调度自动化系统运行管理规定》（国家电网企管〔2014〕747 号）

《国家电网公司现场标准化作业指导书编制导则（试行）》（国家电网生〔2004〕503 号）

《国家电网公司关于加强安全生产工作的决定》（国家电网办〔2005〕474 号）

《国家电网公司关于开展现场标准化作业的指导意见》（国家电网生〔2006〕356 号）

《国家电网调度控制管理规程》（国家电网调〔2014〕1405 号）

《浙江电网自动化设备检修管理规定》（浙电调〔2012〕1039 号）

《浙江省电力系统调度控制管理规程》（浙电调〔2013〕954 号）

《浙江电网自动化主站“两票三制”管理规定（试行）》（浙电调字〔2009〕204 号）

## 3 作业前准备

### 3.1 准备工作安排（见表 3-83）

表 3-83　　准备工作安排

| √ | 序号 | 内　容 | 标　准 |
|---|---|---|---|
| | 1 | 根据本次作业项目、作业指导书，全体作业人员应熟悉作业内容、进度要求、作业标准、安全措施、危险点注意事项 | 要求所有作业人员都明确本次安装工作的作业内容、进度要求、作业标准及安全措施、危险点注意事项 |
| | 2 | 确认需安装的服务器是否符合 D5000 系统 AVC 应用要求 | 检查机器硬件配置，确保符合 D5000 系统 AVC 应用安装要求 |
| | 3 | 确认服务器凝思操作系统是否安装正确 | 要求操作系统版本与 D5000 系统平台或 AVC 应用版本相匹配 |
| | 4 | 准备网线若干，准备好服务器安装资料，如主机名、IP 地址、是否允许遥控等 | |
| | 5 | 根据现场工作时间和工作内容填写工作票 | 工作票应填写正确，并按《国家电网公司电力安全工作规程（变电部分）》和《浙江电网自动化主站“两票三制”管理规定（试行）》相关部分执行 |
| | 6 | 作业人员应熟悉 D5000 系统事故处理应急预案 | 要求所有作业人员均能按预案处理事故，预案必须放置于值班台；<br>预案必须是及时按时修订的，具有可操作性。事故处理必须遵守《浙江电网自动化系统设备检修流程管理办法（试行）》及《浙江电力调度自动化系统运行管理规范》的规定 |

## 3.2 劳动组织（见表 3-84）

表 3-84 劳动组织

| √ | 序号 | 人员名称 | 职责 | 作业人数 |
|---|---|---|---|---|
| | 1 | 工作负责人（安全监护人） | 1）明确作业人员分工。<br>2）办理工作票，组织编制安全措施、技术措施，合理分配工作并组织实施。<br>3）工作前对工作人员交代安全事项，工作结束后总结经验与不足之处。<br>4）严格遵照安规对作业过程安全进行监护。<br>5）对现场作业危险源预控负有责任，负责落实防范措施。<br>6）对作业人员进行安全教育，督促工作人员遵守安规，检查工作票所载安全措施是否正确完备，安全措施是否符合现场实际条件 | 1 |
| | 2 | 技术负责人 | 1）对安装作业措施、技术指标进行指导。<br>2）指导现场工作人员严格按照本作业指导书进行工作，同时对不规范的行为进行制止。<br>3）可以由工作负责人或安装人员兼任 | 1 |
| | 3 | 作业人员 | 1）严格依照安规及作业指导书要求作业。<br>2）经过培训考试合格，对本项作业的质量、进度负有责任 | 根据需要，至少 1 人 |

## 3.3 作业人员要求（见表 3-85）

表 3-85 作业人员要求

| √ | 序号 | 内容 | 备注 |
|---|---|---|---|
| | 1 | 经年度安规考试合格 | |
| | 2 | 精神状态正常，无妨碍工作的病症，着装符合要求 | |
| | 3 | 经过调度自动化主站端维护上岗证培训，并考试合格 | |

## 3.4 技术资料（见表 3-86）

表 3-86 技术资料

| √ | 序号 | 名称 | 备注 |
|---|---|---|---|
| | 1 | D5000 系统使用手册——基础平台 | |
| | 2 | D5000 系统应用切换技术手册 | |
| | 3 | D5000 系统启停技术手册 | |
| | 4 | D5000 系统服务器安装技术手册 | |
| | 5 | D5000 系统 AVC 服务器安装技术手册 | |

## 3.5 危险点分析及预控（见表 3-87）

表 3-87 危险点分析及预控

| √ | 序号 | 内容 | 预控措施 |
|---|---|---|---|
| | 1 | IP 地址冲突导致运行设备及系统异常 | 计划被替换的故障服务器应关机；详细核对新装服务器的 IP 地址，避免与运行设备一致 |

续表

| √ | 序号 | 内　容 | 预 控 措 施 |
|---|---|---|---|
| | 2 | 服务器的操作系统存在不安全的服务和端口等安全漏洞 | 完成安全防护加固措施，并通过安全防护检测 |
| | 3 | 带病毒的服务器接入网络导致病毒传播，引起系统异常或大面积瘫痪，甚至威胁电网安全 | 服务器应格式化重装系统 |
| | 4 | D5000 系统 AVC 程序版本与平台版本不匹配导致功能异常 | 确保安装的程序文件版本是当前系统运行的版本，或与系统平台版本相匹配 |
| | 5 | D5000 系统 AVC 应用服务器配置文件错误导致功能异常 | 详细确认关键配置文件的配置 |
| | 6 | hosts 文件版本不统一导致功能异常 | 安装完成后确保所有服务器上的 hosts 文件统一 |
| | 7 | 作业流程不完整导致功能缺失 | 严格按步骤执行 |

## 3.6 主要安全措施（见表 3-88）

**表 3-88　　主 要 安 全 措 施**

| √ | 序号 | 内　容 |
|---|---|---|
| | 1 | 核查入网设备的 IP 地址、机器名与运行系统不冲突 |
| | 2 | 核查入网设备的安全防护措施 |
| | 3 | 核查入网设备安装程序版本及配置文件 |
| | 4 | 工作时，不得误碰与工作无关的运行设备 |
| | 5 | 在工作区域放置警示标志 |
| | 6 | 检查设备供电电源的运行状态和方式 |

# 4 流程图

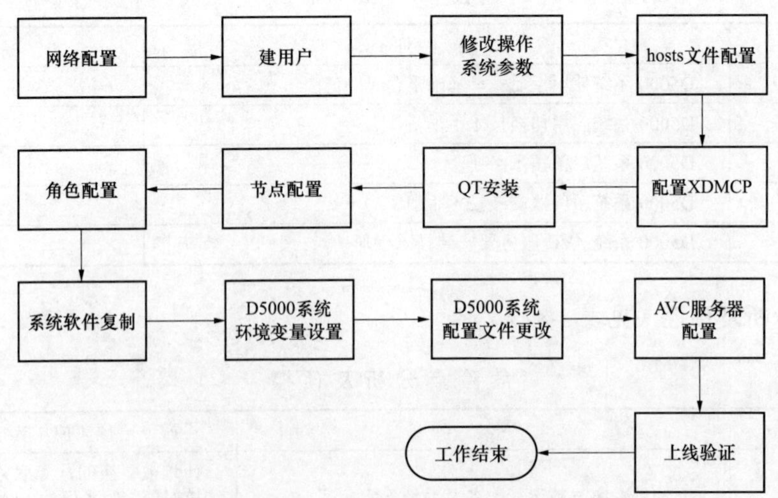


图 3-9　D5000 系统 AVC 应用服务器安装流程

## 5 作业程序及作业标准

### 5.1 工作许可

工作票负责人会同工作票许可人检查工作票上所列安全措施是否正确完备，并在工作许可人完成施工现场的安全措施及一起现场核查无误后，与工作票许可人办理工作票许可手续。

### 5.2 开工检查（见表 3-89）

表 3-89　　开　工　检　查

| √ | 序号 | 内　容 | 标准及注意事项 |
|---|---|---|---|
| | 1 | 工作内容核对 | 核对本次工作的内容，核对服务器的命名、IP 地址、登录限制、是否遥控等 |
| | 2 | 服务器硬件检查 | 检查服务器硬件配置是否完备 |
| | 3 | 源码机检查 | 详细检查源码机的软件版本是否与当前运行系统一致 |
| | 4 | 工作分工及安全交底 | 开工前工作负责人检查所有作业人员是否正确使用劳保用品，并由工作负责人带领进入作业现场并在工作现场向所有作业人员详细交代作业任务、安全措施和安全注意事项、设备状态及人员分工，全体作业人员应明确作业范围、进度要求等内容，并在工作票的工作班成员签字栏内签名 |

### 5.3 作业项目与工艺标准（见表 3-90）

表 3-90　　D5000 系统 AVC 应用服务器安装作业

| √ | 序号 | 内容 | 标　准 | 注意事项 |
|---|---|---|---|---|
| | 1 | 网络配置 | 在界面左下角的菜单栏里选择“设置”菜单中的“网络设置”命令，启动 eth0、eth1 网口，并配置相应的 IP | |
| | 2 | 建用户 | 在界面左下角的菜单栏里选择“系统”菜单中的“Kuser-用户段里程序”命令，创建用户 d5000，输入口令，登录 Shell 选择 /bin/tcsh，主目录填 d5000 主目录，配置完毕后保存退出 | |
| | 3 | 修改操作系统参数 | 从源码机复制文件 d5000 主目录下.cshrc、/etc/sysctl.conf 和 /etc/services | |
| | 4 | hosts 文件配置 | 编辑服务器上的/etc/hosts 文件，加入该工作站名和 IP 地址，将文件复制到本机/etc 目录，并同步到系统所有的服务器 | |
| | 5 | 配置 XDMCP | 为了能够使用 Xwin32 或 Xmanager 登录到 Linux 主机所进行的配置。在屏幕下方的“系统”菜单中选择“管理”下的“登录屏幕”命令，出现“登录窗口首选项”窗口。在该窗口中选择“远程”选项卡，将“样式”改为：“与本地相同”。选择“安全”选项卡，勾选“允许远程管理员登录”复选框；取消勾选“禁止 TCP 连接到 X 服务器”复选框（为了以后图形程序能通过普通终端远程执行）。单击“关闭”按钮 | |
| | 6 | QT 安装 | 从其他工作站复制文件/home/d5000/qt453.tar 至本机/home/d5000/目录下并解压 | |

续表

| √ | 序号 | 内容 | 标　　准 | 注意事项 |
| --- | --- | --- | --- | --- |
|  | 7 | 节点配置 | 在其他运行的 d5000 维护工作站中启动 DBI。<br>在节点信息表（mng_node_info）中新增一条记录，配置新增工作站的节点的名称、ID 和类型，其中：<br>节点 id（node_id）自动生成；<br>节点名（node_name）表示工作站主机名称，该域根据工程实际情况修改；<br>节点类型（node_type）0 表示工作站；<br>记录节点号（ID 括号内中间的数字） |  |
|  | 8 | 角色配置 | 在权限配置中配置哪些工作组能登录本机；<br>根据需要在系统参数配置的遥控节点配置中加入本机节点 |  |
|  | 9 | 系统软件复制 | 将源码机 d5000 主目录下的 bin、lib、conf、data 四个文件夹打包复制到本机主目录下，并解压 |  |
|  | 10 | D5000 系统环境变量设置 | 从其他相同应用类型的工作站上复制.cshrc 文件到 d5000 主目录下，运行 source .cshrc |  |
|  | 11 | D5000 系统配置文件更改 | 1）网卡配置文件：d5000 主目录下 conf/net_config.sys，增加节点的网卡名称和 IP 地址。<br>[zjzd1-sta01]　　　　　//机器名称<br>BOND_NAME=bond0　　　//绑定网卡名<br>CARD_NAME1=eth0　　　//绑定的网口 1<br>CARD_NAME2=eth1　　　//绑定的网口 2<br>2）修改配置文件 d5000 主目录下 conf/ mng_priv_app.ini，修改节点的 BASE_SERVICE 应用属性和相关进程（全部机器需要修改）。<br>具体内容如下例：<br>[zjzd1-sta01]<br>OS_TYPE=2　　　　　　//类型 服务器为 1 工作站为 2<br>NODE_ID=46　　　　　//增加节点信息表时记录的节点号<br>CONTEXT=15　　　　　//默认不需修改<br>APP_NAME=base_srv　　//默认不需修改<br>APP_ID=3400000　　　//默认不需修改<br>APP_PRIORITY=1　　　//默认不需修改<br>PROC_CONFIG=UNIX_CLIENT　　//系统类型 服务器为 UNIX_SERVER 工作站为 UNIX_CLIENT<br><br>[NODE_ID_NAME]<br>46=zjzd1-sta01　　　//节点号=机器名<br>3）修改配置文件 d5000 主目录 conf/nic/sys_netcard_conf.txt。<br>domain　　　　　　10<br>serv　　　　　　　01<br>event　　　　　　 2<br>udpport　　　　　 15000<br>monitor_interval　100<br>write_interval　　300<br>flow_interval　　 60<br>flow_limit　　　　30<br>flow_peak　　　　 1000<br>udp　bond0　　　 //绑定的网卡名<br>nic　bond0　　　 //绑定的网卡名<br>nic　eth0　　　　//绑定的 1 号网口名<br>nic　eth1　　　　//绑定的 2 号网口名<br>ping bond0 171.1.1.254 171.1.1.254　//网关地址，或本机地址，保证能 ping 通 |  |

续表

| √ | 序号 | 内容 | 标　准 | 注意事项 |
|---|---|---|---|---|
| | 12 | AVC 应用服务器配置 | 1）系统应用分布表增加 AVC 应用节点。<br>省调 AVC：应用号 600000 应用名 AVC；<br>地调 AVC：应用号 603000 应用名 AVC_DVC。<br>2）进程信息表增加 AVC 相关进程。<br>avc_main；<br>avc_send；<br>avcalm；<br>avc_yk_op；<br>avc_op –app 600000 （省调）；<br>avc_op –app 603000（地调）。<br>3）程序复制：从源码机上复制 AVC 相关程序及动态库至 AVC 服务器。<br>4）层次库复制：从源码机上复制 AVC 相关层次库实体文件 | |
| | 13 | 上线验证 | 启动服务器系统，检查系统功能是否完整正确并与预期一致 | 在安装报告中记录验证结果 |

## 5.4 作业完工（见表 3-91）

**表 3-91**　　作　业　完　工

| √ | 序号 | 内　容 |
|---|---|---|
| | 1 | 核对新装服务器功能是否正常，并填写服务器安装报告（见附录 A） |
| | 2 | 恢复安全措施，严格按现场安全技术措施中所做的安全技术措施恢复，恢复后经双方（工作人员及验收人员）核对无误 |
| | 3 | 全体工作班人员清扫、整理现场，清点工具及回收材料 |
| | 4 | 工作负责人周密检查施工现场，检查施工现场是否有遗留的工具、材料 |
| | 5 | 工作负责人在工作票上详细记录工作完成情况、遗留问题、结论意见等 |
| | 6 | 经值班员验收合格，并在工作票上签字后，办理工作票终结手续 |

# 6 作业指导书执行情况评估（见表 3-92）

**表 3-92**　　作业指导书执行情况评估

| 评估内容 | 符合性 | 优 | | 可操作项 | |
|---|---|---|---|---|---|
| | | 良 | | 不可操作项 | |
| | 可操作性 | 优 | | 修改项 | |
| | | 良 | | 遗漏项 | |
| 存在问题 | | | | | |
| 改进意见 | | | | | |

## 7 作业记录

D5000 系统 AVC 应用服务器安装报告（见附录 A）。

# 附 录 A
## （规范性附录）
## D5000 系统 AVC 应用服务器安装报告

<table>
<tr><td colspan="4">作 业 记 录</td></tr>
<tr><td>序号</td><td colspan="2">内　　容</td><td>备　　注</td></tr>
<tr><td>1</td><td colspan="2">服务器型号</td><td></td></tr>
<tr><td>2</td><td colspan="2">安装位置</td><td></td></tr>
<tr><td>3</td><td colspan="2">软件版本</td><td></td></tr>
<tr><td>4</td><td colspan="2">节点配置</td><td>节点号：________；节点类型：________；是否允许遥控：________；<br>IP 地址：________；机器名：________</td></tr>
<tr><td>5</td><td colspan="2">上线验证</td><td></td></tr>
<tr><td>6</td><td colspan="2">其他</td><td></td></tr>
<tr><td colspan="4">自验收记录</td></tr>
<tr><td colspan="2">存在问题及处理意见</td><td colspan="2"></td></tr>
<tr><td colspan="2">安装结论</td><td colspan="2"></td></tr>
<tr><td colspan="3">责任人签字：</td><td>安装时间：</td></tr>
</table>

编号：Q×××××××

# D5000 系统综合智能告警应用服务器安装标准化作业指导书

编写：__________ ________年____月____日

审核：__________ ________年____月____日

批准：__________ ________年____月____日

作业负责人：________________

作业日期：______年____月____日____时至______年____月____日____时

国 网 浙 江 省 电 力 公 司

## 1 范围

本作业指导书适用于 D5000 系统综合智能告警应用服务器安装作业。

## 2 规范性引用文件

下列文件对于本文件的应用是必不可少的。凡是注日期的引用文件，仅注日期的版本适用于本文件；凡是不注日期的引用文件，其最新版本（包括所有的修改版）适用于本文件。

《电力监控系统安全防护管理规定》（国家发展和改革委员会令 第 14 号）

《智能电网调度技术支持系统》（Q/GDW 680—2011）

《地区智能电网调度技术支持系统应用功能规范》（Q/GDW Z461—2010）

《国家电网公司电力安全工作规程（变电部分）》（Q/GDW 1799.1—2013）

《国家电网公司电力调度自动化系统运行管理规定》（国家电网企管〔2014〕747 号）

《国家电网公司现场标准化作业指导书编制导则（试行）》（国家电网生〔2004〕503 号）

《国家电网公司关于加强安全生产工作的决定》（国家电网办〔2005〕474 号）

《国家电网公司关于开展现场标准化作业的指导意见》（国家电网生〔2006〕356 号）

《国家电网调度控制管理规程》（国家电网调〔2014〕1405 号）

《浙江电网自动化设备检修管理规定》（浙电调〔2012〕1039 号）

《浙江省电力系统调度控制管理规程》（浙电调〔2013〕954 号）

《浙江电网自动化主站“两票三制”管理规定（试行）》（浙电调字〔2009〕204 号）

## 3 作业前准备

### 3.1 准备工作安排（见表 3-93）

表 3-93 准备工作安排

| √ | 序号 | 内容 | 标准 |
|---|---|---|---|
| | 1 | 根据本次作业项目、作业指导书，全体作业人员应熟悉作业内容、进度要求、作业标准、安全措施、危险点注意事项 | 要求所有作业人员都明确本次安装工作的作业内容、进度要求、作业标准及安全措施、危险点注意事项 |
| | 2 | 确认需安装的服务器是否符合 D5000 系统综合智能告警应用要求 | 检查机器硬件配置，确保符合 D5000 系统综合智能告警应用安装要求 |
| | 3 | 确认服务器凝思操作系统是否安装正确 | 要求操作系统版本与 D5000 系统平台或综合智能告警应用版本相匹配 |
| | 4 | 准备网线若干，准备好服务器安装资料，如主机名、IP 地址、是否允许遥控等 | |
| | 5 | 根据现场工作时间和工作内容填写工作票 | 工作票应填写正确，并按《国家电网公司电力安全工作规程（变电部分）》和《浙江电网自动化主站“两票三制”管理规定（试行）》相关部分执行 |
| | 6 | 作业人员应熟悉 D5000 系统事故处理应急预案 | 要求所有作业人员均能按预案处理事故，预案必须放置于值班台；<br>预案必须是及时按时修订的，具有可操作性。事故处理必须遵守《浙江电网自动化系统设备检修流程管理办法（试行）》及《浙江电力调度自动化系统运行管理规范》的规定 |

## 3.2 劳动组织（见表 3-94）

表 3-94　劳　动　组　织

| √ | 序号 | 人员名称 | 职　　责 | 作业人数 |
|---|---|---|---|---|
| | 1 | 工作负责人（安全监护人） | 1）明确作业人员分工。<br>2）办理工作票，组织编制安全措施、技术措施，合理分配工作并组织实施。<br>3）工作前对工作人员交代安全事项，工作结束后总结经验与不足之处。<br>4）严格遵照安规对作业过程安全进行监护。<br>5）对现场作业危险源预控负有责任，负责落实防范措施。<br>6）对作业人员进行安全教育，督促工作人员遵守安规，检查工作票所载安全措施是否正确完备，安全措施是否符合现场实际条件 | 1 |
| | 2 | 技术负责人 | 1）对安装作业措施、技术指标进行指导。<br>2）指导现场工作人员严格按照本作业指导书进行工作，同时对不规范的行为进行制止。<br>3）可以由工作负责人或安装人员兼任 | 1 |
| | 3 | 作业人员 | 1）严格依照安规及作业指导书要求作业。<br>2）经过培训考试合格，对本项作业的质量、进度负有责任 | 根据需要，至少 1 人 |

## 3.3 作业人员要求（见表 3-95）

表 3-95　作 业 人 员 要 求

| √ | 序号 | 内　　容 | 备注 |
|---|---|---|---|
| | 1 | 经年度安规考试合格 | |
| | 2 | 精神状态正常，无妨碍工作的病症，着装符合要求 | |
| | 3 | 经过调度自动化主站端维护上岗证培训，并考试合格 | |

## 3.4 技术资料（见表 3-96）

表 3-96　技　术　资　料

| √ | 序号 | 名　　称 | 备注 |
|---|---|---|---|
| | 1 | D5000 系统使用手册——基础平台 | |
| | 2 | D5000 系统应用切换技术手册 | |
| | 3 | D5000 系统启停技术手册 | |
| | 4 | D5000 系统服务器安装技术手册 | |
| | 5 | D5000 系统综合智能告警服务器安装技术手册 | |
| | 6 | D5000 系统使用手册——综合智能分析与告警 | |

## 3.5 危险点分析及预控（见表 3-97）

表 3-97　危 险 点 分 析 及 预 控

| √ | 序号 | 内　　容 | 预　控　措　施 |
|---|---|---|---|
| | 1 | IP 地址冲突导致运行设备及系统异常 | 计划被替换的故障服务器应关机；详细核对新装服务器的 IP 地址，避免与运行设备一致 |

续表

| √ | 序号 | 内　　容 | 预　控　措　施 |
|---|---|---|---|
| | 2 | 服务器的操作系统存在不安全的服务和端口等安全漏洞 | 完成安全防护加固措施，并通过安全防护检测 |
| | 3 | 带病毒的服务器接入网络导致病毒传播，引起系统异常或大面积瘫痪，甚至威胁电网安全 | 服务器应格式化重装系统 |
| | 4 | D5000 系统综合智能告警程序版本不一致或与系统平台版本不匹配导致功能异常 | 确保安装的程序文件版本是当前系统运行的版本，或与系统平台版本相匹配 |
| | 5 | D5000 系统综合智能告警应用服务器配置文件错误导致功能异常 | 详细确认关键配置文件的配置 |
| | 6 | hosts 文件版本不统一导致功能异常 | 安装完成后确保所有服务器上的 hosts 文件统一 |
| | 7 | 作业流程不完整导致功能缺失 | 严格按步骤执行 |

## 3.6　主要安全措施（见表 3-98）

表 3-98　　主 要 安 全 措 施

| √ | 序号 | 内　　容 |
|---|---|---|
| | 1 | 核查入网设备的 IP 地址、机器名与运行系统不冲突 |
| | 2 | 核查入网设备的安全防护措施 |
| | 3 | 核查入网设备安装程序版本及配置文件 |
| | 4 | 工作时，不得误碰与工作无关的运行设备 |
| | 5 | 在工作区域放置警示标志 |
| | 6 | 检查设备供电电源的运行状态和方式 |

# 4　流程图

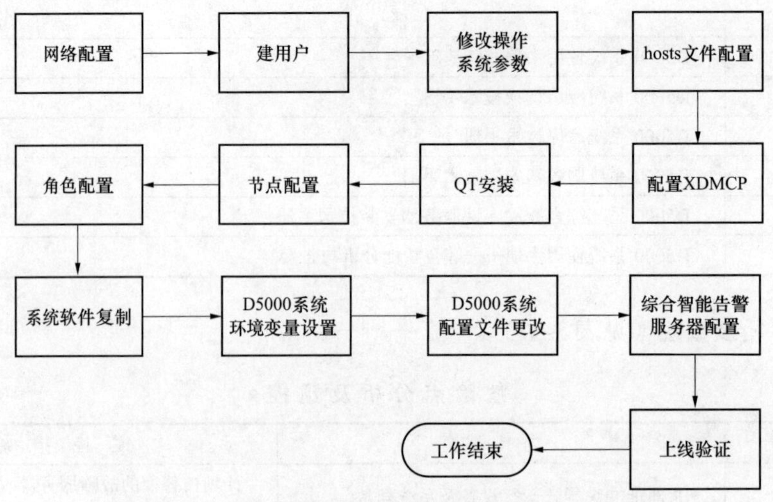


图 3-10　D5000 系统综合智能告警应用服务器安装流程

## 5 作业程序及作业标准

### 5.1 工作许可

工作票负责人会同工作票许可人检查工作票上所列安全措施是否正确完备，并在工作许可人完成施工现场的安全措施及一起现场核查无误后，与工作票许可人办理工作票许可手续。

### 5.2 开工检查（见表 3-99）

表 3-99　开 工 检 查

| √ | 序号 | 内　容 | 标准及注意事项 |
|---|---|---|---|
| | 1 | 工作内容核对 | 核对本次工作的内容，核对服务器的命名、IP 地址、登录限制、是否遥控等 |
| | 2 | 服务器硬件检查 | 检查服务器硬件配置是否完备 |
| | 3 | 源码机检查 | 详细检查源码机的软件版本是否与当前运行系统一致 |
| | 4 | 工作分工及安全交底 | 开工前工作负责人检查所有作业人员是否正确使用劳保用品，并由工作负责人带领进入作业现场并在工作现场向所有作业人员详细交代作业任务、安全措施和安全注意事项、设备状态及人员分工，全体作业人员应明确作业范围、进度要求等内容，并在工作票的工作班成员签字栏内签名 |

### 5.3 作业项目与工艺标准（见表 3-100）

表 3-100　D5000 系统综合智能告警应用服务器安装作业

| √ | 序号 | 内容 | 标　准 | 注意事项 |
|---|---|---|---|---|
| | 1 | 网络配置 | 在界面左下角的菜单栏里选择“设置”菜单中的“网络设置”命令，启动 eth0、eth1 网口，并配置相应的 IP | |
| | 2 | 建用户 | 在界面左下角的菜单栏里选择“系统”菜单中的“Kuser-用户段里程序”命令，创建用户 d5000，输入口令，登录 Shell 选择/bin/tcsh，主目录填 d5000 主目录，配置完毕后保存退出 | |
| | 3 | 修改操作系统参数 | 从源码机复制文件 d5000 主目录下.cshrc、/etc/sysctl.conf 和/etc/services | |
| | 4 | hosts 文件配置 | 编辑服务器上的/etc/hosts 文件，加入该工作站名和 IP 地址，将文件复制到本机/etc 目录，并同步到系统所有的服务器 | |
| | 5 | 配置 XDMCP | 为了能够使用 Xwin32 或 Xmanager 登录到 Linux 主机所进行的配置。在屏幕下方的“系统”菜单中选择“管理”下的“登录屏幕”命令，出现“登录窗口首选项”窗口。在该窗口中选择“远程”选项卡，将“样式”改为：“与本地相同”。选择“安全”选项卡，勾选“允许远程管理员登录”复选框；取消勾选“禁止 TCP 连接到 X 服务器”复选框（为了以后图形程序能通过普通终端远程执行）。单击“关闭”按钮 | |
| | 6 | QT 安装 | 从其他工作站复制文件/home/d5000/qt453.tar 至本机/home/ 5000/目录下并解压 | |

续表

| √ | 序号 | 内容 | 标　准 | 注意事项 |
| --- | --- | --- | --- | --- |
|  | 7 | 节点配置 | 在其他运行的 d5000 维护工作站中启动 DBI。<br>在节点信息表（mng_node_info）中新增一条记录，配置新增工作站的节点的名称、ID 和类型，其中：<br>节点 id（node_id）自动生成；<br>节点名（node_name）表示工作站主机名称，该域根据工程实际情况修改；<br>节点类型（node_type）0 表示工作站；<br>记录节点号（ID 括号内中间的数字） |  |
|  | 8 | 角色配置 | 在权限配置中配置哪些工作组能登录本机；<br>根据需要在系统参数配置的遥控节点配置中加入本机节点 |  |
|  | 9 | 系统软件复制 | 将源码机 d5000 主目录下的 bin、lib、conf、data 四个文件夹打包复制到本机主目录下，并解压 |  |
|  | 10 | D5000 系统环境变量设置 | 从其他相同应用类型的工作站上复制.cshrc 文件到 d5000 主目录下，运行 source .cshrc |  |
|  | 11 | D5000 系统配置文件更改 | 1） 网卡配置文件：d5000 主目录下 conf/net_config.sys，增加节点的网卡名称和 IP 地址。<br>[zjzd1-sta01]　　　　//机器名称<br>BOND_NAME=bond0　　　//绑定网卡名<br>CARD_NAME1=eth0　　　//绑定的网口 1<br>CARD_NAME2=eth1　　　//绑定的网口 2<br>2） 修改配置文件 d5000 主目录下 conf/ mng_priv_app.ini，修改节点的 BASE_SERVICE 应用属性和相关进程（全部机器需要修改）。<br>具体内容如下例：<br>[zjzd1-sta01]<br>OS_TYPE=2　　　　　//类型 服务器为 1 工作站为 2<br>NODE_ID=46　　　　//增加节点信息表时记录的节点号<br>CONTEXT=15　　　　//默认不需修改<br>APP_NAME=base_srv　　//默认不需修改<br>APP_ID=3400000　　　//默认不需修改<br>APP_PRIORITY=1　　　//默认不需修改<br>PROC_CONFIG=UNIX_CLIENT　　//系统类型 服务器为 UNIX_SERVER 工作站为 UNIX_CLIENT<br><br>[NODE_ID_NAME]<br>46=zjzd1-sta01　　　//节点号=机器名<br>3） 修改配置文件 d5000 主目录 conf/nic/sys_netcard_conf.txt。<br>domain　　　　　10<br>serv　　　　　　01<br>event　　　　　 2<br>udpport　　　　 15000<br>monitor_interval　100<br>write_interval　　300<br>flow_interval　　 60<br>flow_limit　　　　30<br>flow_peak　　　　1000<br>udp　　bond0　　//绑定的网卡名<br>nic　　bond0　　//绑定的网卡名<br>nic　　eth0　　 //绑定的 1 号网口名<br>nic　　eth1　　 //绑定的 2 号网口名<br>ping bond0 171.1.1.254 171.1.1.254　//网关地址，或本机地址，保证能 ping 通 |  |

续表

| √ | 序号 | 内容 | 标　准 | 注意事项 |
|---|---|---|---|---|
| | 12 | 综合智能告警应用服务器配置 | （1）从源码机 bin 目录下把 rt_ifa、isw_power、isw_app_cooperative、isw_pv_cache、isw_base_serv、isw_ctgy_serv、isw_op、isw_direct_alarm_recv、isw_direct_alarm_op、isw_record_cache 这 10 个进程复制至主备机 bin 目录。<br>（2）从源码机 lib 目录下把 libisw_pub.so、libDLL_FaultAppTreeWidget.so、libDLL_DsaAppTreeWidget.so、libDLL_WAMSTreeWidget.so、libDLL_RelayAppTreeWidget.so、libDLL_ScadaThemeWidget.so、libDLL_BaseMonitorThemeWidget.so、libDLL_CtgyMonitorThemeWidget.so 这 8 个动态库复制至主备机 lib 目录。<br>（3）在主备机上的 conf 目录下修改如下.odb_app.ini、mng_app_num_name.ini、down_load_app.sys 以及 app_define.sys 四个文件。<br>1）.odb_app.ini。<br>在[SCADA]在增加两行，内容如下：<br>scada_ifa = 104000<br>scada_isw = 105000<br>2）mng_app_num_name.ini。<br>在[ALLAPP]中增加两行，内容如下：<br>scada_ifa = 104000<br>scada_isw=105000<br>在[DOWNLOAD]中增加两行，内容如下：<br>104000=scada_ifa<br>105000=scada_isw<br>3）down_load_app.sys。<br>在文件中增加两行，内容如下：<br>scada_ifa<br>scada_isw<br>4）app_define.sys。<br>在[AF_SCADA]下增加内容如下：<br>app_no 序号 = 104000<br>app_name 序号 = SCADA_IFA<br>app_disp 序号 = SCADA_IFA<br>app_no 序号 = 105000<br>app_name 序号 = SCADA_ISW<br>app_disp 序号 = SCADA_ISW<br>同时将[AF_SCADA]下中的 app_num 项个数增加 2。<br>（4）将源码目录下 cfg 目录下的 down_load_SCADA_ISW.sys、down_load_SCADA_IFA.sys 复制到主备机的 conf 目录下。<br>（5）服务端进程配置。首先确认菜单定义表的菜单“系统应用定义”是否已有 scada_isw、scada_ifa 菜单项，如未定义则增加如下定义：<br>实际值为 105000，显示值为 scada_isw，菜单宏定义为 MENU_APP_SCADA_ISW；<br>实际值为 104000，显示值为 scada_isw，菜单宏定义为 MENU_APP_SCADA_IFA。<br>其次打开进程信息表，查看 scada_ifa 应用是否有 4 个进程 ifa_sigrcv、ifa_sigman、ifa_mandog、ifa_devsta，并把 ifa_sigrcv 的运行顺序设为 1；查看 scada_isw 是否为 10 个相关进程。<br>起应用：scada_isw、scada_ifa | |
| | 13 | 上线验证 | 启动服务器系统，检查系统功能是否完整正确并与预期一致 | 在安装报告中记录验证结果 |

## 5.4 作业完工（见表 3-101）

**表 3-101** 作 业 完 工

| √ | 序号 | 内 容 |
|---|---|---|
| | 1 | 核对新装服务器功能是否正常，并填写服务器安装报告（见附录 A） |
| | 2 | 恢复安全措施，严格按现场安全技术措施中所做的安全技术措施恢复，恢复后经双方（工作人员及验收人员）核对无误 |
| | 3 | 全体工作班人员清扫、整理现场，清点工具及回收材料 |
| | 4 | 工作负责人周密检查施工现场，检查施工现场是否有遗留的工具、材料 |
| | 5 | 工作负责人在工作票上详细记录工作完成情况、遗留问题、结论意见等 |
| | 6 | 经值班员验收合格，并在工作票上签字后，办理工作票终结手续 |

# 6 作业指导书执行情况评估（见表 3-102）

**表 3-102** 作业指导书执行情况评估

<table>
<tr><td rowspan="4">评估内容</td><td rowspan="2">符合性</td><td>优</td><td></td><td>可操作项</td><td></td></tr>
<tr><td>良</td><td></td><td>不可操作项</td><td></td></tr>
<tr><td rowspan="2">可操作性</td><td>优</td><td></td><td>修改项</td><td></td></tr>
<tr><td>良</td><td></td><td>遗漏项</td><td></td></tr>
<tr><td>存在问题</td><td colspan="5"></td></tr>
<tr><td>改进意见</td><td colspan="5"></td></tr>
</table>

# 7 作业记录

D5000 系统综合智能告警应用服务器安装报告（见附录 A）。

# 附 录 A
## （规范性附录）
## D5000 系统综合智能告警应用服务器安装报告

<table>
<tr><td colspan="4">作 业 记 录</td></tr>
<tr><td>序号</td><td colspan="2">内　　容</td><td>备　　注</td></tr>
<tr><td>1</td><td colspan="2">服务器型号</td><td></td></tr>
<tr><td>2</td><td colspan="2">安装位置</td><td></td></tr>
<tr><td>3</td><td colspan="2">软件版本</td><td></td></tr>
<tr><td>4</td><td colspan="2">节点配置</td><td>节点号：________；节点类型：________；是否允许遥控：________；<br>IP 地址：________；机器名：________</td></tr>
<tr><td>5</td><td colspan="2">上线验证</td><td></td></tr>
<tr><td>6</td><td colspan="2">其他</td><td></td></tr>
<tr><td colspan="4">自验收记录</td></tr>
<tr><td colspan="2">存在问题及处理意见</td><td colspan="2"></td></tr>
<tr><td colspan="2">安装结论</td><td colspan="2"></td></tr>
<tr><td colspan="3">责任人签字：</td><td>安装时间：</td></tr>
</table>

编号：Q×××××××

# D5000 系统调度计划服务器安装标准化作业指导书

编写：＿＿＿＿＿　＿＿＿＿年＿＿月＿＿日

审核：＿＿＿＿＿　＿＿＿＿年＿＿月＿＿日

批准：＿＿＿＿＿　＿＿＿＿年＿＿月＿＿日

作业负责人：＿＿＿＿＿＿＿＿

作业日期：＿＿＿年＿＿月＿＿日＿＿时至＿＿＿年＿＿月＿＿日＿＿时

国 网 浙 江 省 电 力 公 司

## 1 范围

本作业指导书适用于 D5000 系统调度计划服务器安装作业。

## 2 规范性引用文件

下列文件对于本文件的应用是必不可少的。凡是注日期的引用文件，仅注日期的版本适用于本文件；凡是不注日期的引用文件，其最新版本（包括所有的修改版）适用于本文件。

《电力监控系统安全防护管理规定》（国家发展和改革委员会令　第 14 号）

《智能电网调度技术支持系统》（Q/GDW 680—2011）

《地区智能电网调度技术支持系统应用功能规范》（Q/GDW Z461—2010）

《国家电网公司电力安全工作规程（变电部分）》（Q/GDW 1799.1—2013）

《国家电网公司电力调度自动化系统运行管理规定》（国家电网企管〔2014〕747 号）

《国家电网公司现场标准化作业指导书编制导则（试行）》（国家电网生〔2004〕503 号）

《国家电网公司关于加强安全生产工作的决定》（国家电网办〔2005〕474 号）

《国家电网公司关于开展现场标准化作业的指导意见》（国家电网生〔2006〕356 号）

《国家电网调度控制管理规程》（国家电网调〔2014〕1405 号）

《浙江电网自动化设备检修管理规定》（浙电调〔2012〕1039 号）

《浙江省电力系统调度控制管理规程》（浙电调〔2013〕954 号）

《浙江电网自动化主站“两票三制”管理规定（试行）》（浙电调字〔2009〕204 号）

## 3 作业前准备

### 3.1 准备工作安排（见表 3-103）

表 3-103　　准备工作安排

| √ | 序号 | 内　容 | 标　准 |
|---|---|---|---|
| | 1 | 根据本次作业项目、作业指导书，全体作业人员应熟悉作业内容、进度要求、作业标准、安全措施、危险点注意事项 | 要求所有作业人员都明确本次安装工作的作业内容、进度要求、作业标准及安全措施、危险点注意事项 |
| | 2 | 确认需安装的服务器是否符合 D5000 系统调度计划应用要求 | 检查机器硬件配置，确保符合 D5000 系统调度计划服务器安装要求 |
| | 3 | 确认服务器凝思操作系统是否安装正确 | 要求操作系统版本与 D5000 系统平台或调度计划服务器应用版本相匹配 |
| | 4 | 准备网线若干，准备好服务器安装资料，如主机名、IP 地址、是否允许遥控等 | |
| | 5 | 根据现场工作时间和工作内容填写工作票 | 工作票应填写正确，并按《国家电网公司电力安全工作规程（变电部分）》和《浙江电网自动化主站“两票三制”管理规定（试行）》相关部分执行 |
| | 6 | 作业人员应熟悉 D5000 系统事故处理应急预案 | 要求所有作业人员均能按预案处理事故，预案必须放置于值班台；<br>预案必须是及时按时修订的，具有可操作性。事故处理必须遵守《浙江电网自动化系统设备检修流程管理办法（试行）》及《浙江电力调度自动化系统运行管理规范》的规定 |

## 3.2 劳动组织（见表 3-104）

**表 3-104** 劳 动 组 织

| √ | 序号 | 人员名称 | 职　责 | 作业人数 |
|---|---|---|---|---|
| | 1 | 工作负责人（安全监护人） | 1）明确作业人员分工。<br>2）办理工作票，组织编制安全措施、技术措施，合理分配工作并组织实施。<br>3）工作前对工作人员交代安全事项，工作结束后总结经验与不足之处。<br>4）严格遵照安规对作业过程安全进行监护。<br>5）对现场作业危险源预控负有责任，负责落实防范措施。<br>6）对作业人员进行安全教育，督促工作人员遵守安规，检查工作票所载安全措施是否正确完备，安全措施是否符合现场实际条件 | 1 |
| | 2 | 技术负责人 | 1）对安装作业措施、技术指标进行指导。<br>2）指导现场工作人员严格按照本作业指导书进行工作，同时对不规范的行为进行制止。<br>3）可以由工作负责人或安装人员兼任 | 1 |
| | 3 | 作业人员 | 1）严格依照安规及作业指导书要求作业。<br>2）经过培训考试合格，对本项作业的质量、进度负有责任 | 根据需要，至少 1 人 |

## 3.3 作业人员要求（见表 3-105）

**表 3-105** 作 业 人 员 要 求

| √ | 序号 | 内　容 | 备注 |
|---|---|---|---|
| | 1 | 经年度安规考试合格 | |
| | 2 | 精神状态正常，无妨碍工作的病症，着装符合要求 | |
| | 3 | 经过调度自动化主站端维护上岗证培训，并考试合格 | |

## 3.4 技术资料（见表 3-106）

**表 3-106** 技 术 资 料

| √ | 序号 | 名　称 | 备注 |
|---|---|---|---|
| | 1 | D5000 系统使用手册——基础平台 | |
| | 2 | D5000 系统应用切换技术手册 | |
| | 3 | D5000 系统启停技术手册 | |
| | 4 | D5000 系统服务器安装技术手册 | |
| | 5 | D5000 系统调度计划服务器安装技术手册 | |
| | 6 | D5000 系统使用手册——调度员使用 | |

## 3.5 危险点分析及预控（见表 3-107）

表 3-107　　危险点分析及预控

| √ | 序号 | 内　容 | 预控措施 |
|---|---|---|---|
|  | 1 | IP 地址冲突导致运行设备及系统异常 | 计划被替换的故障服务器应关机；详细核对新装服务器的 IP 地址，避免与运行设备一致 |
|  | 2 | 服务器的操作系统存在不安全的服务和端口等安全漏洞 | 完成安全防护加固措施，并通过安全防护检测 |
|  | 3 | 带病毒的服务器接入网络导致病毒传播，引起系统异常或大面积瘫痪，甚至威胁电网安全 | 服务器应格式化重装系统 |
|  | 4 | D5000 系统调度计划程序版本不一致，或与平台版本不匹配导致功能异常 | 确保安装的程序文件版本是当前系统运行的版本，或与系统平台版本相匹配 |
|  | 5 | D5000 系统调度计划服务器配置文件错误导致功能异常 | 详细确认关键配置文件的配置 |
|  | 6 | hosts 文件版本不统一导致功能异常 | 安装完成后确保所有服务器上的 hosts 文件统一 |
|  | 7 | 作业流程不完整导致功能缺失 | 严格按步骤执行 |

## 3.6 主要安全措施（见表 3-108）

表 3-108　　主要安全措施

| √ | 序号 | 内　容 |
|---|---|---|
|  | 1 | 核查入网设备的 IP 地址、机器名与运行系统不冲突 |
|  | 2 | 核查入网设备的安全防护措施 |
|  | 3 | 核查入网设备安装程序版本及配置文件 |
|  | 4 | 工作时，不得误碰与工作无关的运行设备 |
|  | 5 | 在工作区域放置警示标志 |
|  | 6 | 检查设备供电电源的运行状态和方式 |

## 4 流程图

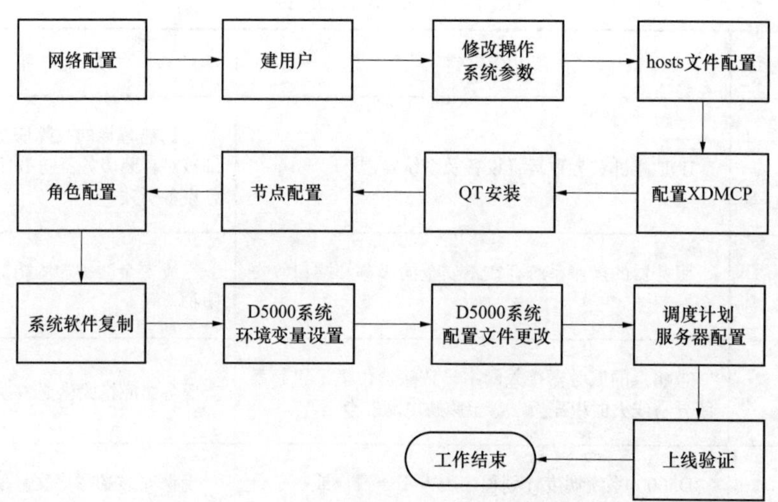


图 3-11 D5000 系统调度计划服务器安装流程

## 5 作业程序及作业标准

### 5.1 工作许可

工作票负责人会同工作票许可人检查工作票上所列安全措施是否正确完备，并在工作许可人完成施工现场的安全措施及一起现场核查无误后，与工作票许可人办理工作票许可手续。

### 5.2 开工检查（见表 3-109）

**表 3-109** 开 工 检 查

| √ | 序号 | 内 容 | 标准及注意事项 |
|---|---|---|---|
| | 1 | 工作内容核对 | 核对本次工作的内容，核对服务器的命名、IP 地址、登录限制、是否遥控等 |
| | 2 | 服务器硬件检查 | 检查服务器硬件配置是否完备 |
| | 3 | 源码机检查 | 详细检查源码机的软件版本是否与当前运行系统一致 |
| | 4 | 工作分工及安全交底 | 开工前工作负责人检查所有作业人员是否正确使用劳保用品，并由工作负责人带领进入作业现场并在工作现场向所有作业人员详细交代作业任务、安全措施和安全注意事项、设备状态及人员分工，全体作业人员应明确作业范围、进度要求等内容，并在工作票的工作班成员签字栏内签名 |

### 5.3 作业项目与工艺标准（见表 3-110）

**表 3-110** D5000 系统调度计划服务器安装作业

| √ | 序号 | 内容 | 标 准 | 注意事项 |
|---|---|---|---|---|
| | 1 | 网络配置 | 在界面左下角的菜单栏里选择，“设置”菜单中的“网络设置”命令，启动 eth0、eth1 网口，并配置相应的 IP | |

续表

| √ | 序号 | 内容 | 标　　准 | 注意事项 |
| --- | --- | --- | --- | --- |
| | 2 | 建用户 | 在界面左下角的菜单栏里选择“系统”菜单中的“Kuser-用户段里程序”命令，创建用户 d5000，输入口令，登录 Shell 选择/bin/tcsh，主目录填 d5000 主目录，配置完毕后保存退出 | |
| | 3 | 修改操作系统参数 | 从源码机复制文件 d5000 主目录下.cshrc、/etc/sysctl.conf 和/etc/services | |
| | 4 | hosts 文件配置 | 编辑服务器上的/etc/hosts 文件，加入该工作站名和 IP 地址，将文件复制到本机/etc 目录，并同步到系统所有的服务器 | |
| | 5 | 配置 XDMCP | 为了能够使用 Xwin32 或 Xmanager 登录到 Linux 主机所进行的配置。在屏幕下方的“系统”菜单中选择“管理”下的“登录屏幕”命令，出现“登录窗口首选项”窗口。在该窗口中选择“远程”选项卡，将“样式”改为“与本地相同”。选择“安全”选项卡，勾选“允许远程管理员登录”复选框；取消勾选“禁止 TCP 连接到 X 服务器”复选框（为了以后图形程序能通过普通终端远程执行）。单击“关闭”按钮 | |
| | 6 | QT 安装 | 从其他工作站复制文件/home/d5000/qt453.tar 至本机/home/d5000/目录下并解压 | |
| | 7 | 节点配置 | 在其他运行的 d5000 维护工作站中启动 DBI。<br>在节点信息表（mng_node_info）中新增一条记录，配置新增工作站的节点的名称、ID 和类型，其中：<br>节点 id（node_id）自动生成；<br>节点名（node_name）表示工作站主机名称，该域根据工程实际情况修改；<br>节点类型（node_type）0 表示工作站；<br>记录节点号（ID 括号内中间的数字） | |
| | 8 | 角色配置 | 在权限配置中配置哪些工作组能登录本机；<br>根据需要在系统参数配置的遥控节点配置中加入本机节点 | |
| | 9 | 系统软件复制 | 将源码机 d5000 主目录下的 bin、lib、conf、data 四个文件夹打包复制到本机主目录下，并解压 | |
| | 10 | D5000 系统环境变量设置 | 从其他相同应用类型的工作站上复制.cshrc 文件到 d5000 主目录下，运行 source .cshrc | |
| | 11 | D5000 系统配置文件更改 | 1）网卡配置文件：d5000 主目录下 conf/net_config.sys，增加节点的网卡名称和 IP 地址。<br>[zjzd1-sta01]　　　//机器名称<br>BOND_NAME=bond0　　　//绑定网卡名<br>CARD_NAME1=eth0　　　//绑定的网口 1<br>CARD_NAME2=eth1　　　//绑定的网口 2<br>2）修改配置文件 d5000 主目录下 conf/ mng_priv_app.ini，修改节点的 BASE_SERVICE 应用属性和相关进程（全部机器需要修改）。<br>具体内容如下例：<br>[zjzd1-sta01]<br>OS_TYPE=2　　　//类型 服务器为 1 工作站为 2<br>NODE_ID=46　　　//增加节点信息表时记录的节点号 | |

续表

| √ | 序号 | 内容 | 标　　准 | 注意事项 |
|---|---|---|---|---|
| | 11 | D5000 系统配置文件更改 | CONTEXT=15　　　　//默认不需修改<br>APP_NAME=base_srv　　//默认不需修改<br>APP_ID=3400000　　//默认不需修改<br>APP_PRIORITY=1　　　//默认不需修改<br>PROC_CONFIG=UNIX_CLIENT　//系统类型 服务器为 UNIX_SERVER 工作站为 UNIX_CLIENT<br><br>[NODE_ID_NAME]<br>46=zjzd1-sta01　//节点号=机器名<br>3）修改配置文件 d5000 主目录 conf/nic/sys_netcard_conf.txt。<br>domain　　10<br>serv　　01<br>event　　2<br>udpport　　15000<br>monitor_interval　　100<br>write_interval　　300<br>flow_interval　　60<br>flow_limit　　30<br>flow_peak　　1000<br>udp　　bond0　　//绑定的网卡名<br>nic　　bond0　　//绑定的网卡名<br>nic　　eth0　　//绑定的 1 号网口名<br>nic　　eth1　　//绑定的 2 号网口名<br>ping bond0 171.1.1.254 171.1.1.254　//网关地址，或本机地址，保证能 ping 通 | |
| | 12 | 调度计划服务器配置 | 从已有服务器上复制如下配置文件至新加服务器上的 conf 目录：<br>graph_history_info.ini<br>down_load_SCHEDULE_LPP.sys<br>down_load_SCHEDULE_IPP.sys<br>down_load_SCHEDULE_ROP.sys<br>down_load_SCHEDULE_MPP.sys<br>down_load_SCHEDULE_MOP.sys<br>down_load_SCHEDULE_LOP.sys<br>down_load_SCHEDULE_WOP.sys<br>down_load_SCHEDULE_SOP.sys<br>down_load_SCHEDULE_BUSLF.sys<br>down_load_SCHEDULE_LF.sys<br>down_load_SCHEDULE.sys<br>down_load_SCHEDULE_RPP.sys<br>down_load_SCHEDULE_SPP.sys<br>复制已有服务器上（如 zjzd2-ops01） 上的 bin 下的所有脚本文件（*sh）至新增的服务器：<br>start_scan.sh<br>test_schedule_job.sh<br>schedule_auto_job.sh<br>jizu_trans_server.sh<br>yd_trans_server.sh<br>qs_trans_server.sh<br>zb_trans_server.sh<br>fd_trans_server.sh<br>expand.sh<br>makeopts.sh<br>send2oms.sh<br>send2oms_HDXFKZJH.sh<br>ZJ_CDQXTFHYC.sh | |

续表

| √ | 序号 | 内容 | 标　准 | 注意事项 |
| --- | --- | --- | --- | --- |
|  | 12 | 调度计划服务器配置 | ZJ_HDXFKZ_EFile_trans.sh<br>get_buslf_real_data.sh<br>rsync_backup.sh<br>kp_all_resource.sh<br>ftp_send.sh<br>case_stat_process.sh<br>scs_cal_gd.sh<br>kp_mos_auto_plan.sh<br>mos_case_proxy_sgd.sh<br>schedule_rpp_expand.sh<br>auto_run_fdnlsb.sh<br>mos_uc_manage_expand.sh<br>mos_data_transfer_auto.sh<br>mos_schedule_process.sh<br>mos_unit_utilCal.sh<br>schedule_expand.sh<br>scpscs.sh<br>send2oms_FDJH.sh<br>mos_send_sysldToAll.sh |  |
|  | 13 | 上线验证 | 启动服务器系统，检查系统功能是否完整正确并与预期一致 | 在安装报告中记录验证结果 |

## 5.4 作业完工（见表 3-111）

**表 3-111**　　作　业　完　工

| √ | 序号 | 内　容 |
| --- | --- | --- |
|  | 1 | 核对新装服务器功能是否正常，并填写服务器安装报告（见附录 A） |
|  | 2 | 恢复安全措施，严格按现场安全技术措施中所做的安全技术措施恢复，恢复后经双方（工作人员及验收人员）核对无误 |
|  | 3 | 全体工作班人员清扫、整理现场，清点工具及回收材料 |
|  | 4 | 工作负责人周密检查施工现场，检查施工现场是否有遗留的工具、材料 |
|  | 5 | 工作负责人在工作票上详细记录工作完成情况、遗留问题、结论意见等 |
|  | 6 | 经值班员验收合格，并在工作票上签字后，办理工作票终结手续 |

# 6 作业指导书执行情况评估（见表 3-112）

**表 3-112**　　作业指导书执行情况评估

| 评估内容 | 符合性 | 优 |  | 可操作项 |  |
| --- | --- | --- | --- | --- | --- |
|  |  | 良 |  | 不可操作项 |  |
|  | 可操作性 | 优 |  | 修改项 |  |
|  |  | 良 |  | 遗漏项 |  |
| 存在问题 |  |  |  |  |  |
| 改进意见 |  |  |  |  |  |

## 7 作业记录

D5000 系统调度计划服务器安装报告（见附录 A）。

# 附 录 A
## （规范性附录）
## D5000 系统调度计划服务器安装报告

<table>
<tr><td colspan="4">作业记录</td></tr>
<tr><td>序号</td><td>内 容</td><td colspan="2">备 注</td></tr>
<tr><td>1</td><td>服务器型号</td><td colspan="2"></td></tr>
<tr><td>2</td><td>安装位置</td><td colspan="2"></td></tr>
<tr><td>3</td><td>软件版本</td><td colspan="2"></td></tr>
<tr><td>4</td><td>节点配置</td><td colspan="2">节点号：________；节点类型：________；是否允许遥控：________；<br>IP 地址：________；机器名：________</td></tr>
<tr><td>5</td><td>上线验证</td><td colspan="2"></td></tr>
<tr><td>6</td><td>其他</td><td colspan="2"></td></tr>
<tr><td colspan="4">自验收记录</td></tr>
<tr><td colspan="2">存在问题及处理意见</td><td colspan="2"></td></tr>
<tr><td colspan="2">安装结论</td><td colspan="2"></td></tr>
<tr><td colspan="3">责任人签字：</td><td>安装时间：</td></tr>
</table>

编号：Q××××××××

# D5000 系统安全校核服务器安装标准化作业指导书

编写：__________ ________年____月____日

审核：__________ ________年____月____日

批准：__________ ________年____月____日

作业负责人：________________

作业日期：______年____月____日____时至______年____月____日____时

国 网 浙 江 省 电 力 公 司

## 1 范围

本作业指导书适用于 D5000 系统安全校核服务器安装作业。

## 2 规范性引用文件

下列文件对于本文件的应用是必不可少的。凡是注日期的引用文件，仅注日期的版本适用于本文件；凡是不注日期的引用文件，其最新版本（包括所有的修改版）适用于本文件。

《电力监控系统安全防护管理规定》（国家发展和改革委员会令 第 14 号）

《智能电网调度技术支持系统》（Q/GDW 680—2011）

《地区智能电网调度技术支持系统应用功能规范》（Q/GDW Z461—2010）

《国家电网公司电力安全工作规程（变电部分）》（Q/GDW 1799.1—2013）

《国家电网公司电力调度自动化系统运行管理规定》（国家电网企管〔2014〕747 号）

《国家电网公司现场标准化作业指导书编制导则（试行）》（国家电网生〔2004〕503 号）

《国家电网公司关于加强安全生产工作的决定》（国家电网办〔2005〕474 号）

《国家电网公司关于开展现场标准化作业的指导意见》（国家电网生〔2006〕356 号）

《国家电网调度控制管理规程》（国家电网调〔2014〕1405 号）

《浙江电网自动化设备检修管理规定》（浙电调〔2012〕1039 号）

《浙江省电力系统调度控制管理规程》（浙电调〔2013〕954 号）

《浙江电网自动化主站“两票三制”管理规定（试行）》（浙电调字〔2009〕204 号）

## 3 作业前准备

### 3.1 准备工作安排（见表 3-113）

表 3-113 准备工作安排

| √ | 序号 | 内 容 | 标 准 |
|---|---|---|---|
| | 1 | 根据本次作业项目、作业指导书，全体作业人员应熟悉作业内容、进度要求、作业标准、安全措施、危险点注意事项 | 要求所有作业人员都明确本次安装工作的作业内容、进度要求、作业标准及安全措施、危险点注意事项 |
| | 2 | 确认需安装的服务器是否符合 D5000 系统安全校核应用要求 | 检查机器硬件配置，确保符合 D5000 系统安全校核服务器安装要求 |
| | 3 | 确认服务器凝思操作系统是否安装正确 | 要求操作系统版本与 D5000 系统平台或安全校核应用版本相匹配 |
| | 4 | 准备网线若干，准备好服务器安装资料，如主机名、IP 地址、是否允许遥控等 | |
| | 5 | 根据现场工作时间和工作内容填写工作票 | 工作票应填写正确，并按《国家电网公司电力安全工作规程（变电部分）》和《浙江电网自动化主站“两票三制”管理规定（试行）》相关部分执行 |
| | 6 | 作业人员应熟悉 D5000 系统事故处理应急预案 | 要求所有作业人员均能按预案处理事故，预案必须放置于值班台；<br>预案必须是及时按时修订的，具有可操作性。事故处理必须遵守《浙江电网自动化系统设备检修流程管理办法（试行）》及《浙江电力调度自动化系统运行管理规范》的规定 |

## 3.2 劳动组织（见表 3-114）

**表 3-114** 劳 动 组 织

| √ | 序号 | 人员名称 | 职 责 | 作业人数 |
|---|---|---|---|---|
| | 1 | 工作负责人（安全监护人） | 1）明确作业人员分工。<br>2）办理工作票，组织编制安全措施、技术措施，合理分配工作并组织实施。<br>3）工作前对工作人员交代安全事项，工作结束后总结经验与不足之处。<br>4）严格遵照安规对作业过程安全进行监护。<br>5）对现场作业危险源预控负有责任，负责落实防范措施。<br>6）对作业人员进行安全教育，督促工作人员遵守安规，检查工作票所载安全措施是否正确完备，安全措施是否符合现场实际条件 | 1 |
| | 2 | 技术负责人 | 1）对安装作业措施、技术指标进行指导。<br>2）指导现场工作人员严格按照本作业指导书进行工作，同时对不规范的行为进行制止。<br>3）可以由工作负责人或安装人员兼任 | 1 |
| | 3 | 作业人员 | 1）严格依照安规及作业指导书要求作业。<br>2）经过培训考试合格，对本项作业的质量、进度负有责任 | 根据需要，至少 1 人 |

## 3.3 作业人员要求（见表 3-115）

**表 3-115** 作 业 人 员 要 求

| √ | 序号 | 内 容 | 备注 |
|---|---|---|---|
| | 1 | 经年度安规考试合格 | |
| | 2 | 精神状态正常，无妨碍工作的病症，着装符合要求 | |
| | 3 | 经过调度自动化主站端维护上岗证培训，并考试合格 | |

## 3.4 技术资料（见表 3-116）

**表 3-116** 技 术 资 料

| √ | 序号 | 名 称 | 备注 |
|---|---|---|---|
| | 1 | D5000 系统使用手册——基础平台 | |
| | 2 | D5000 系统应用切换技术手册 | |
| | 3 | D5000 系统启停技术手册 | |
| | 4 | D5000 系统服务器安装技术手册 | |
| | 5 | D5000 系统安全校核技术手册 | |

## 3.5 危险点分析及预控（见表 3-117）

表 3-117　　危险点分析及预控

| √ | 序号 | 内　容 | 预 控 措 施 |
| --- | --- | --- | --- |
| | 1 | IP 地址冲突导致运行设备及系统异常 | 计划被替换的故障服务器应关机；详细核对新装服务器的 IP 地址，避免与运行设备一致 |
| | 2 | 服务器的操作系统存在不安全的服务和端口等安全漏洞 | 完成安全防护加固措施，并通过安全防护检测 |
| | 3 | 带病毒的服务器接入网络导致病毒传播，引起系统异常或大面积瘫痪，甚至威胁电网安全 | 服务器应格式化重装系统 |
| | 4 | D5000 系统安全校核程序版本不一致或与平台版本不匹配导致功能异常 | 确保安装的程序文件版本是当前系统运行的版本，或与系统平台版本相匹配 |
| | 5 | D5000 系统安全校核服务器配置文件错误导致功能异常 | 详细确认关键配置文件的配置 |
| | 6 | hosts 文件版本不统一导致功能异常 | 安装完成后确保所有服务器上的 hosts 文件统一 |
| | 7 | 作业流程不完整导致功能缺失 | 严格按步骤执行 |

## 3.6 主要安全措施（见表 3-118）

表 3-118　　主要安全措施

| √ | 序号 | 内　容 |
| --- | --- | --- |
| | 1 | 核查入网设备的 IP 地址、机器名与运行系统不冲突 |
| | 2 | 核查入网设备的安全防护措施 |
| | 3 | 核查入网设备安装程序版本及配置文件 |
| | 4 | 工作时，不得误碰与工作无关的运行设备 |
| | 5 | 在工作区域放置警示标志 |
| | 6 | 检查设备供电电源的运行状态和方式 |

## 4 流程图

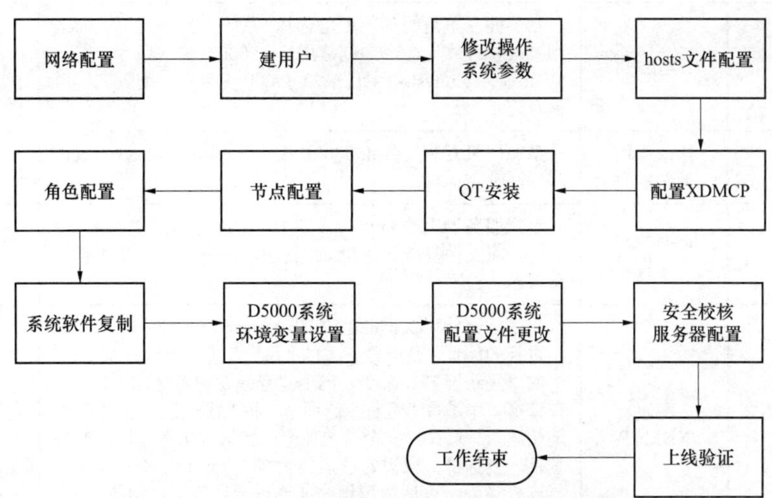


图 3-12　D5000 系统安全校核服务器安装流程

## 5 作业程序及作业标准

### 5.1 工作许可

工作票负责人会同工作票许可人检查工作票上所列安全措施是否正确完备，并在工作许可人完成施工现场的安全措施及一起现场核查无误后，与工作票许可人办理工作票许可手续。

### 5.2 开工检查（见表 3-119）

**表 3-119　　开　工　检　查**

| √ | 序号 | 内　容 | 标准及注意事项 |
|---|---|---|---|
| | 1 | 工作内容核对 | 核对本次工作的内容，核对服务器的命名、IP 地址、登录限制、是否遥控等 |
| | 2 | 服务器硬件检查 | 检查服务器硬件配置是否完备 |
| | 3 | 源码机检查 | 详细检查源码机的软件版本是否与当前运行系统一致 |
| | 4 | 工作分工及安全交底 | 开工前工作负责人检查所有作业人员是否正确使用劳保用品，并由工作负责人带领进入作业现场并在工作现场向所有作业人员详细交代作业任务、安全措施和安全注意事项、设备状态及人员分工，全体作业人员应明确作业范围、进度要求等内容，并在工作票的工作班成员签字栏内签名 |

### 5.3 作业项目与工艺标准（见表 3-120）

**表 3-120　　D5000 系统安全校核服务器安装作业**

| √ | 序号 | 内容 | 标　准 | 注意事项 |
|---|---|---|---|---|
| | 1 | 网络配置 | 在界面左下角的菜单栏里选择“设置”菜单中的“网络设置”命令，启动 eth0、eth1 网口，并配置相应的 IP | |

续表

| √ | 序号 | 内容 | 标　　准 | 注意事项 |
|---|---|---|---|---|
| | 2 | 建用户 | 在界面左下角的菜单栏里选择“系统”菜单中的“Kuser-用户段里程序”命令，创建用户 d5000，输入口令，登录 Shell 选择/bin/tcsh，主目录填 d5000 主目录，配置完毕后保存退出 | |
| | 3 | 修改操作系统参数 | 从源码机复制文件 d5000 主目录下.cshrc、/etc/sysctl.conf 和/etc/services | |
| | 4 | hosts 文件配置 | 编辑服务器上的/etc/hosts 文件，加入该工作站名和 IP 地址，将文件复制到本机/etc 目录，并同步到系统所有的服务器 | |
| | 5 | 配置 XDMCP | 为了能够使用 Xwin32 或 Xmanager 登录到 Linux 主机所进行的配置。在屏幕下方的“系统”菜单中选择“管理”下的“登录屏幕”命令，出现“登录窗口首选项”窗口。在该窗口中选择“远程”选项卡，将“样式”改为:“与本地相同”。选择“安全”选项卡，勾选“允许远程管理员登录”复选框；取消勾选“禁止 TCP 连接到 X 服务器”复选框（为了以后图形程序能通过普通终端远程执行）。单击“关闭”按钮 | |
| | 6 | QT 安装 | 从其他工作站复制文件/home/d5000/qt453.tar 至本机/home/d5000/目录下并解压 | |
| | 7 | 节点配置 | 在其他运行的 d5000 维护工作站中启动 DBI。<br>在节点信息表（mng_node_info）中新增一条记录，配置新增工作站的节点的名称、ID 和类型，其中：<br>节点 id（node_id）自动生成；<br>节点名（node_name）表示工作站主机名称，该域根据工程实际情况修改；<br>节点类型（node_type）0 表示工作站；<br>记录节点号（ID 括号内中间的数字） | |
| | 8 | 角色配置 | 在权限配置中配置哪些工作组能登录本机；<br>根据需要在系统参数配置的遥控节点配置中加入本机节点 | |
| | 9 | 系统软件复制 | 将源码机 d5000 主目录下的 bin、lib、conf、data 四个文件夹打包复制到本机主目录下，并解压 | |
| | 10 | D5000 系统环境变量设置 | 从其他相同应用类型的工作站上复制.cshrc 文件到 d5000 主目录下，运行 source .cshrc | |
| | 11 | D5000 系统配置文件更改 | 1）网卡配置文件：d5000 主目录下 conf/net_config.sys，增加节点的网卡名称和 IP 地址。<br>[zjzd1-sta01]　　　//机器名称<br>BOND_NAME=bond0　　　//绑定网卡名<br>CARD_NAME1=eth0　　　//绑定的网口 1<br>CARD_NAME2=eth1　　　//绑定的网口 2<br>2）修改配置文件 d5000 主目录下 conf/ mng_priv_app.ini，修改节点的 BASE_SERVICE 应用属性和相关进程（全部机器需要修改）。<br>具体内容如下例：<br>[zjzd1-sta01]<br>OS_TYPE=2　　　//类型 服务器为 1 工作站为 2<br>NODE_ID=46　　　//增加节点信息表时记录的节点号 | |

续表

| √ | 序号 | 内容 | 标　准 | 注意事项 |
| --- | --- | --- | --- | --- |
|  | 11 | D5000<br>系统配置<br>文件更改 | CONTEXT=15　　　//默认不需修改<br>APP_NAME=base_srv　//默认不需修改<br>APP_ID=3400000　　//默认不需修改<br>APP_PRIORITY=1　　//默认不需修改<br>PROC_CONFIG=UNIX_CLIENT //系统类型 服务器为UNIX_SERVER 工作站为UNIX_CLIENT<br>[NODE_ID_NAME]<br>46=zjzd1-sta01　　//节点号=机器名<br>3）修改配置文件 d5000 主目录 conf/nic/sys_netcard_conf.txt。<br>domain　　10<br>serv　　01<br>event　　2<br>udpport　　15000<br>monitor_interval　　100<br>write_interval　　300<br>flow_interval　　60<br>flow_limit　　30<br>flow_peak　　1000<br>udp　　bond0　　//绑定的网卡名<br>nic　　bond0　　//绑定的网卡名<br>nic　　eth0　　//绑定的 1 号网口名<br>nic　　eth1　　//绑定的 2 号网口名<br>ping bond0 171.1.1.254 171.1.1.254 //网关地址，或本机地址，保证能 ping 通 |  |
|  | 12 | 安全校核<br>服务器配置 | 1）从已有服务器上复制如下配置文件至新加服务器上的 conf 目录：<br>graph_history_info.ini<br>down_load_SCHEDULE_LPP.sys<br>down_load_SCHEDULE_IPP.sys<br>down_load_SCHEDULE_ROP.sys<br>down_load_SCHEDULE_MPP.sys<br>down_load_SCHEDULE_MOP.sys<br>down_load_SCHEDULE_LOP.sys<br>down_load_SCHEDULE_WOP.sys<br>down_load_SCHEDULE_SOP.sys<br>down_load_SCHEDULE_BUSLF.sys<br>down_load_SCHEDULE_LF.sys<br>down_load_SCHEDULE.sys<br>down_load_SCHEDULE_RPP.sys<br>down_load_SCHEDULE_SPP.sys<br>2）复制已有服务器上（如 zjzd2-ops001）上的 bin 下的所有脚本文件（*sh）至新增的服务器：<br>start_scan.sh<br>test_schedule_job.sh<br>schedule_auto_job.sh<br>jizu_trans_server.sh<br>yd_trans_server.sh<br>qs_trans_server.sh<br>zb_trans_server.sh<br>fd_trans_server.sh<br>expand.sh<br>makeopts.sh<br>send2oms.sh<br>send2oms_HDXFKZJH.sh<br>ZJ_CDQXTFHYC.sh<br>ZJ_HDXFKZ_EFile_trans.sh |  |

续表

| √ | 序号 | 内容 | 标　　准 | 注意事项 |
|---|---|---|---|---|
| | 12 | 安全校核服务器配置 | get_buslf_real_data.sh<br>rsync_backup.sh<br>kp_all_resource.sh<br>ftp_send.sh<br>case_stat_process.sh<br>scs_cal_gd.sh<br>kp_mos_auto_plan.sh<br>mos_case_proxy_sgd.sh<br>schedule_rpp_expand.sh<br>auto_run_fdnlsb.sh<br>mos_uc_manage_expand.sh<br>mos_data_transfer_auto.sh<br>mos_schedule_process.sh<br>mos_unit_utilCal.sh<br>schedule_expand.sh<br>scpscs.sh<br>send2oms_FDJH.sh<br>mos_send_sysldToAll.sh<br>3）无需特别配置文件，程序复制后直接运行 | |
| | 13 | 上线验证 | 启动服务器系统，检查系统功能是否完整正确并与预期一致 | 在安装报告中记录验证结果 |

## 5.4　作业完工（见表 3-121）

**表 3-121**　　　　　　　　　　**作　业　完　工**

| √ | 序号 | 内　　容 |
|---|---|---|
| | 1 | 核对新装服务器功能是否正常，并填写服务器安装报告（见附录 A） |
| | 2 | 恢复安全措施，严格按现场安全技术措施中所做的安全技术措施恢复，恢复后经双方（工作人员及验收人员）核对无误 |
| | 3 | 全体工作班人员清扫、整理现场，清点工具及回收材料 |
| | 4 | 工作负责人周密检查施工现场，检查施工现场是否有遗留的工具、材料 |
| | 5 | 工作负责人在工作票上详细记录工作完成情况、遗留问题、结论意见等 |
| | 6 | 经值班员验收合格，并在工作票上签字后，办理工作票终结手续 |

# 6　作业指导书执行情况评估（见表 3-122）

**表 3-122**　　　　　　　　　　**作业指导书执行情况评估**

| 评估内容 | 符合性 | 优 | | 可操作项 | |
|---|---|---|---|---|---|
| | | 良 | | 不可操作项 | |
| | 可操作性 | 优 | | 修改项 | |
| | | 良 | | 遗漏项 | |
| 存在问题 | | | | | |
| 改进意见 | | | | | |

## 7 作业记录

D5000 系统安全校核服务器安装报告（见附录 A）。

# 附 录 A
## （规范性附录）
## D5000 系统安全校核服务器安装报告

<table>
<tr><td colspan="4">作业记录</td></tr>
<tr><td>序号</td><td>内　容</td><td colspan="2">备　注</td></tr>
<tr><td>1</td><td>服务器型号</td><td colspan="2"></td></tr>
<tr><td>2</td><td>安装位置</td><td colspan="2"></td></tr>
<tr><td>3</td><td>软件版本</td><td colspan="2"></td></tr>
<tr><td>4</td><td>节点配置</td><td colspan="2">节点号：________；节点类型：________；是否允许遥控：________；<br>IP 地址：________；机器名：________</td></tr>
<tr><td>5</td><td>上线验证</td><td colspan="2"></td></tr>
<tr><td>6</td><td>其他</td><td colspan="2"></td></tr>
<tr><td colspan="4">自验收记录</td></tr>
<tr><td colspan="2">存在问题及处理意见</td><td colspan="2"></td></tr>
<tr><td colspan="2">安装结论</td><td colspan="2"></td></tr>
<tr><td colspan="3">责任人签字：</td><td>安装时间：</td></tr>
</table>

编号：Q××××××××

# D5000 系统调度管理数据库服务器安装
# 标准化作业指导书

编写：__________ ________年____月____日

审核：__________ ________年____月____日

批准：__________ ________年____月____日

作业负责人：________________

作业日期：______年____月____日____时至______年____月____日____时

国 网 浙 江 省 电 力 公 司

## 1 范围

本作业指导书适用于 D5000 系统调度管理数据库服务器安装作业。

## 2 规范性引用文件

下列文件对于本文件的应用是必不可少的。凡是注日期的引用文件，仅注日期的版本适用于本文件；凡是不注日期的引用文件，其最新版本（包括所有的修改版）适用于本文件。

《电力监控系统安全防护管理规定》（国家发展和改革委员会令 第 14 号）

《智能电网调度技术支持系统》（Q/GDW 680—2011）

《地区智能电网调度技术支持系统应用功能规范》（Q/GDW Z461—2010）

《国家电网公司电力安全工作规程（变电部分）》（Q/GDW 1799.1—2013）

《国家电网公司电力调度自动化系统运行管理规定》（国家电网企管〔2014〕747 号）

《国家电网公司现场标准化作业指导书编制导则（试行）》（国家电网生〔2004〕503 号）

《国家电网公司关于加强安全生产工作的决定》（国家电网办〔2005〕474 号）

《国家电网公司关于开展现场标准化作业的指导意见》（国家电网生〔2006〕356 号）

《国家电网调度控制管理规程》（国家电网调〔2014〕1405 号）

《浙江电网自动化设备检修管理规定》（浙电调〔2012〕1039 号）

《浙江省电力系统调度控制管理规程》（浙电调〔2013〕954 号）

《浙江电网自动化主站“两票三制”管理规定（试行）》（浙电调字〔2009〕204 号）

## 3 作业前准备

### 3.1 准备工作安排（见表 3-123）

表 3-123 准备工作安排

| √ | 序号 | 内容 | 标准 |
|---|---|---|---|
| | 1 | 根据本次作业项目、作业指导书，全体作业人员应熟悉作业内容、进度要求、作业标准、安全措施、危险点注意事项 | 要求所有作业人员都明确本次安装工作的作业内容、进度要求、作业标准及安全措施、危险点注意事项 |
| | 2 | 确认需安装的服务器是否符合 D5000 系统调度管理数据库应用要求 | 检查机器硬件配置，确保符合 D5000 系统调度管理数据库安装要求 |
| | 3 | 确认服务器凝思操作系统是否安装正确 | 要求操作系统版本与 D5000 系统平台版本相匹配 |
| | 4 | 准备网线若干，准备好服务器安装资料，如主机名、IP 地址、是否允许遥控等 | |
| | 5 | 根据现场工作时间和工作内容填写工作票 | 工作票应填写正确，并按《国家电网公司电力安全工作规程（变电部分）》和《浙江电网自动化主站“两票三制”管理规定（试行）》相关部分执行 |
| | 6 | 作业人员应熟悉 D5000 系统事故处理应急预案 | 要求所有作业人员均能按预案处理事故，预案必须放置于值班台；<br>预案必须是及时按时修订的，具有可操作性。事故处理必须遵守《浙江电网自动化系统设备检修流程管理办法（试行）》及《浙江电力调度自动化系统运行管理规范》的规定 |

## 3.2 劳动组织（见表 3-124）

**表 3-124　　劳 动 组 织**

| √ | 序号 | 人员名称 | 职　责 | 作业人数 |
|---|---|---|---|---|
| | 1 | 工作负责人（安全监护人） | 1）明确作业人员分工。<br>2）办理工作票，组织编制安全措施、技术措施，合理分配工作并组织实施。<br>3）工作前对工作人员交代安全事项，工作结束后总结经验与不足之处。<br>4）严格遵照安规对作业过程安全进行监护。<br>5）对现场作业危险源预控负有责任，负责落实防范措施。<br>6）对作业人员进行安全教育，督促工作人员遵守安规，检查工作票所载安全措施是否正确完备，安全措施是否符合现场实际条件 | 1 |
| | 2 | 技术负责人 | 1）对安装作业措施、技术指标进行指导。<br>2）指导现场工作人员严格按照本作业指导书进行工作，同时对不规范的行为进行制止。<br>3）可以由工作负责人或安装人员兼任 | 1 |
| | 3 | 作业人员 | 1）严格依照安规及作业指导书要求作业。<br>2）经过培训考试合格，对本项作业的质量、进度负有责任 | 根据需要，至少 1 人 |

## 3.3 作业人员要求（见表 3-125）

**表 3-125　　作 业 人 员 要 求**

| √ | 序号 | 内　容 | 备注 |
|---|---|---|---|
| | 1 | 经年度安规考试合格 | |
| | 2 | 精神状态正常，无妨碍工作的病症，着装符合要求 | |
| | 3 | 经过调度自动化主站端维护上岗证培训，并考试合格的人员 | |

## 3.4 技术资料（见表 3-126）

**表 3-126　　技 术 资 料**

| √ | 序号 | 名　称 | 备注 |
|---|---|---|---|
| | 1 | D5000 系统服务器安装技术手册 | |
| | 2 | D5000 系统基础平台技术手册 | |
| | 3 | D5000 系统基础平台使用手册 | |
| | 4 | D5000 系统安装手册 | |
| | 5 | 达梦数据库安装手册 | |
| | 6 | 达梦数据库技术手册 | |

## 3.5 危险点分析及预控（见表 3-127）

表 3-127　　危 险 点 分 析 及 预 控

| √ | 序号 | 内　容 | 预 控 措 施 |
|---|---|---|---|
| | 1 | IP 地址冲突导致运行设备及系统异常 | 计划被替换的故障服务器应关机；详细核对新装服务器的 IP 地址，避免与运行设备一致 |
| | 2 | 服务器的操作系统存在不安全的服务和端口等安全漏洞 | 完成安全防护加固措施，并通过安全防护检测 |
| | 3 | 带病毒的服务器接入网络导致病毒传播，引起系统异常或大面积瘫痪，甚至威胁电网安全 | 服务器应格式化重装系统 |
| | 4 | D5000 系统调度管理程序版本不一致或与平台版本不匹配导致功能异常 | 确保安装的程序文件版本是当前系统运行的版本或与平台版本匹配 |
| | 5 | D5000 系统调度管理数据库服务器配置文件错误导致功能异常 | 详细确认关键配置文件的配置 |
| | 6 | hosts 文件版本不统一导致功能异常 | 安装完成后确保所有服务器上的 hosts 文件统一 |
| | 7 | 作业流程不完整导致功能缺失 | 严格按步骤执行 |

## 3.6 主要安全措施（见表 3-128）

表 3-128　　主 要 安 全 措 施

| √ | 序号 | 内　容 |
|---|---|---|
| | 1 | 核查入网设备的 IP 地址、机器名与运行系统不冲突 |
| | 2 | 核查入网设备的安全防护措施 |
| | 3 | 核查入网设备安装程序版本及配置文件 |
| | 4 | 工作时，不得误碰与工作无关的运行设备 |
| | 5 | 在工作区域放置警示标志 |
| | 6 | 检查设备供电电源的运行状态和方式 |

## 4 流程图

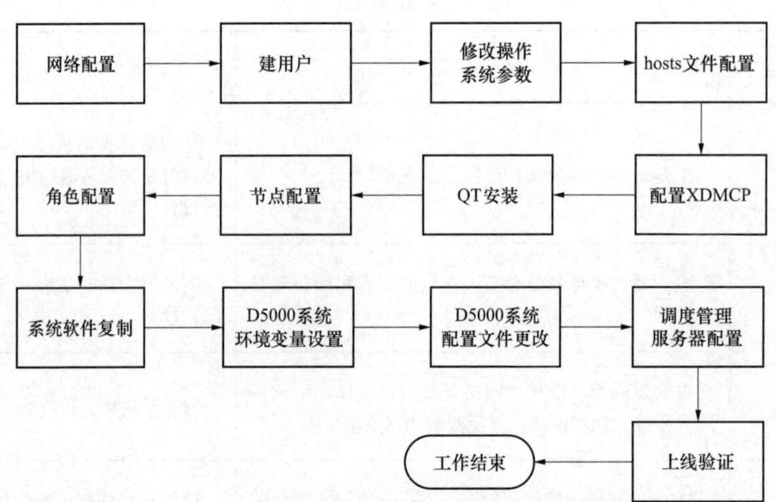


图 3-13 D5000 系统调度管理数据库服务器安装流程

## 5 作业程序及作业标准

### 5.1 工作许可

工作票负责人会同工作票许可人检查工作票上所列安全措施是否正确完备，并在工作许可人完成施工现场的安全措施及一起现场核查无误后，与工作票许可人办理工作票许可手续。

### 5.2 开工检查（见表 3-129）

**表 3-129** 开 工 检 查

| √ | 序号 | 内　容 | 标准及注意事项 |
|---|---|---|---|
| | 1 | 工作内容核对 | 核对本次工作的内容，核对服务器的命名、IP 地址、登录限制、是否遥控等 |
| | 2 | 服务器硬件检查 | 检查服务器硬件配置是否完备 |
| | 3 | 源码机检查 | 详细检查源码机的软件版本是否与当前运行系统一致 |
| | 4 | 工作分工及安全交底 | 开工前工作负责人检查所有作业人员是否正确使用劳保用品，并由工作负责人带领进入作业现场并在工作现场向所有作业人员详细交代作业任务、安全措施和安全注意事项、设备状态及人员分工，全体作业人员应明确作业范围、进度要求等内容，并在工作票的工作班成员签字栏内签名 |

### 5.3 作业项目与工艺标准（见表 3-130）

**表 3-130** D5000 系统调度管理数据库服务器安装作业

| √ | 序号 | 内容 | 标　准 | 注意事项 |
|---|---|---|---|---|
| | 1 | 网络配置 | 在界面左下角的菜单栏里选择“设置”菜单中的“网络设置”命令，启动 eth0、eth1 网口，并配置相应的 IP | |

续表

| √ | 序号 | 内容 | 标　　准 | 注意事项 |
| --- | --- | --- | --- | --- |
|  | 2 | 建用户 | 在界面左下角的菜单栏里选择“系统”菜单中的“Kuser-用户段里程序”命令，创建用户 d5000，输入口令，登录 Shell 选择/bin/tcsh，主目录填 d5000 主目录，配置完毕后保存退出 |  |
|  | 3 | 修改操作系统参数 | 从源码机复制文件 d5000 主目录下.cshrc、/etc/sysctl.conf 和/etc/services |  |
|  | 4 | hosts 文件配置 | 编辑服务器上的/etc/hosts 文件，加入该工作站名和 IP 地址，将文件复制到本机/etc 目录，并同步到系统所有的服务器 |  |
|  | 5 | 配置 XDMCP | 为了能够使用 Xwin32 或 Xmanager 登录到 Linux 主机所进行的配置。在屏幕下方的“系统”菜单中选择“管理”下的“登录屏幕”命令，出现“登录窗口首选项”窗口。在该窗口中选择“远程”选项卡，将“样式”改为：“与本地相同”。选择“安全”选项卡，勾选“允许远程管理员登录”复选框；取消勾选“禁止 TCP 连接到 X 服务器”复选框（为了以后图形程序能通过普通终端远程执行）。单击“关闭”按钮 |  |
|  | 6 | QT 安装 | 从其他工作站复制文件/home/d5000/qt453.tar 至本机/home/d5000/目录下并解压 |  |
|  | 7 | 节点配置 | 在其他运行的 d5000 维护工作站中启动 DBI。<br>在节点信息表（mng_node_info）中新增一条记录，配置新增工作站的节点的名称、ID 和类型，其中：<br>节点 id（node_id）自动生成；<br>节点名（node_name）表示工作站主机名称，该域根据工程实际情况修改；<br>节点类型（node_type）0 表示工作站；<br>记录节点号（ID 括号内中间的数字） |  |
|  | 8 | 角色配置 | 在权限配置中配置哪些工作组能登录本机；<br>根据需要在系统参数配置的遥控节点配置中加入本机节点 |  |
|  | 9 | 系统软件复制 | 将源码机 d5000 主目录下的 bin、lib、conf、data 四个文件夹打包复制到本机主目录下，并解压 |  |
|  | 10 | D5000 系统环境变量设置 | 从其他相同应用类型的工作站上复制.cshrc 文件到 d5000 主目录下，运行 source .cshrc |  |
|  | 11 | D5000 系统配置文件更改 | 1）网卡配置文件：d5000 主目录下 conf/net_config.sys，增加节点的网卡名称和 IP 地址。<br>[zjzd1-sta01]　　　//机器名称<br>BOND_NAME=bond0　　　//绑定网卡名<br>CARD_NAME1=eth0　　　//绑定的网口 1<br>CARD_NAME2=eth1　　　//绑定的网口 2<br>2）修改配置文件 d5000 主目录下 conf/ mng_priv_app.ini，修改节点的 BASE_SERVICE 应用属性和相关进程（全部机器需要修改）。<br>具体内容如下例：<br>[zjzd1-sta01]<br>OS_TYPE=2　　　//类型 服务器为 1 工作站为 2<br>NODE_ID=46　　　//增加节点信息表时记录的节点号 |  |

续表

<table>
<tr><th>√</th><th>序号</th><th>内容</th><th>标　　准</th><th>注意事项</th></tr>
<tr><td></td><td>11</td><td>D5000<br>系统配置<br>文件更改</td><td>CONTEXT=15　　　　//默认不需修改<br>APP_NAME=base_srv　　//默认不需修改<br>APP_ID=3400000　　　//默认不需修改<br>APP_PRIORITY=1　　　//默认不需修改<br>PROC_CONFIG=UNIX_CLIENT　//系统类型 服务器为 UNIX_SERVER 工作站为 UNIX_CLIENT<br>[NODE_ID_NAME]<br>46=zjzd1-sta01　　//节点号=机器名<br>3）修改配置文件 d5000 主目录 conf/nic/sys_netcard_conf.txt。<br>domain　　10<br>serv　　01<br>event　　2<br>udpport　　15000<br>monitor_interval　　100<br>write_interval　　300<br>flow_interval　　60<br>flow_limit　　30<br>flow_peak　　1000<br>udp　　bond0　　//绑定的网卡名<br>nic　　bond0　　//绑定的网卡名<br>nic　　eth0　　//绑定的 1 号网口名<br>nic　　eth1　　//绑定的 2 号网口名<br>ping bond0 171.1.1.254 171.1.1.254 //网关地址，或本机地址，保证能 ping 通</td><td></td></tr>
<tr><td></td><td>12</td><td>调度管理数据库服务器配置</td><td>Linux 下 DM 服务器、客户端软件的安装：<br>1. 加载光驱：以 root 用户登录到 Linux 系统，将 DM 安装光盘放入光驱，然后加载（mount）光驱。通过执行下面的命令来加载光驱： mount /dev/cdrom /mnt/cdrom。<br>2. 启动安装程序：在 Linux 的 KDE 图形界面下，单击光盘下的 DMInstall.bin 启动安装程序（或直接进入/mnt/cdrom 目录后执行下面的命令：./DMInstall.bin），将出现 Linux 下的 DM 安装界面。（说明：如果不能够运行，请检查当前用户对 DMInstall.bin 是否具有执行权限，如果没有则使用 chmod 命令增加当前用户的执行权限或直接向 Linux 系统管理员咨询。安装前还应检查是否有足够的磁盘空间）。<br>3. Linux 下安装完毕后应重启计算机。<br>4. 卸载光驱。安装完后一般要卸载（umount）光驱才能取出光盘。与前面的 mount 光驱命令相对应，可以使用下面的命令来卸载光驱：umount /mnt/cdrom。<br>安装参数及相关配置：<br>1）验证 Key 文件。选择 Key 文件路径，默认是安装程序所在路径中的 dm.key 文件。<br>2）选择安装方式。可以选择典型安装、服务器安装、典型安装或者自定义安装，用户输入对应数字进行选择，默认为自定义安装。<br>3）选择 DM 安装的目录，默认是/opt/dmdbms。注意输入绝对路径。<br>4）是否初始化数据库（如果选择的安装内容包含服务器组件），默认是进行初始化。<br>5）是否安装示例库。如果选择了初始化数据库，则会进一步询问是否安装示例库，默认是不安装。</td><td>页大小选 32，大小写敏感选是，空串“”选否</td></tr>
</table>

续表

| √ | 序号 | 内容 | 标　准 | 注意事项 |
|---|---|---|---|---|
| | 12 | 调度管理数据库服务器配置 | 6）选择 DM 数据的安装目录，默认是/opt/dmdbms/data。注意输入绝对路径。<br>7）是否修改初始化参数，默认是不修改。如果要修改初始化参数，则会继续依次提示修改数据页大小（默认 8KB）、数据文件簇大小（默认 16KB、是否设置大小写敏感（默认否）以及是否使用 UNICODE 字符集（默认否）。<br>8）是否要修改 SYSDBA 口令、SYSAUDITOR 口令和 SYSSSO 口令（安全版中有效），默认都是不修改的。<br>9）显示安装的总结信息，提示用户是否开始安装，确认后安装过程开始 | 页大小选 32，大小写敏感选是，空串 “ ” 选否 |
| | 13 | 上线验证 | 启动服务器系统，检查系统功能是否完整正确并与预期一致 | 在安装报告中记录验证结果 |

## 5.4 作业完工（见表 3-131）

**表 3-131**　　作　业　完　工

| √ | 序号 | 内　容 |
|---|---|---|
| | 1 | 核对新装服务器功能是否正常，并填写服务器安装报告（见附录 A） |
| | 2 | 恢复安全措施，严格按现场安全技术措施中所做的安全技术措施恢复，恢复后经双方（工作人员及验收人员）核对无误 |
| | 3 | 全体工作班人员清扫、整理现场，清点工具及回收材料 |
| | 4 | 工作负责人周密检查施工现场，检查施工现场是否有遗留的工具、材料 |
| | 5 | 工作负责人在工作票上详细记录工作完成情况、遗留问题、结论意见等 |
| | 6 | 经值班员验收合格，并在工作票上签字后，办理工作票终结手续 |

# 6 作业指导书执行情况评估（见表 3-132）

**表 3-132**　　作业指导书执行情况评估

| 评估内容 | 符合性 | 优 | | 可操作项 | |
|---|---|---|---|---|---|
| | | 良 | | 不可操作项 | |
| | 可操作性 | 优 | | 修改项 | |
| | | 良 | | 遗漏项 | |
| 存在问题 | | | | | |
| 改进意见 | | | | | |

# 7 作业记录

D5000 系统调度管理数据库服务器安装报告（见附录 A）。

# 附　录　A

## （规范性附录）

## D5000系统调度管理数据库服务器安装报告

<table>
<tr><td colspan="4">作业记录</td></tr>
<tr><td>序号</td><td>内　　容</td><td colspan="2">备　　注</td></tr>
<tr><td>1</td><td>服务器型号</td><td colspan="2"></td></tr>
<tr><td>2</td><td>安装位置</td><td colspan="2"></td></tr>
<tr><td>3</td><td>软件版本</td><td colspan="2"></td></tr>
<tr><td>4</td><td>节点配置</td><td colspan="2">节点号：________；节点类型：________；是否允许遥控：________；IP 地址：________；机器名：________</td></tr>
<tr><td>5</td><td>上线验证</td><td colspan="2"></td></tr>
<tr><td>6</td><td>其他</td><td colspan="2"></td></tr>
<tr><td colspan="4">自验收记录</td></tr>
<tr><td colspan="2">存在问题及处理意见</td><td colspan="2"></td></tr>
<tr><td colspan="2">安装结论</td><td colspan="2"></td></tr>
<tr><td colspan="3">责任人签字：</td><td>安装时间：</td></tr>
</table>

编号：Q×××××××

# D5000 系统调度管理应用服务器安装标准化作业指导书

编写：__________ ________年____月____日

审核：__________ ________年____月____日

批准：__________ ________年____月____日

作业负责人：________________

作业日期：______年____月____日____时至______年____月____日____时

国 网 浙 江 省 电 力 公 司

## 1　范围

本作业指导书适用于 D5000 系统调度管理应用服务器安装作业。

## 2　规范性引用文件

下列文件对于本文件的应用是必不可少的。凡是注日期的引用文件，仅注日期的版本适用于本文件；凡是不注日期的引用文件，其最新版本（包括所有的修改版）适用于本文件。

《电力监控系统安全防护管理规定》（国家发展和改革委员会令　第 14 号）

《智能电网调度技术支持系统》（Q/GDW 680—2011）

《地区智能电网调度技术支持系统应用功能规范》（Q/GDW Z461—2010）

《国家电网公司电力安全工作规程（变电部分）》（Q/GDW 1799.1—2013）

《国家电网公司电力调度自动化系统运行管理规定》（国家电网企管〔2014〕747 号）

《国家电网公司现场标准化作业指导书编制导则（试行）》（国家电网生〔2004〕503 号）

《国家电网公司关于加强安全生产工作的决定》（国家电网办〔2005〕474 号）

《国家电网公司关于开展现场标准化作业的指导意见》（国家电网生〔2006〕356 号）

《国家电网调度控制管理规程》（国家电网调〔2014〕1405 号）

《浙江电网自动化设备检修管理规定》（浙电调〔2012〕1039 号）

《浙江省电力系统调度控制管理规程》（浙电调〔2013〕954 号）

《浙江电网自动化主站“两票三制”管理规定（试行）》（浙电调字〔2009〕204 号）

## 3　作业前准备

### 3.1　准备工作安排（见表 3-133）

表 3-133　准备工作安排

| √ | 序号 | 内　容 | 标　准 |
|---|---|---|---|
| | 1 | 根据本次作业项目、作业指导书，全体作业人员应熟悉作业内容、进度要求、作业标准、安全措施、危险点注意事项 | 要求所有作业人员都明确本次安装工作的作业内容、进度要求、作业标准及安全措施、危险点注意事项 |
| | 2 | 确认需安装的服务器是否符合 D5000 系统调度管理应用要求 | 检查机器硬件配置，确保符合 D5000 系统调度管理安装要求 |
| | 3 | 确认服务器凝思操作系统是否安装正确 | 要求操作系统版本与 D5000 系统平台版本相匹配 |
| | 4 | 准备网线若干，准备好服务器安装资料，如主机名、IP 地址、是否允许遥控等 | |
| | 5 | 根据现场工作时间和工作内容填写工作票 | 工作票应填写正确，并按《国家电网公司电力安全工作规程（变电部分）》和《浙江电网自动化主站“两票三制”管理规定（试行）》相关部分执行 |
| | 6 | 作业人员应熟悉 D5000 系统事故处理应急预案 | 要求所有作业人员均能按预案处理事故，预案必须放置于值班台；<br>预案必须是及时按时修订的，具有可操作性。事故处理必须遵守《浙江电网自动化系统设备检修流程管理办法（试行）》及《浙江电力调度自动化系统运行管理规范》的规定 |

## 3.2 劳动组织（见表 3-134）

表 3-134 劳动组织

| √ | 序号 | 人员名称 | 职责 | 作业人数 |
|---|---|---|---|---|
| | 1 | 工作负责人（安全监护人） | 1）明确作业人员分工。<br>2）办理工作票，组织编制安全措施、技术措施，合理分配工作并组织实施。<br>3）工作前对工作人员交代安全事项，工作结束后总结经验与不足之处。<br>4）严格遵照安规对作业过程安全进行监护。<br>5）对现场作业危险源预控负有责任，负责落实防范措施。<br>6）对作业人员进行安全教育，督促工作人员遵守安规，检查工作票所载安全措施是否正确完备，安全措施是否符合现场实际条件 | 1 |
| | 2 | 技术负责人 | 1）对安装作业措施、技术指标进行指导。<br>2）指导现场工作人员严格按照本作业指导书进行工作，同时对不规范的行为进行制止。<br>3）可以由工作负责人或安装人员兼任 | 1 |
| | 3 | 作业人员 | 1）严格依照安规及作业指导书要求作业。<br>2）经过培训考试合格，对本项作业的质量、进度负有责任 | 根据需要，至少 1 人 |

## 3.3 作业人员要求（见表 3-135）

表 3-135 作业人员要求

| √ | 序号 | 内容 | 备注 |
|---|---|---|---|
| | 1 | 经年度安规考试合格 | |
| | 2 | 精神状态正常，无妨碍工作的病症，着装符合要求 | |
| | 3 | 经过调度自动化主站端维护上岗证培训，并考试合格 | |

## 3.4 技术资料（见表 3-136）

表 3-136 技术资料

| √ | 序号 | 名称 | 备注 |
|---|---|---|---|
| | 1 | D5000 系统使用手册——基础平台 | |
| | 2 | D5000 系统应用切换技术手册 | |
| | 3 | D5000 系统启停技术手册 | |
| | 4 | D5000 系统服务器安装技术手册 | |

## 3.5 危险点分析及预控（见表 3-137）

表 3-137 危险点分析及预控

| √ | 序号 | 内容 | 预控措施 |
|---|---|---|---|
| | 1 | IP 地址冲突导致运行设备及系统异常 | 计划被替换的故障服务器应关机；详细核对新装服务器的 IP 地址，避免与运行设备一致 |

续表

| √ | 序号 | 内　容 | 预 控 措 施 |
|---|---|---|---|
| | 2 | 服务器的操作系统存在不安全的服务和端口等安全漏洞 | 完成安全防护加固措施，并通过安全防护检测 |
| | 3 | 带病毒的服务器接入网络导致病毒传播，引起系统异常或大面积瘫痪，甚至威胁电网安全 | 服务器应格式化重装系统 |
| | 4 | D5000 系统调度管理程序版本不一致导致功能异常 | 确保安装的程序文件版本是当前系统运行的版本 |
| | 5 | D5000 系统调度管理应用服务器配置文件错误导致功能异常 | 详细确认关键配置文件的配置 |
| | 6 | hosts 文件版本不统一导致功能异常 | 安装完成后确保所有服务器上的 hosts 文件统一 |
| | 7 | 作业流程不完整导致功能缺失 | 严格按步骤执行 |

## 3.6 主要安全措施（见表 3-138）

**表 3-138　　主 要 安 全 措 施**

| √ | 序号 | 内　容 |
|---|---|---|
| | 1 | 核查入网设备的 IP 地址、机器名与运行系统不冲突 |
| | 2 | 核查入网设备的安全防护措施 |
| | 3 | 核查入网设备安装程序版本及配置文件 |
| | 4 | 工作时，不得误碰与工作无关的运行设备 |
| | 5 | 在工作区域放置警示标志 |
| | 6 | 检查设备供电电源的运行状态和方式 |

# 4 流程图

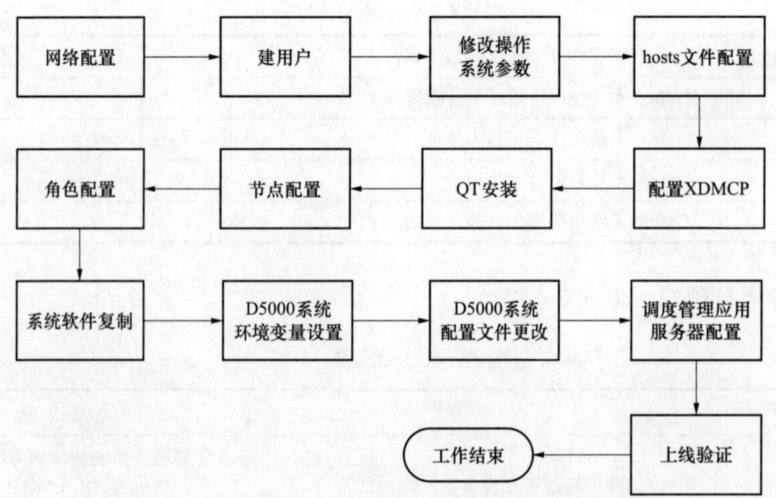


图 3-14　D5000 系统调度管理应用服务器安装流程

## 5 作业程序及作业标准

### 5.1 工作许可

工作票负责人会同工作票许可人检查工作票上所列安全措施是否正确完备，并在工作许可人完成施工现场的安全措施及一起现场核查无误后，与工作票许可人办理工作票许可手续。

### 5.2 开工检查（见表 3-139）

表 3-139 开 工 检 查

| √ | 序号 | 内 容 | 标准及注意事项 |
|---|---|---|---|
| | 1 | 工作内容核对 | 核对本次工作的内容，核对服务器的命名、IP 地址、登录限制、是否遥控等 |
| | 2 | 服务器硬件检查 | 检查服务器硬件配置是否完备 |
| | 3 | 源码机检查 | 详细检查源码机的软件版本是否与当前运行系统一致 |
| | 4 | 工作分工及安全交底 | 开工前工作负责人检查所有作业人员是否正确使用劳保用品，并由工作负责人带领进入作业现场并在工作现场向所有作业人员详细交代作业任务、安全措施和安全注意事项、设备状态及人员分工，全体作业人员应明确作业范围、进度要求等内容，并在工作票的工作班成员签字栏内签名 |

### 5.3 作业项目与工艺标准（见表 3-140）

表 3-140 D5000 系统调度管理应用服务器安装作业

| √ | 序号 | 内容 | 标 准 | 注意事项 |
|---|---|---|---|---|
| | 1 | 网络配置 | 在界面左下角的菜单栏里选择“设置”菜单中的“网络设置”命令，启动 eth0、eth1 网口，并配置相应的 IP | |
| | 2 | 建用户 | 在界面左下角的菜单栏里选择“系统”菜单中的“Kuser-用户段里程序”命令，创建用户 d5000，输入口令，登录 Shell 选择/bin/tcsh，主目录填 d5000 主目录，配置完毕后保存退出 | |
| | 3 | 修改操作系统参数 | 从源码机复制文件 d5000 主目录下.cshrc、/etc/sysctl.conf 和/etc/services | |
| | 4 | hosts 文件配置 | 编辑服务器上的/etc/hosts 文件，加入该工作站名和 IP 地址，将文件复制到本机/etc 目录，并同步到系统所有的服务器 | |
| | 5 | 配置 XDMCP | 为了能够使用 Xwin32 或 Xmanager 登录到 Linux 主机所进行的配置。在屏幕下方的“系统”菜单中选择“管理”下的“登录屏幕”命令，出现“登录窗口首选项”窗口。在该窗口中选择“远程”选项卡，将“样式”改为：“与本地相同”。 选择“安全”选项卡，勾选“允许远程管理员登录”复选框；取消勾选“禁止 TCP 连接到 X 服务器”复选框（为了以后图形程序能通过普通终端远程执行）。单击“关闭”按钮 | |
| | 6 | QT 安装 | 从其他工作站复制文件/home/d5000/qt453.tar 至本机/home/d5000/目录下并解压 | |
| | 7 | 节点配置 | 在其他运行的 d5000 维护工作站中启动 DBI。<br>在节点信息表（mng_node_info）中新增一条记录，配置新增工作站的节点的名称、ID 和类型，其中：<br>节点 id（node_id）自动生成； | |

续表

| √ | 序号 | 内容 | 标　准 | 注意事项 |
| --- | --- | --- | --- | --- |
|  | 7 | 节点配置 | 节点名（node_name）表示工作站主机名称，该域根据工程实际情况修改；<br>节点类型（node_type）0 表示工作站；<br>记录节点号（ID 括号内中间的数字） |  |
|  | 8 | 角色配置 | 在权限配置中配置哪些工作组能登录本机；<br>根据需要在系统参数配置的遥控节点配置中加入本机节点 |  |
|  | 9 | 系统软件复制 | 将源码机 d5000 主目录下的 bin、lib、conf、data 四个文件夹打包复制到本机主目录下，并解压 |  |
|  | 10 | D5000 系统环境变量设置 | 从其他相同应用类型的工作站上复制.cshrc 文件到 d5000 主目录下，运行 source .cshrc |  |
|  | 11 | D5000 系统配置文件更改 | 1）网卡配置文件：d5000 主目录下 conf/net_config.sys，增加节点的网卡名称和 IP 地址。<br>[zjzd1-sta01]　　　　//机器名称<br>BOND_NAME=bond0　　　//绑定网卡名<br>CARD_NAME1=eth0　　　//绑定的网口 1<br>CARD_NAME2=eth1　　　//绑定的网口 2<br>2）修改配置文件 d5000 主目录下 conf/ mng_priv_app.ini，修改节点的 BASE_SERVICE 应用属性和相关进程（全部机器需要修改）。<br>具体内容如下例：<br>[zjzd1-sta01]<br>OS_TYPE=2　　　　　　//类型　服务器为 1　工作站为 2<br>NODE_ID=46　　　　　 //增加节点信息表时记录的节点号<br>CONTEXT=15　　　　　 //默认不需修改<br>APP_NAME=base_srv　　//默认不需修改<br>APP_ID=3400000　　　 //默认不需修改<br>APP_PRIORITY=1　　　 //默认不需修改<br>PROC_CONFIG=UNIX_CLIENT //系统类型 服务器为 UNIX_SERVER 工作站为 UNIX_CLIENT<br>[NODE_ID_NAME]<br>46=zjzd1-sta01　　//节点号=机器名<br>3）修改配置文件 d5000 主目录 conf/nic/sys_netcard_conf.txt。<br>domain　　　10<br>serv　　　01<br>event　　　2<br>udpport　　　15000<br>monitor_interval　　　100<br>write_interval　　　300<br>flow_interval　　　60<br>flow_limit　　　30<br>flow_peak　　　1000<br>udp　　　bond0　　　//绑定的网卡名<br>nic　　　bond0　　　//绑定的网卡名<br>nic　　　eth0　　　//绑定的 1 号网口名<br>nic　　　eth1　　　//绑定的 2 号网口名<br>ping bond0 171.1.1.254 171.1.1.254　//网关地址，或本机地址，保证能 ping 通 |  |

续表

<table>
<tr><th>√</th><th>序号</th><th>内容</th><th>标　　准</th><th>注意事项</th></tr>
<tr><td></td><td>12</td><td>调度管理应用服务器配置</td><td>1. Weblogic 安装。<br>1）确定一个安装目录，建议该目录下至少有 1GB 空间，可以使用 du 命令查看磁盘空间使用情况。<br>2）创建一个 bea 用户组账号：groupadd –g 600 bea。<br>3）给 Weblogic 用户设置密码（一般采用 Weblogic）：passwd Weblogic。<br>4）创建 Weblogic 的安装目录，并把权限赋给 Weblogic 用户：mkdir -p /home/weblogic/bea ，chown -R oracle：bea /home。<br>2. 安装 64 位 JDK（每台应用服务器都必须安装）。<br>1）文件下载完成之后将该文件放在 Linux 系统 Weblogic 用户相应的目录下，然后在终端执行如下命令（用 d5000 用户执行）：<br>#chmod u+x ./ jdk-6u31-linux-x64-rpm.bin<br># ./ jdk-6u31-linux-x64-rpm.bin<br># rpm -ivh jdk-6u31-linux-amd64.rpm<br>2）配置环境变量。<br>在文件 home/d5000/zhejiang/.cshrc）中加入：<br>export JAVA_HOME=/home/d5000/zhejiang/jdk1.6.0_31<br>export CLASSPATH=.：$JAVA_HOME/lib/dt.jar：$JAVA_HOME/ lib/tools.jar<br>export PATH=$JAVA_HOME/bin：$PATH<br>3）使用 Source 命令：Suorce .cshrc。<br>4）更改生效后，检查 java 环境变量是否配置成功。<br>使用命令 java –version 显示正确版本信息，则配置成功。<br>3. 安装 64 位 Weblogic10.3.5（每台服务器都必须安装）。<br>#java -jar wls1035_generic-64bit.jar<br>4. Weblogic 参数配置。<br>（1）修改 startWeblogic.sh。<br>在 startWeblogic.sh 文件中添加：（/home/d5000/zhejiang/bea/user_projects/domains/oms_domain/bin）-Dbind.address=10.33.1.206 -Djava.net.preferIPv4Stack=true。<br>（2）修改 commEnv.sh（/bea10/wlserver_10.3/common/bin/）。<br>在 commEnv.sh 文件中，将文中的红色字体 4096 设置为 10240。<br>resetFd（） {<br>if [ ! -n "`uname -s |grep -i cygwin || uname -s |grep -i windows_nt || \<br>uname -s |grep -i HP-UX`" ]<br>then<br>maxfiles=`ulimit -H -n`<br>if [ "$?" = "0" -a `expr ${maxfiles} : '[0-9][0-9]*$'` -eq 0 ]; then<br>ulimit -n 4096<br>fi<br>fi<br>}<br>（3）修改 setDomainEnv.sh。<br>在文件中将 MEM_AGGS 的值设置成以下红色字体（生产环境如此，测试环境可以酌量减少）。<br>MEM_ARGS="-Xms2048m -Xmx2048m -XX：ParallelGCThreads=2 -Xss128k -XX：PermSize=256m -XX：MaxPermSize=516m -XX：+UseConcMarkSweepGC -XX：+UseParNewGC -Dcom.sun.xml.namespace.QName.useCompatible SerialVersionUID=1.0 -server"<br>（4）如何避免输入用户名和密码。<br>1）用 weblogic 登录在所建的域中新建 boot.properties 文件，在文件添加后保存：<br>username=weblogic<br>password=weblogic</td><td></td></tr>
</table>

续表

| √ | 序号 | 内容 | 标　准 | 注意事项 |
| --- | --- | --- | --- | --- |
| | 12 | 调度管理应用服务器配置 | 2）修改${DOMAIN_HOME}/bin 文件夹下的 setDomainEnv.sh，找到“# SET THE CLASSPATH”一行，修改其上面两行内容：<br>JAVA_OPTIONS="${JAVA_OPTIONS}"<br>export JAVA_OPTIONS<br>修改为：<br>JAVA_OPTIONS="${JAVA_OPTIONS} -Dweblogic.system.BootIdentityFile=${DOMAIN_HOME}/boot.properties"<br>export JAVA_OPTIONS<br>（5）PI3000 应用服务部署。<br>1）进入目录：/home/d5000/zhejiang/bea/user_projects/domains/oms_domain/bin 下（用命令 cd ..）<br>2）./startWebLogic.sh >../weblogic.log &。<br>3）进入 Weblogic 控制台后，发布相应的应用模块，主要模块有 9 个：BusinessModel、FileService、Message、Portal、Report、Search、ServiceBroker、TaskDispatch、Workflow。<br>4）启动各模块服务 | |
| | 13 | 上线验证 | 启动服务器系统，检查系统功能是否完整正确并与预期一致 | 在安装报告中记录验证结果 |

## 5.4　作业完工（见表 3-141）

**表 3-141**　　　　　　　　作　业　完　工

| √ | 序号 | 内　容 |
| --- | --- | --- |
| | 1 | 核对新装服务器功能是否正常，并填写服务器安装报告（见附录 A） |
| | 2 | 恢复安全措施，严格按现场安全技术措施中所做的安全技术措施恢复，恢复后经双方（工作人员及验收人员）核对无误 |
| | 3 | 全体工作班人员清扫、整理现场，清点工具及回收材料 |
| | 4 | 工作负责人周密检查施工现场，检查施工现场是否有遗留的工具、材料 |
| | 5 | 工作负责人在工作票上详细记录工作完成情况、遗留问题、结论意见等 |
| | 6 | 经值班员验收合格，并在工作票上签字后，办理工作票终结手续 |

# 6　作业指导书执行情况评估（见表 3-142）

**表 3-142**　　　　　　　　作业指导书执行情况评估

| | | | | | |
| --- | --- | --- | --- | --- | --- |
| 评估内容 | 符合性 | 优 | | 可操作项 | |
| | | 良 | | 不可操作项 | |
| | 可操作性 | 优 | | 修改项 | |
| | | 良 | | 遗漏项 | |
| 存在问题 | | | | | |
| 改进意见 | | | | | |

## 7 作业记录

D5000 系统调度管理应用服务器安装报告（见附录 A）。

# 附　录　A
# （规范性附录）
# D5000 系统调度管理应用服务器安装报告

| 作业记录 | | |
|---|---|---|
| 序号 | 内　容 | 备　注 |
| 1 | 服务器型号 | |
| 2 | 安装位置 | |
| 3 | 软件版本 | |
| 4 | 节点配置 | 节点号：________；节点类型：________；是否允许遥控：________；IP 地址：________；机器名：________ |
| 5 | 上线验证 | |
| 6 | 其他 | |
| 自验收记录 | | |
| 存在问题及处理意见 | | |
| 安装结论 | | |
| 责任人签字： | 安装时间： | |

编号：Q××××××××

# D5000 系统调度管理负载均衡服务器安装标准化作业指导书

编写：__________ ________年____月____日

审核：__________ ________年____月____日

批准：__________ ________年____月____日

作业负责人：________________

作业日期：______年____月____日____时至______年____月____日____时

国 网 浙 江 省 电 力 公 司

## 1 范围

本作业指导书适用于 D5000 系统调度管理负载均衡服务器安装作业。

## 2 规范性引用文件

下列文件对于本文件的应用是必不可少的。凡是注日期的引用文件，仅注日期的版本适用于本文件；凡是不注日期的引用文件，其最新版本（包括所有的修改版）适用于本文件。

《电力监控系统安全防护管理规定》（国家发展和改革委员会令 第 14 号）

《智能电网调度技术支持系统》（Q/GDW 680—2011）

《地区智能电网调度技术支持系统应用功能规范》（Q/GDW Z461—2010）

《国家电网公司电力安全工作规程（变电部分）》（Q/GDW 1799.1—2013）

《国家电网公司电力调度自动化系统运行管理规定》（国家电网企管〔2014〕747 号）

《国家电网公司现场标准化作业指导书编制导则（试行）》（国家电网生〔2004〕503 号）

《国家电网公司关于加强安全生产工作的决定》（国家电网办〔2005〕474 号）

《国家电网公司关于开展现场标准化作业的指导意见》（国家电网生〔2006〕356 号）

《国家电网调度控制管理规程》（国家电网调〔2014〕1405 号）

《浙江电网自动化设备检修管理规定》（浙电调〔2012〕1039 号）

《浙江省电力系统调度控制管理规程》（浙电调〔2013〕954 号）

《浙江电网自动化主站"两票三制"管理规定（试行）》（浙电调字〔2009〕204 号）

## 3 作业前准备

### 3.1 准备工作安排（见表 3-143）

表 3-143 准备工作安排

| √ | 序号 | 内容 | 标准 |
|---|---|---|---|
| | 1 | 根据本次作业项目、作业指导书，全体作业人员应熟悉作业内容、进度要求、作业标准、安全措施、危险点注意事项 | 要求所有作业人员都明确本次安装工作的作业内容、进度要求、作业标准及安全措施、危险点注意事项 |
| | 2 | 确认需安装的服务器是否符合 D5000 系统负载均衡安装要求 | 检查机器硬件配置，确保符合 D5000 系统调度管理安装要求 |
| | 3 | 确认服务器凝思操作系统是否安装正确 | 要求操作系统版本与 D5000 系统平台版本相匹配 |
| | 4 | 准备网线若干，准备好服务器安装资料，如主机名、IP 地址、是否允许遥控等 | |
| | 5 | 根据现场工作时间和工作内容填写工作票 | 工作票应填写正确，并按《国家电网公司电力安全工作规程（变电站和发电厂电气部分）》和《浙江电网自动化主站"两票三制"管理规定（试行）》相关部分执行 |
| | 6 | 作业人员应熟悉 D5000 系统事故处理应急预案 | 要求所有作业人员均能按预案处理事故，预案必须放置于值班台；<br>预案必须是及时按时修订的，具有可操作性。事故处理必须遵守《浙江电网自动化系统设备检修流程管理办法（试行）》及《浙江电力调度自动化系统运行管理规范》的规定 |

## 3.2 劳动组织（见表 3-144）

表 3-144　　劳　动　组　织

| √ | 序号 | 人员名称 | 职　　责 | 作业人数 |
|---|---|---|---|---|
| | 1 | 工作负责人（安全监护人） | 1）明确作业人员分工。<br>2）办理工作票，组织编制安全措施、技术措施，合理分配工作并组织实施。<br>3）工作前对工作人员交代安全事项，工作结束后总结经验与不足之处。<br>4）严格遵照安规对作业过程安全进行监护。<br>5）对现场作业危险源预控负有责任，负责落实防范措施。<br>6）对作业人员进行安全教育，督促工作人员遵守安规，检查工作票所载安全措施是否正确完备，安全措施是否符合现场实际条件 | 1 |
| | 2 | 技术负责人 | 1）对安装作业措施、技术指标进行指导。<br>2）指导现场工作人员严格按照本作业指导书进行工作，同时对不规范的行为进行制止。<br>3）可以由工作负责人或安装人员兼任 | 1 |
| | 3 | 作业人员 | 1）严格依照安规及作业指导书要求作业。<br>2）经过培训考试合格，对本项作业的质量、进度负有责任 | 根据需要，至少 1 人 |

## 3.3 作业人员要求（见表 3-145）

表 3-145　　作 业 人 员 要 求

| √ | 序号 | 内　　容 | 备注 |
|---|---|---|---|
| | 1 | 经年度安规考试合格 | |
| | 2 | 精神状态正常，无妨碍工作的病症，着装符合要求 | |
| | 3 | 经过调度自动化主站端维护上岗证培训，并考试合格 | |

## 3.4 技术资料（见表 3-146）

表 3-146　　技　术　资　料

| √ | 序号 | 名　　称 | 备注 |
|---|---|---|---|
| | 1 | D5000 系统使用手册——基础平台 | |
| | 2 | D5000 系统应用切换技术手册 | |
| | 3 | D5000 系统启停技术手册 | |
| | 4 | D5000 系统服务器安装技术手册 | |
| | 5 | D5000 系统调度管理使用手册 | |

## 3.5 危险点分析及预控（见表 3-147）

表 3-147　　危险点分析及预控

| √ | 序号 | 内　容 | 预控措施 |
|---|---|---|---|
| | 1 | IP 地址冲突导致运行设备及系统异常 | 计划被替换的故障服务器应关机；详细核对新装服务器的 IP 地址，避免与运行设备一致 |
| | 2 | 服务器的操作系统存在不安全的服务和端口等安全漏洞 | 完成安全防护加固措施，并通过安全防护检测 |
| | 3 | 带病毒的服务器接入网络导致病毒传播，引起系统异常或大面积瘫痪，甚至威胁电网安全 | 服务器应格式化重装系统 |
| | 4 | D5000 系统调度管理程序版本不一致导致功能异常 | 确保安装的程序文件版本是当前系统运行的版本 |
| | 5 | D5000 系统调度管理负载均衡服务器配置文件错误导致功能异常 | 详细确认关键配置文件的配置 |
| | 6 | hosts 文件版本不统一导致功能异常 | 安装完成后确保所有服务器上的 hosts 文件统一 |
| | 7 | 作业流程不完整导致功能缺失 | 严格按步骤执行 |

## 3.6 主要安全措施（见表 3-148）

表 3-148　　主要安全措施

| √ | 序号 | 内　容 |
|---|---|---|
| | 1 | 核查入网设备的 IP 地址、机器名与运行系统不冲突 |
| | 2 | 核查入网设备的安全防护措施 |
| | 3 | 核查入网设备安装程序版本及配置文件 |
| | 4 | 工作时，不得误碰与工作无关的运行设备 |
| | 5 | 在工作区域放置警示标志 |
| | 6 | 检查设备供电电源的运行状态和方式 |

## 4 流程图

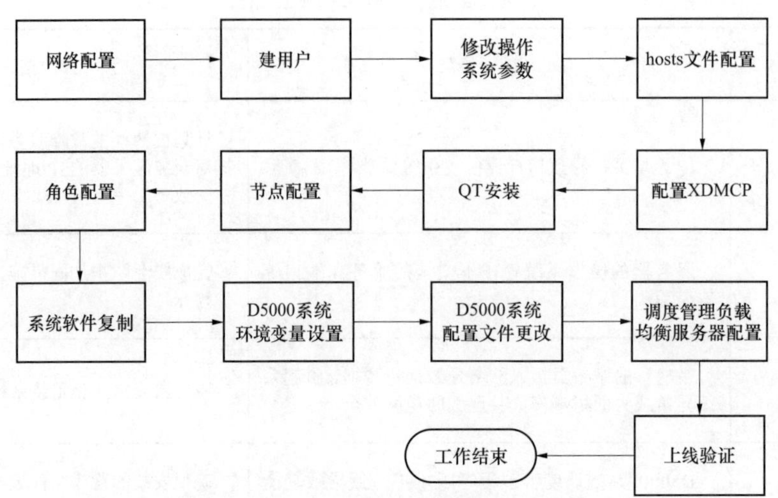


图 3-15 D5000 系统调度管理负载均衡服务器安装流程

## 5 作业程序及作业标准

### 5.1 工作许可

工作票负责人会同工作票许可人检查工作票上所列安全措施是否正确完备，并在工作许可人完成施工现场的安全措施及一起现场核查无误后，与工作票许可人办理工作票许可手续。

### 5.2 开工检查（见表 3-149）

**表 3-149** 开 工 检 查

| √ | 序号 | 内 容 | 标准及注意事项 |
|---|---|---|---|
| | 1 | 工作内容核对 | 核对本次工作的内容，核对服务器的命名、IP 地址、登录限制、是否遥控等 |
| | 2 | 服务器硬件检查 | 检查服务器硬件配置是否完备 |
| | 3 | 源码机检查 | 详细检查源码机的软件版本是否与当前运行系统一致 |
| | 4 | 工作分工及安全交底 | 开工前工作负责人检查所有作业人员是否正确使用劳保用品，并由工作负责人带领进入作业现场并在工作现场向所有作业人员详细交代作业任务、安全措施和安全注意事项、设备状态及人员分工，全体作业人员应明确作业范围、进度要求等内容，并在工作票的工作班成员签字栏内签名 |

### 5.3 作业项目与工艺标准（见表 3-150）

**表 3-150** D5000 系统调度管理负载均衡服务器安装作业

| √ | 序号 | 内容 | 标 准 | 注意事项 |
|---|---|---|---|---|
| | 1 | 网络配置 | 在界面左下角的菜单栏里选择“设置”菜单中的“网络设置”命令，启动 eth0、eth1 网口，并配置相应的 IP | |

续表

| √ | 序号 | 内容 | 标准 | 注意事项 |
| --- | --- | --- | --- | --- |
| | 2 | 建用户 | 在界面左下角的菜单栏里选择“系统”菜单中的“Kuser-用户段里程序”命令，创建用户 d5000，输入口令，登录 Shell 选择/bin/tcsh，主目录填 d5000 主目录，配置完毕后保存退出 | |
| | 3 | 修改操作系统参数 | 从源码机复制文件 d5000 主目录下.cshrc、/etc/sysctl.conf 和/etc/services | |
| | 4 | hosts 文件配置 | 编辑服务器上的/etc/hosts 文件，加入该工作站名和 IP 地址，将文件复制到本机/etc 目录，并同步到系统所有的服务器 | |
| | 5 | 配置 XDMCP | 为了能够使用 Xwin32 或 Xmanager 登录到 Linux 主机所进行的配置。在屏幕下方的“系统”菜单中选择“管理”下的“登录屏幕”命令，出现“登录窗口首选项”窗口。在该窗口中选择“远程”选项卡，将“样式”改为：“与本地相同”。选择“安全”选项卡，勾选“允许远程管理员登录”复选框；取消勾选“禁止 TCP 连接到 X 服务器”复选框（为了以后图形程序能通过普通终端远程执行）。单击“关闭”按钮 | |
| | 6 | QT 安装 | 从其他工作站复制文件/home/d5000/qt453.tar 至本机/ home/d5000/目录下并解压 | |
| | 7 | 节点配置 | 在其他运行的 d5000 维护工作站中启动 DBI。<br>在节点信息表（mng_node_info）中新增一条记录，配置新增工作站的节点的名称、ID 和类型，其中：<br>节点 id（node_id）自动生成；<br>节点名（node_name）表示工作站主机名称，该域根据工程实际情况修改；<br>节点类型（node_type）0 表示工作站；<br>记录节点号（ID 括号内中间的数字） | |
| | 8 | 角色配置 | 在权限配置中配置哪些工作组能登录本机；<br>根据需要在系统参数配置的遥控节点配置中加入本机节点 | |
| | 9 | 系统软件复制 | 将源码机 d5000 主目录下的 bin、lib、conf、data 四个文件夹打包复制到本机主目录下，并解压 | |
| | 10 | D5000 系统环境变量设置 | 从其他相同应用类型的工作站上复制.cshrc 文件到 d5000 主目录下，运行 source .cshrc | |
| | 11 | D5000 系统配置文件更改 | 1）网卡配置文件：d5000 主目录下 conf/net_ config.sys，增加节点的网卡名称和 IP 地址。<br>[zjzd1-sta01] //机器名称<br>BOND_NAME=bond0 //绑定网卡名<br>CARD_NAME1=eth0 //绑定的网口 1<br>CARD_NAME2=eth1 //绑定的网口 2<br>2）修改配置文件 d5000 主目录下 conf/ mng_priv_ app.ini，修改节点的 BASE_SERVICE 应用属性和相关进程（全部机器需要修改）。<br>具体内容如下例：<br>[zjzd1-sta01]<br>OS_TYPE=2 //类型 服务器为 1 工作站为 2 | |

续表

| √ | 序号 | 内容 | 标　　准 | 注意事项 |
| --- | --- | --- | --- | --- |
|  | 11 | D5000系统配置文件更改 | NODE_ID=46　　　　//增加节点信息表时记录的节点号<br>CONTEXT=15　　　　//默认不需修改<br>APP_NAME=base_srv　　//默认不需修改<br>APP_ID=3400000　　//默认不需修改<br>APP_PRIORITY=1　　//默认不需修改<br>PROC_CONFIG=UNIX_CLIENT　//系统类型 服务器为UNIX_SERVER 工作站为UNIX_CLIENT<br>[NODE_ID_NAME]<br>46=zjzd1-sta01　　　//节点号=机器名<br>3）修改配置文件d5000主目录conf/nic/sys_netcard_conf.txt。<br>domain　　10<br>serv　　01<br>event　　2<br>udpport　　15000<br>monitor_interval　　100<br>write_interval　　300<br>flow_interval　　60<br>flow_limit　　30<br>flow_peak　　1000<br>udp　　bond0　//绑定的网卡名<br>nic　　bond0　//绑定的网卡名<br>nic　　eth0　//绑定的1号网口名<br>nic　　eth1　//绑定的2号网口名<br>ping bond0 171.1.1.254 171.1.1.254　//网关地址，或本机地址，保证能ping通 |  |
|  | 12 | 调度管理负载均衡服务器配置 | S7503E-S-1配置（另一台类似）：<br>1. 使用G0/0/28连接主C6509E9/34口，并配置trunk（主干），允许vlan 1、vlan 300、vlan 333通过。<br>2. 将G0/0/26-27口分别使用动态聚合链路聚合1连接S7503E-2的G0/0/26-27口，并配置trunk，允许vlan 1、vlan 300、vlan 333通过。<br>3. 将G0/0/24-25口分别使用动态聚合链路聚合2连接S5800-1的G0/0/24-25口，并配置trunk，允许vlan 1、vlan 300、vlan 333通过。<br>4. 全局开启STP，并配置BPDU保护，将G0/0/5-23口加入vlan 333中，并配置边缘端口，以便连接服务器的端口up/down不会发送TC报文，减小对网络带宽等影响。<br>5. 配置管理地址，并且下一条指向管理地址的网关。<br>（1）S5800-1（另一台类似）：<br>1）配置G0/24-25为trunk接口并加入聚合组2，允许vlan 1、vlan 300、vlan 333通过。<br>2）配置G0/22-23为trunk接口并加入聚合组1，允许vlan 1、vlan 300、vlan 333通过。<br>3）全局开启STP，bpdu保护，并将access接口配置边缘端口。<br>4）将G0/22-23接口的STP开销配置为1000。 | 说明：<br>1. 核心设备是两台C6509，在其间配置VRRP，客户端的网关在C6509上，是vlan 333 10.33.1.254/24。<br>2. 接入设备是两台S7503E-S，分别插入一块LB插卡，两台LB之间配置VRRP，目的是将访问虚服务的地址10.33.1.202/32下一跳流量经过LB中的一台，从核心以下全部是二层网络，所以LB使用DR方案。<br>3. 为了扩充S7503E-S的接口，每个设备将直连一台S5800设备，详细的接口连接如下，针对S5800的接口可以根据实际接口连接，建议以后面的接口作为互联链路。<br>4. 为了增加链路可靠和网络冗余，使用了二层动态聚合链路，服务器配置双网卡绑定（主备分担，同一时间只有一个网卡链路激活，另一个作为备份）。 |

续表

| √ | 序号 | 内容 | 标　　准 | 注意事项 |
| --- | --- | --- | --- | --- |
|  | 12 | 调度管理负载均衡服务器配置 | （2）C6509-1（另一台类似）：<br>为保证客户端能够将访问的 10.33.1.202（如果还有虚拟地址方法类似）流量经过 LB，需要在每个 C6509 上配置一条明细路由，下一跳为 10.33.1.142（LB 上 VRRP 地址）。<br>（3）服务器。<br>1）配置 32 位环回口地址为虚服务器地址。<br>2）修改内核参数并要求此环回口地址不响应 ARP 请求 | 5. 为了保证数据转发的高效，使用 STP 来人为选路，即在 S7503E-S-2 的 G0/28，两台 S5800 之间的端口配置 STP 的 cost 为 1000，以便将上述端口阻塞，之后出现途中任何一条链路断开均可保证业务正常转发。<br>6. 为了保证 H3C 的设备和 Cisco 的设备的 STP 协议兼容，目前 Cisco 的设备使用 PVST+协议，H3C 设备全部使用 STP 协议 |
|  | 13 | 上线验证 | 启动服务器系统，检查系统功能是否完整正确并与预期一致 | 在安装报告中记录验证结果 |

## 5.4 作业完工（见表 3-151）

**表 3-151　　　　作　业　完　工**

| √ | 序号 | 内　　容 |
| --- | --- | --- |
|  | 1 | 核对新装服务器功能是否正常，并填写服务器安装报告（见附录 A） |
|  | 2 | 恢复安全措施，严格按现场安全技术措施中所做的安全技术措施恢复，恢复后经双方（工作人员及验收人员）核对无误 |
|  | 3 | 全体工作班人员清扫、整理现场，清点工具及回收材料 |
|  | 4 | 工作负责人周密检查施工现场，检查施工现场是否有遗留的工具、材料 |
|  | 5 | 工作负责人在工作票上详细记录工作完成情况、遗留问题、结论意见等 |
|  | 6 | 经值班员验收合格，并在工作票上签字后，办理工作票终结手续 |

# 6 作业指导书执行情况评估（见表 3-152）

**表 3-152　　　　作业指导书执行情况评估**

| 评估内容 | 符合性 | 优 |  | 可操作项 |  |
| --- | --- | --- | --- | --- | --- |
|  |  | 良 |  | 不可操作项 |  |
|  | 可操作性 | 优 |  | 修改项 |  |
|  |  | 良 |  | 遗漏项 |  |
| 存在问题 |  |  |  |  |  |
| 改进意见 |  |  |  |  |  |

## 7 作业记录

D5000 系统调度管理负载均衡服务器安装报告（见附录 A）。

# 附 录 A
## （规范性附录）
## D5000 系统调度管理负载均衡服务器安装报告

<table>
<tr><td colspan="4">作业记录</td></tr>
<tr><td>序号</td><td>内 容</td><td colspan="2">备 注</td></tr>
<tr><td>1</td><td>服务器型号</td><td colspan="2"></td></tr>
<tr><td>2</td><td>安装位置</td><td colspan="2"></td></tr>
<tr><td>3</td><td>软件版本</td><td colspan="2"></td></tr>
<tr><td>4</td><td>节点配置</td><td colspan="2">节点号：________；节点类型：________；是否允许遥控：________；<br>IP 地址：________；机器名：________</td></tr>
<tr><td>5</td><td>上线验证</td><td colspan="2"></td></tr>
<tr><td>6</td><td>其他</td><td colspan="2"></td></tr>
<tr><td colspan="4">自验收记录</td></tr>
<tr><td colspan="2">存在问题及处理意见</td><td colspan="2"></td></tr>
<tr><td colspan="2">安装结论</td><td colspan="2"></td></tr>
<tr><td colspan="3">责任人签字：</td><td>安装时间：</td></tr>
</table>

# 4 系统运行维护类作业指导书应用

编号：Q××××××××

# D5000 系统服务器启停标准化作业指导书

编写：__________ ________年___月____日

审核：__________ ________年___月____日

批准：__________ ________年___月____日

作业负责人：________________

作业日期：______年____月____日____时至______年____月____日____时

国 网 浙 江 省 电 力 公 司

## 1 范围

本作业指导书适用于已上线 D5000 系统服务器的开机和关机操作。

## 2 规范性引用文件

下列文件对于本文件的应用是必不可少的。凡是注日期的引用文件，仅注日期的版本适用于本文件；凡是不注日期的引用文件，其最新版本（包括所有的修改版）适用于本文件。

《电力监控系统安全防护管理规定》（国家发展和改革委员会令 第 14 号）

《智能电网调度技术支持系统》（Q/GDW 680—2011）

《地区智能电网调度技术支持系统应用功能规范》（Q/GDW Z461—2010）

《国家电网公司电力安全工作规程（变电部分）》（Q/GDW 1799.1—2013）

《国家电网公司电力调度自动化系统运行管理规定》（国家电网企管〔2014〕747 号）

《国家电网公司现场标准化作业指导书编制导则（试行）》（国家电网生〔2004〕503 号）

《国家电网公司关于加强安全生产工作的决定》（国家电网办〔2005〕474 号）

《国家电网公司关于开展现场标准化作业的指导意见》（国家电网生〔2006〕356 号）

《国家电网调度控制管理规程》（国家电网调〔2014〕1405 号）

《浙江电网自动化设备检修管理规定》（浙电调〔2012〕1039 号）

《浙江省电力系统调度控制管理规程》（浙电调〔2013〕954 号）

《浙江电网自动化主站“两票三制”管理规定（试行）》（浙电调字〔2009〕204 号）

## 3 作业前准备

### 3.1 准备工作安排（见表 4-1）

表 4-1　　准备工作安排

| √ | 序号 | 内　容 | 标　准 |
|---|---|---|---|
| | 1 | 根据本次作业项目、作业指导书，全体作业人员应熟悉作业内容、进度要求、作业标准、安全措施、危险点注意事项 | 要求所有作业人员都明确本次作业内容、进度要求、作业标准及安全措施、危险点注意事项 |
| | 2 | 根据现场工作时间和工作内容填写操作票 | 操作票应填写正确，并按《浙江电网自动化主站“两票三制”管理规定（试行）》相关部分执行 |
| | 3 | 作业人员应熟悉 D5000 系统事故处理应急预案 | 要求所有作业人员均能按预案处理事故，预案必须放置于值班台；<br>预案必须是及时按时修订的，具有可操作性。事故处理必须遵守《浙江电网自动化系统设备检修流程管理办法（试行）》及《浙江电力调度自动化系统运行管理规范》的规定 |

## 3.2 劳动组织（见表 4-2）

表 4-2 劳 动 组 织

| √ | 序号 | 人员名称 | 职 责 | 作业人数 |
|---|---|---|---|---|
| | 1 | 工作负责人（安全监护人） | 1）明确作业人员分工。<br>2）办理工作票，组织编制安全措施、技术措施，合理分配工作并组织实施。<br>3）工作前对工作人员交代安全事项，工作结束后总结经验与不足之处。<br>4）严格遵照安规对作业过程安全进行监护。<br>5）对现场作业危险源预控负有责任，负责落实防范措施。<br>6）对作业人员进行安全教育，督促工作人员遵守安规，检查工作票所载安全措施是否正确完备，安全措施是否符合现场实际条件 | 1 |
| | 2 | 技术负责人 | 1）对安装作业措施、技术指标进行指导。<br>2）指导现场工作人员严格按照本作业指导书进行工作，同时对不规范的行为进行制止。<br>3）可以由工作负责人或安装人员兼任 | 1 |
| | 3 | 作业人员 | 1）严格依照安规及作业指导书要求作业。<br>2）经过培训考试合格，对本项作业的质量、进度负有责任 | 根据需要，至少 1 人 |

## 3.3 作业人员要求（见表 4-3）

表 4-3 作 业 人 员 要 求

| √ | 序号 | 内 容 | 备注 |
|---|---|---|---|
| | 1 | 经年度安规考试合格 | |
| | 2 | 精神状态正常，无妨碍工作的病症，着装符合要求 | |
| | 3 | 经过调度自动化主站端维护上岗证培训，并考试合格 | |

## 3.4 技术资料（见表 4-4）

表 4-4 技 术 资 料

| √ | 序号 | 名 称 | 备注 |
|---|---|---|---|
| | 1 | D5000 系统启停技术手册 | |
| | 2 | D5000 系统使用手册——基础平台 | |

## 3.5 危险点分析及预控（见表 4-5）

表 4-5 危 险 点 分 析 及 预 控

| √ | 序号 | 内 容 | 预 控 措 施 |
|---|---|---|---|
| | 1 | 在服务器的开、关机过程中非正常断电，导致服务器系统损坏 | 在服务器的开、关机过程中确保供电电源正常供电 |

续表

| √ | 序号 | 内　容 | 预 控 措 施 |
|---|---|---|---|
| | 2 | 在服务器上进行操作时，因服务器选择错误导致正常运行的服务器出现异常 | 在服务器上进行操作前，仔细核对服务器上标签名称，正确无误后进行操作；操作前，详细核对系统运行状态，包括进程运行状态及角色 |
| | 3 | 由于操作顺序的疏忽使系统不能正常工作 | 严格按照操作步骤进行，特别是阵列与主机的先后次序 |
| | 4 | 由于软件配置变更导致系统异常 | 对软件配置、版本进行确认，经过测试无误方可上线 |
| | 5 | 服务器停机后，不能正常切换至冗余服务器 | 停机前，检查需停机服务器上的所有应用是否已切至冗余服务器 |

### 3.6 主要安全措施（见表 4-6）

表 4-6　　主 要 安 全 措 施

| √ | 序号 | 内　容 |
|---|---|---|
| | 1 | 核查服务器电源是否为双电源，且供电电源正常 |
| | 2 | 做好监护工作，防止服务器错误选择 |
| | 3 | 严格按照操作步骤进行操作 |
| | 4 | 工作时，不得误碰与工作无关的运行设备 |
| | 5 | 在工作区域放置警示标志 |

## 4 流程图

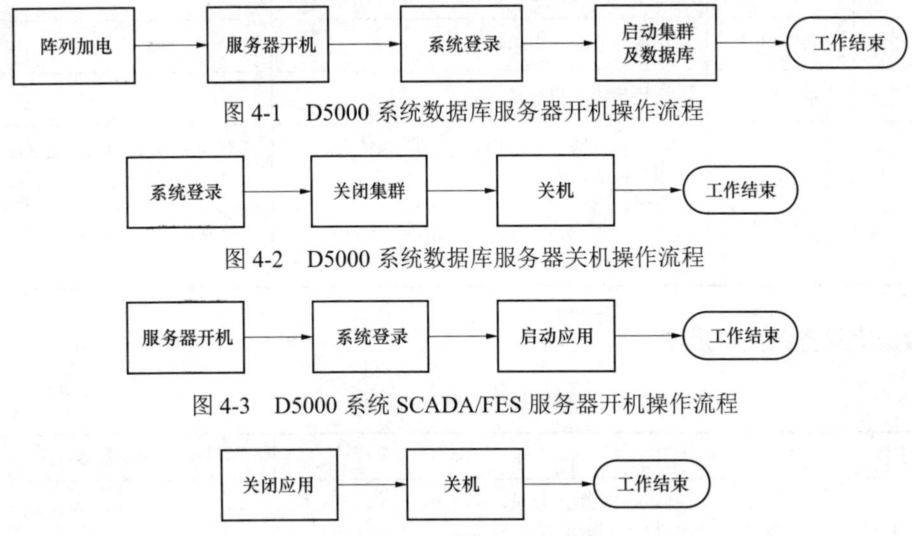


图 4-1　D5000 系统数据库服务器开机操作流程



图 4-2　D5000 系统数据库服务器关机操作流程



图 4-3　D5000 系统 SCADA/FES 服务器开机操作流程



图 4-4　D5000 系统 SCADA/FES 服务器关机操作流程

## 5 作业程序及作业标准

### 5.1 工作许可

工作票负责人会同工作票许可人检查工作票上所列安全措施是否正确完备，并在工作许可人完成施工现场的安全措施及一起现场核查无误后，与工作票许可人办理工作票许可手续。

### 5.2 开工检查（见表 4-7）

表 4-7　　开　工　检　查

| √ | 序号 | 内　容 | 标准及注意事项 |
|---|---|---|---|
| | 1 | 工作内容核对 | 核对本次工作的内容，一般包括：所有服务器启停还是部分服务器启停 |
| | 2 | 操作票检查 | 操作人与监护人一起检查操作票所列操作步骤是否正确完备 |
| | 3 | 检查系统各节点运行状态 | 记录各应用节点运行状态（见附录 A），保证各应用主备运行正常，方可开工 |
| | 4 | 工作分工及安全交底 | 开工前工作负责人检查所有作业人员是否正确使用劳保用品，并由工作负责人带领进入作业现场并在工作现场向所有作业人员详细交代作业任务、安全措施和安全注意事项、设备状态及人员分工，全体作业人员应明确作业范围、进度要求等内容，并在工作票的工作班成员签字栏内签名 |

### 5.3 作业项目与工艺标准

#### 5.3.1 数据库服务器开机操作（见表 4-8）

表 4-8　　数据库服务器开机操作

| √ | 序号 | 内容 | 标　准 | 注意事项 |
|---|---|---|---|---|
| | 1 | 阵列加电 | 加电后等待指示灯正常 | |
| | 2 | 服务器开机 | 服务器通电，自检后开机 | |
| | 3 | 系统登录 | 使用超级用户登录（root） | |
| | 4 | 启动集群及数据库 | 在两台机器上，分别以超级用户登录。<br>用户：root;<br>密码：****;<br>执行：#/etc/rc.d/init.d/openais start;<br>再进入另一台，执行相同命令 | 利用 Ps –ef \| Grep heartbeat 命令确认 ha 进程是否存在；利用 Ps –ef \| Grep dm 命令确定达梦服务是否存在；利用 Df –h 命令确认阵列已经被挂载 |

#### 5.3.2 数据库服务器关机操作（见表 4-9）

表 4-9　　数据库服务器关机操作

| √ | 序号 | 内容 | 标　准 | 注意事项 |
|---|---|---|---|---|
| | 1 | 系统登录 | 以 oracle 用户登录：<br>用户：oracle<br>密码：**** | |

续表

| √ | 序号 | 内容 | 标　准 | 注意事项 |
| --- | --- | --- | --- | --- |
|  | 2 | 关闭集群 | 在两台机器上，分别以超级用户登录。<br>先进入备机：<br>用户：root<br>密码：****<br>执行：#/etc/rc.d/init.d/openais stop<br>再进入主机，执行相同命令 | 利用 Ps –ef \| Grep heartbeat 命令确认 ha 进程没了；利用 Ps –ef \| Grep dm 命令确定达梦服务停止；利用 Df –h 命令确认阵列已经被卸载 |
|  | 3 | 关机 | 新开终端窗口，以超级用户登录：<br>用户：root<br>密码：****<br>输入#shutdown -h now，等待系统关闭（输入#shutdown -r now 则系统重新启动） |  |

### 5.3.3 SCADA/FES 服务器开机操作（见表 4-10）

表 4-10　　应用服务器开机操作

| √ | 序号 | 内容 | 标　准 | 注意事项 |
| --- | --- | --- | --- | --- |
|  | 1 | 服务器开机 | 接通电源，等待机器硬件自检完成；按下电源按钮，等待系统启动完毕 | 机器前面板上有灯在闪烁，方可开机 |
|  | 2 | 系统登录 | 在 kvm 上，选择简体中文登录。<br>用户：d5000<br>密码：**** |  |
|  | 3 | 启动应用 | 新开终端窗口，输入：sys_ctl start down 启动 D5000 系统，等待系统启动完毕。<br>同样的方法启另一台 SCADA/FES 服务器上的应用 | 必须在终端窗口中看到系统启动成功 |

### 5.3.4 SCADA/FES 服务器关机操作（见表 4-11）

表 4-11　　SCADA/FES 服务器关机操作

| √ | 序号 | 内容 | 标　准 | 注意事项 |
| --- | --- | --- | --- | --- |
|  | 1 | 关闭应用 | 新开终端窗口，输入：sys_ctl stop 等待应用停止完毕 | 必须看到应用停止成功的提示 |
|  | 2 | 关机 | 新开终端窗口，以超级用户登录：<br>用户：root<br>密码：****<br>输入#shutdown-h now，等待系统关闭（输入#shutdown -r now 则系统重新启动） |  |

## 5.4 作业完工（见表 4-12）

表 4-12　　作 业 完 工

| √ | 序号 | 内　容 |
| --- | --- | --- |
|  | 1 | 作业完成后，D5000 系统的状态与所需状态一致 |
|  | 2 | 对作业中发生的不安全因素进行反思，总结经验吸取教训 |

## 6　作业指导书执行情况评估（见表 4-13）

表 4-13　　　　　　　　　　　　作业指导书执行情况评估

| 评估内容 | 符合性 | 优 | | 可操作项 | |
|---|---|---|---|---|---|
| | | 良 | | 不可操作项 | |
| | 可操作性 | 优 | | 修改项 | |
| | | 良 | | 遗漏项 | |
| 存在问题 | | | | | |
| 改进意见 | | | | | |

## 7　作业记录

D5000 系统应用状态记录（见附录 A）。

# 附　录　A
## D5000 系统应用状态记录

| 序号 | 应用名 | 操作前 | | 操作后 | | 操作人/日期 | 监护人/日期 |
|---|---|---|---|---|---|---|---|
| 1 | FES 应用 | 主机 | 备机 | 主机 | 备机 | | |
| | | | | | | | |
| 2 | SCADA 应用 | 主机 | 备机 | 主机 | 备机 | | |
| | | | | | | | |
| 3 | PUBLIC 应用 | 主机 | 备机 | 主机 | 备机 | | |
| | | | | | | | |
| 4 | DATA_SRV 应用 | 主机 | 备机 | 主机 | 备机 | | |
| | | | | | | | |
| 5 | 商用数据库 | 主数据库 | 备数据库 | 主数据库 | 备数据库 | | |
| | | | | | | | |

编号：Q××××××××

# D5000 系统平台应用切换标准化作业指导书

编写：__________ ________年____月____日

审核：__________ ________年____月____日

批准：__________ ________年____月____日

作业负责人：________________

作业日期：______年____月____日____时至______年____月____日____时

国 网 浙 江 省 电 力 公 司

## 1 范围

本作业指导书适用于 D5000 系统平台应用切换的操作。

## 2 规范性引用文件

下列文件对于本文件的应用是必不可少的。凡是注日期的引用文件，仅注日期的版本适用于本文件；凡是不注日期的引用文件，其最新版本（包括所有的修改版）适用于本文件。

《电力监控系统安全防护管理规定》（国家发展和改革委员会令　第 14 号）

《智能电网调度技术支持系统》（Q/GDW 680—2011）

《地区智能电网调度技术支持系统应用功能规范》（Q/GDW Z461—2010）

《国家电网公司电力安全工作规程（变电部分）》（Q/GDW 1799.1—2013）

《国家电网公司电力调度自动化系统运行管理规定》（国家电网企管〔2014〕747 号）

《国家电网公司现场标准化作业指导书编制导则（试行）》（国家电网生〔2004〕503 号）

《国家电网公司关于加强安全生产工作的决定》（国家电网办〔2005〕474 号）

《国家电网公司关于开展现场标准化作业的指导意见》（国家电网生〔2006〕356 号）

《国家电网调度控制管理规程》（国家电网调〔2014〕1405 号）

《浙江电网自动化设备检修管理规定》（浙电调〔2012〕1039 号）

《浙江省电力系统调度控制管理规程》（浙电调〔2013〕954 号）

《浙江电网自动化主站“两票三制”管理规定（试行）》（浙电调字〔2009〕204 号）

## 3 作业前准备

### 3.1 准备工作安排（见表 4-14）

**表 4-14　　准备工作安排**

| √ | 序号 | 内　容 | 标　准 |
|---|---|---|---|
| | 1 | 根据本次作业项目、作业指导书，全体作业人员应熟悉作业内容、进度要求、作业标准、安全措施、危险点注意事项 | 要求所有作业人员都明确本次作业内容、进度要求、作业标准及安全措施、危险点注意事项 |
| | 2 | 根据现场工作时间和工作内容填写操作票 | 操作票应填写正确，并按《浙江电网自动化主站“两票三制”管理规定（试行）》相关部分执行 |
| | 3 | 作业人员应熟悉 D5000 系统事故处理应急预案 | 要求所有作业人员均能按预案处理事故，预案必须放置于值班台；<br>预案必须是及时按时修订的，具有可操作性。事故处理必须遵守《浙江电网自动化系统设备检修流程管理办法（试行）》及《浙江电力调度自动化系统运行管理规范》的规定 |

## 3.2 劳动组织（见表 4-15）

**表 4-15** 劳 动 组 织

| √ | 序号 | 人员名称 | 职 责 | 作业人数 |
|---|---|---|---|---|
| | 1 | 工作负责人（安全监护人） | 1）明确作业人员分工。<br>2）办理工作票，组织编制安全措施、技术措施，合理分配工作并组织实施。<br>3）工作前对工作人员交代安全事项，工作结束后总结经验与不足之处。<br>4）严格遵照安规对作业过程安全进行监护。<br>5）对现场作业危险源预控负有责任，负责落实防范措施。<br>6）对作业人员进行安全教育，督促工作人员遵守安规，检查工作票所载安全措施是否正确完备，安全措施是否符合现场实际条件 | 1 |
| | 2 | 技术负责人 | 1）对安装作业措施、技术指标进行指导。<br>2）指导现场工作人员严格按照本作业指导书进行工作，同时对不规范的行为进行制止。<br>3）可以由工作负责人或安装人员兼任 | 1 |
| | 3 | 作业人员 | 1）严格依照安规及作业指导书要求作业。<br>2）经过培训考试合格，对本项作业的质量、进度负有责任 | 根据需要，至少 1 人 |

## 3.3 作业人员要求（见表 4-16）

**表 4-16** 作 业 人 员 要 求

| √ | 序号 | 内 容 | 备注 |
|---|---|---|---|
| | 1 | 经年度安规考试合格 | |
| | 2 | 精神状态正常，无妨碍工作的病症，着装符合要求 | |
| | 3 | 经过调度自动化主站端维护上岗证培训，并考试合格 | |

## 3.4 技术资料（见表 4-17）

**表 4-17** 技 术 资 料

| √ | 序号 | 名 称 | 备注 |
|---|---|---|---|
| | 1 | D5000 系统应用切换技术手册 | |
| | 2 | D5000 系统使用手册——基础平台 | |

## 3.5 危险点分析及预控（见表 4-18）

**表 4-18** 危 险 点 分 析 及 预 控

| √ | 序号 | 内 容 | 预 控 措 施 |
|---|---|---|---|
| | 1 | 应用状态异常时切换会导致系统故障范围扩大 | 应用切换操作前，应仔细核对系统状态是否正常 |
| | 2 | 超出计划外的应用切换导致系统异常 | 必须严格按计划切换应用 |

续表

| √ | 序号 | 内　　容 | 预　控　措　施 |
|---|---|---|---|
| | 3 | 应用切换不成功导致系统异常 | 应用切换操作前，应仔细核对主备应用是否正常；<br>应用切换不成功不允许未经检查再次进行切换 |
| | 4 | 频繁切换导致系统异常 | 所有应用的切换间隔必须大于 5～10min |

## 3.6 主要安全措施（见表 4-19）

表 4-19　　主 要 安 全 措 施

| √ | 序号 | 内　　容 |
|---|---|---|
| | 1 | 核对系统的运行状态和方式 |
| | 2 | 切换被检修设备至备用状态，再次核对系统运行状态 |
| | 3 | 做好监护工作，防止错误应用切换 |
| | 4 | 严格按照操作步骤进行操作 |
| | 5 | 在工作区域放置警示标志 |
| | 6 | 检查设备供电电源的运行状态和方式 |

# 4 流程图

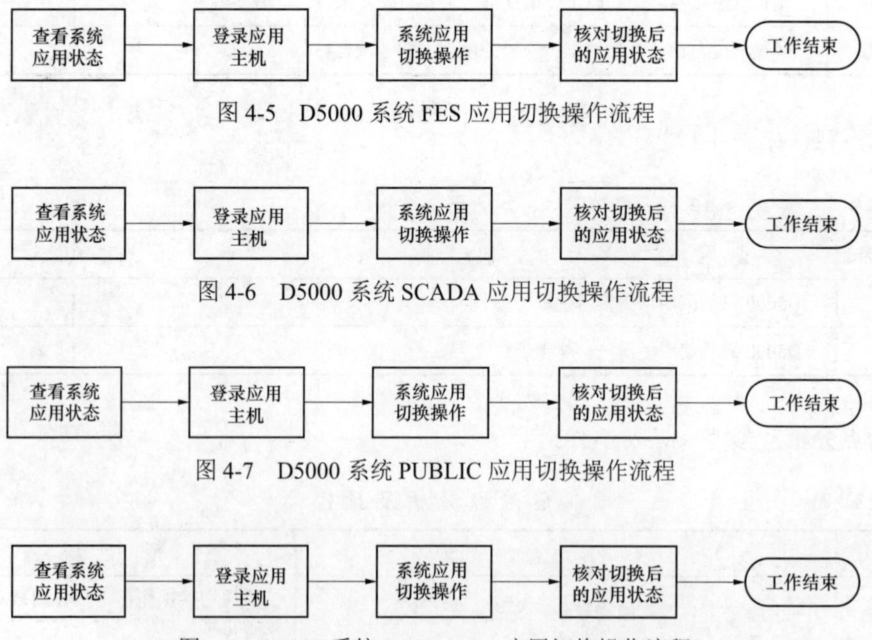


图 4-5　D5000 系统 FES 应用切换操作流程

图 4-6　D5000 系统 SCADA 应用切换操作流程

图 4-7　D5000 系统 PUBLIC 应用切换操作流程

图 4-8　D5000 系统 DATA_SRV 应用切换操作流程

## 5 作业程序及作业标准

### 5.1 工作许可

工作票负责人会同工作票许可人检查工作票上所列安全措施是否正确完备，并在工作许可人完成施工现场的安全措施及一起现场核查无误后，与工作票许可人办理工作票许可手续。

### 5.2 开工检查（见表 4-20）

表 4-20 开 工 检 查

| √ | 序号 | 内 容 | 标准及注意事项 |
|---|---|---|---|
| | 1 | 工作内容核对 | 明确本次工作的内容，一般包括：切换哪些应用、每个应用的主备节点分布 |
| | 2 | 操作票检查 | 操作人与监护人一起检查操作票所列操作步骤是否正确完备 |
| | 3 | 检查系统各节点运行状态 | 记录各应用节点运行状态（见附录 A），保证各应用主备运行正常，方可开工 |

### 5.3 作业项目与工艺标准

#### 5.3.1 D5000 系统 FES 应用切换流程操作（见表 4-21）

表 4-21 D5000 系统 FES 应用切换流程操作

| √ | 序号 | 内容 | 标 准 | 注意事项 |
|---|---|---|---|---|
| | 1 | 查看系统应用状态 | 查看应用状态。<br>方法一：在 D5000 服务器终端窗口执行 showservice 命令，在显示结果中查看各应用主备运行状态。<br>方法二：启动工作站的总控台，在系统管理界面中查看各应用主备运行状态 | |
| | 2 | 登录应用主机 | 登录要切换的应用所在的主机 | 使用系统管理界面切换应用可省略该步骤 |
| | 3 | 系统应用切换操作 | 方法一：终端方式下执行命令行 app_switch zjzd1-fes01 fes 3。<br>方法二：使用系统管理界面（sys_adm）进行应用切换 | 其中 zjzd1-fes01 为服务器名称，fes 是应用名，3 表示切为主机，如果切为备机则为 2 |
| | 4 | 核对切换后的应用状态 | 1. 应用状状态核对。<br>方法一：在 D5000 服务器终端窗口执行 showservice 命令。<br>方法二：启动工作站的总控台，在系统管理界面中查看各应用主备运行状态。<br>2. 应用功能核对。<br>在 fes_rdisp 界面中检查所有通道链接是否正常；在 fes_real 界面中检查数据刷新是否正常；核对遥控功能是否正常 | 做好切换后应用状态的记录（见附录 A） |

### 5.3.2 D5000 系统 SCADA 应用切换流程操作（见表 4-22）

表 4-22　　D5000 系统 SCADA 应用切换流程操作

| √ | 序号 | 内容 | 标　准 | 注意事项 |
|---|---|---|---|---|
| | 1 | 查看系统应用状态 | 方法一：在 D5000 服务器终端窗口执行 showservice 命令，在显示结果中查看各应用主备运行状态。<br>方法二：启动工作站的总控台，在系统管理界面中查看各应用主备运行状态 | |
| | 2 | 登录应用主机 | 登录要切换的应用所在的主机 | 使用系统管理界面切换应用可省略该步骤 |
| | 3 | 系统应用切换操作 | 方法一：终端方式执行命令 app_switch zjzd1-sca01 scada 3。<br>方法二：使用系统管理界面（sys_adm）进行应用切换 | 其中 zjzd1-sca01 为服务器名称，scada 是应用名，3 表示切为主机，如果切为备机则为 2 |
| | 4 | 核对切换后的应用状态 | 1. 应用状态核对。<br>方法一：在 D5000 服务器终端窗口执行 showservice 命令。<br>方法二：启动工作站的总控台，在系统管理界面中查看各应用主备运行状态。<br>2. 应用功能核对。<br>可查看一次接线图、总加数据刷新是否正常，核对遥控功能是否正常等 | 做好切换后应用状态的记录（附录） |

### 5.3.3 D5000 系统 PUBLIC 应用切换流程操作（见表 4-23）

表 4-23　　D5000 系统 PUBLIC 应用切换流程操作

| √ | 序号 | 内容 | 标　准 | 注意事项 |
|---|---|---|---|---|
| | 1 | 查看系统应用状态 | 方法一：在 D5000 服务器终端窗口执行 showservice 命令，在显示结果中查看各应用主备运行状态。<br>方法二：启动工作站的总控台，在系统管理界面中查看各应用主备运行状态 | |
| | 2 | 登录应用主机 | 登录要切换的应用所在的主机 | 使用系统管理界面切换应用可省略该步骤 |
| | 3 | 系统应用切换操作 | 方法一：终端方式执行命令 app_switch zjzd1-agc01 public 3。<br>方法二：使用系统管理界面（sys_adm）进行应用切换 | 其中 zjzd1-agc01 为服务器名称，public 是应用名，3 表示切为主机，如果切为备机则为 2 |
| | 4 | 核对切换后的应用状态 | 1. 应用状态核对。<br>方法一：在 D5000 服务器终端窗口执行 showservice 命令。<br>方法二：启动工作站的总控台，在系统管理界面中查看各应用主备运行状态。<br>2. 应用功能核对。<br>查看工作站数据刷新、告警等是否正常 | 做好切换后应用状态的记录（见附录 A） |

### 5.3.4 D5000 系统 DATA_SRV 应用切换流程操作（见表 4-24）

**表 4-24　　D5000 系统 DATA_SRV 应用切换流程操作**

| √ | 序号 | 内容 | 标　准 | 注意事项 |
|---|---|---|---|---|
| | 1 | 查看系统应用状态 | 方法一：在 D5000 服务器终端窗口执行 showservice 命令，在显示结果中查看各应用主备运行状态。<br>方法二：启动工作站的总控台，在系统管理界面中查看各应用主备运行状态 | |
| | 2 | 登录应用主机 | 登录要切换的应用所在的主机 | 使用系统管理界面切换应用可省略该步骤 |
| | 3 | 系统应用切换操作 | 方法一：终端方式执行命令 app_switch zjzd1-sca01 data_srv 3。<br>方法二：使用系统管理界面（sys_adm）进行应用切换 | 其中 zjzd1-sca01 为服务器名称，data_srv 是应用，3 表示切为主机，如果切为备机则为 2 |
| | 4 | 核对切换后的应用状态 | 1. 应用状态核对。<br>方法一：在 D5000 服务器终端窗口执行 showservice 命令。<br>方法二：启动工作站的总控台，在系统管理界面中查看各应用主备运行状态。<br>2. 应用功能核对。<br>打开 DBI 界面，能否正常读取商用库数据 | 做好切换后应用状态的记录（见附录 A） |

## 5.4 作业完工（见表 4-25）

**表 4-25　　作 业 完 工**

| √ | 序号 | 内　容 |
|---|---|---|
| | 1 | 作业完成后，核对 D5000 系统的应用状态是否与计划一致 |
| | 2 | 对作业中发生的不安全因素进行反思，总结经验吸取教训 |

## 6 作业指导书执行情况评估（见表 4-26）

**表 4-26　　作业指导书执行情况评估**

| 评估内容 | 符合性 | 优 | | 可操作项 | |
|---|---|---|---|---|---|
| | | 良 | | 不可操作项 | |
| | 可操作性 | 优 | | 修改项 | |
| | | 良 | | 遗漏项 | |
| 存在问题 | | | | | |
| 改进意见 | | | | | |

## 7 作业记录

D5000 系统平台应用状态记录（见附录 A）。

# 附 录 A

## D5000系统平台应用状态记录

| 序号 | 应用名 | 操作前 | | 操作后 | | 操作人/日期 | 监护人/日期 |
|---|---|---|---|---|---|---|---|
| 1 | FES 应用 | 主机 | 备机 | 主机 | 备机 | | |
| | | | | | | | |
| 2 | SCADA 应用 | 主机 | 备机 | 主机 | 备机 | | |
| | | | | | | | |
| 3 | PUBLIC 应用 | 主机 | 备机 | 主机 | 备机 | | |
| | | | | | | | |
| 4 | DATA_SRV 应用 | 主机 | 备机 | 主机 | 备机 | | |
| | | | | | | | |
| 5 | 商用数据库 | 主数据库 | 备数据库 | 主数据库 | 备数据库 | | |
| | | | | | | | |

编号：Q×××××××

# D5000 系统备份与恢复
# 标准化作业指导书

编写：__________ ________年____月____日

审核：__________ ________年____月____日

批准：__________ ________年____月____日

作业负责人：________________

作业日期：______年____月____日____时至______年____月____日____时

国 网 浙 江 省 电 力 公 司

## 1 范围

本作业指导书适用于 D5000 系统由于计划工作、故障处理等作业所涉及的数据备份与恢复操作。

## 2 规范性引用文件

下列文件对于本文件的应用是必不可少的。凡是注日期的引用文件，仅注日期的版本适用于本文件；凡是不注日期的引用文件，其最新版本（包括所有的修改版）适用于本文件。

《电力监控系统安全防护管理规定》（国家发展和改革委员会令 第 14 号）

《智能电网调度技术支持系统》（Q/GDW 680—2011）

《地区智能电网调度技术支持系统应用功能规范》（Q/GDW Z461—2010）

《国家电网公司电力安全工作规程（变电部分）》（Q/GDW 1799.1—2013）

《国家电网公司电力调度自动化系统运行管理规定》（国家电网企管〔2014〕747 号）

《国家电网公司现场标准化作业指导书编制导则（试行）》（国家电网生〔2004〕503 号）

《国家电网公司关于加强安全生产工作的决定》（国家电网办〔2005〕474 号）

《国家电网公司关于开展现场标准化作业的指导意见》（国家电网生〔2006〕356 号）

《国家电网调度控制管理规程》（国家电网调〔2014〕1405 号）

《浙江电网自动化设备检修管理规定》（浙电调〔2012〕1039 号）

《浙江省电力系统调度控制管理规程》（浙电调〔2013〕954 号）

《浙江电网自动化主站“两票三制”管理规定（试行）》（浙电调字〔2009〕204 号）

## 3 作业前准备

### 3.1 准备工作安排（见表 4-27）

表 4-27 准备工作安排

| √ | 序号 | 内容 | 标准 |
|---|---|---|---|
| | 1 | 根据本次作业项目、作业指导书，全体作业人员应熟悉作业内容、进度要求、作业标准、安全措施、危险点注意事项 | 要求所有作业人员都明确本次作业内容、进度要求、作业标准及安全措施、危险点注意事项 |
| | 2 | 根据现场工作时间和工作内容填写操作票 | 操作票应填写正确，并按《浙江电网自动化主站“两票三制”管理规定（试行）》相关部分执行 |
| | 3 | 作业人员应熟悉 D5000 系统事故处理应急预案 | 要求所有作业人员均能按预案处理事故，预案必须放置于值班台；<br>预案必须是及时按时修订的，具有可操作性。事故处理必须遵守《浙江电网自动化系统设备检修流程管理办法（试行）》及《浙江电力调度自动化系统运行管理规范》的规定 |

## 3.2 劳动组织（见表 4-28）

表 4-28 劳 动 组 织

| √ | 序号 | 人员名称 | 职　　责 | 作业人数 |
|---|---|---|---|---|
| | 1 | 工作负责人（安全监护人） | 1）明确作业人员分工。<br>2）办理工作票，组织编制安全措施、技术措施，合理分配工作并组织实施。<br>3）工作前对工作人员交代安全事项，工作结束后总结经验与不足之处。<br>4）严格遵照安规对作业过程安全进行监护。<br>5）对现场作业危险源预控负有责任，负责落实防范措施。<br>6）对作业人员进行安全教育，督促工作人员遵守安规，检查工作票所载安全措施是否正确完备，安全措施是否符合现场实际条件 | 1 |
| | 2 | 技术负责人 | 1）对安装作业措施、技术指标进行指导。<br>2）指导现场工作人员严格按照本作业指导书进行工作，同时对不规范的行为进行制止。<br>3）可以由工作负责人或安装人员兼任 | 1 |
| | 3 | 作业人员 | 1）严格依照安规及作业指导书要求作业。<br>2）经过培训考试合格，对本项作业的质量、进度负有责任 | 根据需要，至少 1 人 |

## 3.3 作业人员要求（见表 4-29）

表 4-29 作 业 人 员 要 求

| √ | 序号 | 内　　容 | 备注 |
|---|---|---|---|
| | 1 | 经年度安规考试合格 | |
| | 2 | 精神状态正常，无妨碍工作的病症，着装符合要求 | |
| | 3 | 经过调度自动化主站端维护上岗证培训，并考试合格 | |

## 3.4 技术资料（见表 4-30）

表 4-30 技 术 资 料

| √ | 序号 | 名　　称 | 备注 |
|---|---|---|---|
| | 1 | D5000 系统备份恢复技术手册 | |
| | 2 | D5000 系统使用手册——基础平台 | |

## 3.5 危险点分析及预控（见表 4-31）

表 4-31 危 险 点 分 析 及 预 控

| √ | 序号 | 内　　容 | 预 控 措 施 |
|---|---|---|---|
| | 1 | 在数据备份或恢复过程中非正常断电，导致系统损坏 | 在数据备份和恢复过程中确保供电电源正常供电 |
| | 2 | 数据恢复时找错数据源，导致正常数据丢失 | 在数据恢复进行操作前，仔细核对数据源信息 |

续表

| √ | 序号 | 内　　容 | 预 控 措 施 |
|---|---|---|---|
| | 3 | 由于操作顺序的疏忽使系统不能正常工作 | 严格按照操作步骤进行 |

## 3.6 主要安全措施（见表 4-32）

表 4-32　　主 要 安 全 措 施

| √ | 序号 | 内　　容 |
|---|---|---|
| | 1 | 核查服务器电源是否为双电源，且供电电源正常 |
| | 2 | 做好监护工作，防止错误数据的备份和恢复 |
| | 3 | 严格按照操作步骤进行操作 |
| | 4 | 工作时，不得误碰与工作无关的运行设备 |
| | 5 | 在工作区域放置警示标志 |

# 4 流程图

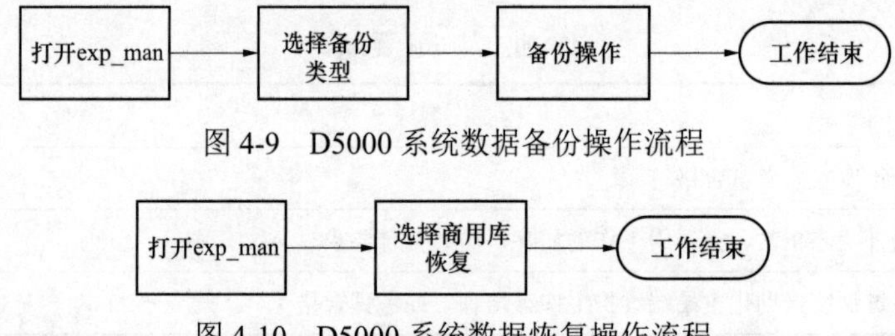


图 4-9　D5000 系统数据备份操作流程

图 4-10　D5000 系统数据恢复操作流程

# 5 作业程序及作业标准

## 5.1 工作许可

工作票负责人会同工作票许可人检查工作票上所列安全措施是否正确完备，并在工作许可人完成施工现场的安全措施及一起现场核查无误后，与工作票许可人办理工作票许可手续。

## 5.2 开工检查（见表 4-33）

表 4-33　　开 工 检 查

| √ | 序号 | 内　　容 | 标准及注意事项 |
|---|---|---|---|
| | 1 | 工作内容核对 | 核对本次工作的内容 |
| | 2 | 操作票检查 | 操作人与监护人一起检查操作票所列操作步骤是否正确完备 |
| | 3 | 检查系统各节点运行状态 | 记录各应用节点运行状态（见附录 A），保证各应用主备运行正常，方可开工 |

## 5.3 作业项目与工艺标准

### 5.3.1 D5000 系统数据备份操作（见表 4-34）

表 4-34　　D5000 系统数据备份操作

| √ | 序号 | 内容 | 标准 | 注意事项 |
|---|---|---|---|---|
| | 1 | 打开 exp_man | 在服务器上打开 exp_man | 需要在能直接连接数据库的机器上打开 exp_man 一般使用 DATA_SRV 机器 |
| | 2 | 选择备份类型 | 选择全库备份或模型备份 | |
| | 3 | 全库备份 | 全库全数据备份：<br>备份商用库中全部的用户自定义对象和数据表结构，导出全部数据。<br>带模型数据备份：<br>备份商用库中全部的用户自定义对象和数据表结构，导出模型数据。<br>空库库结构备份：<br>备份商用库中全部的用户自定义对象和数据表结构，不导出表数据。<br>不带库结构备份：<br>备份商用库中全部模型数据、采样数据和告警数据，不导出库结构 | |
| | 4 | 模型备份 | 选择需要备份的表后，单击“开始备份”按钮 | |

### 5.3.2 D5000 系统数据恢复操作（见表 4-35）

表 4-35　　D5000 系统数据恢复操作

| √ | 序号 | 内容 | 标　准 | 注意事项 |
|---|---|---|---|---|
| | 1 | 打开 exp_man | 在服务器上打开 exp_man | 在备份文件所在的机器上打开 |
| | 2 | 选择商用库恢复 | 首先，单击界面底部“打开描述文件”按钮，选择需要的数据文件；然后，选择目标数据库（商用库主机或备机），再单击“开始数据恢复”按钮，进行商用库的恢复 | |

## 5.4 作业完工（见表 4-36）

表 4-36　　作　业　完　工

| √ | 序号 | 内　容 |
|---|---|---|
| | 1 | 作业完成后，核对 D5000 系统的应用状态是否与计划一致 |
| | 2 | 对作业中发生的不安全因素进行反思，总结经验吸取教训 |

## 6 作业指导书执行情况评估（见表 4-37）

**表 4-37　　　　作业指导书执行情况评估**

| 评估内容 | 符合性 | 优 | | 可操作项 | |
|---|---|---|---|---|---|
| | | 良 | | 不可操作项 | |
| | 可操作性 | 优 | | 修改项 | |
| | | 良 | | 遗漏项 | |
| 存在问题 | | | | | |
| 改进意见 | | | | | |

## 7 作业记录

D5000 系统应用状态记录（见附录 A）。

# 附　录　A
# D5000 系统应用状态记录

| 序号 | 应用名 | 操作前 | | 操作后 | | 操作人/日期 | 监护人/日期 |
|---|---|---|---|---|---|---|---|
| 1 | FES 应用 | 主机 | 备机 | 主机 | 备机 | | |
| | | | | | | | |
| 2 | SCADA 应用 | 主机 | 备机 | 主机 | 备机 | | |
| | | | | | | | |
| 3 | PUBLIC 应用 | 主机 | 备机 | 主机 | 备机 | | |
| | | | | | | | |
| 4 | DATA_SRV 应用 | 主机 | 备机 | 主机 | 备机 | | |
| | | | | | | | |
| 5 | 商用数据库 | 主数据库 | 备数据库 | 主数据库 | 备数据库 | | |
| | | | | | | | |

编号：Q×××××××

# D5000系统服务器及阵列硬盘更换标准化作业指导书

编写：__________ ________年____月____日

审核：__________ ________年____月____日

批准：__________ ________年____月____日

作业负责人：________________

作业日期：______年____月____日____时至______年____月____日____时

国 网 浙 江 省 电 力 公 司

## 1 范围

本作业指导书适用于D5000系统日常运行过程中由于冗余硬件故障所涉及的故障部件的更换作业，包括支持热插拔的服务器电源、服务器及阵列硬盘等不涉及系统启停的设备更换作业。

## 2 规范性引用文件

下列文件对于本文件的应用是必不可少的。凡是注日期的引用文件，仅注日期的版本适用于本文件；凡是不注日期的引用文件，其最新版本（包括所有的修改版）适用于本文件。

《电力监控系统安全防护管理规定》（国家发展和改革委员会令 第14号）

《智能电网调度技术支持系统》（Q/GDW 680—2011）

《地区智能电网调度技术支持系统应用功能规范》（Q/GDW Z461—2010）

《国家电网公司电力安全工作规程（变电部分）》（Q/GDW 1799.1—2013）

《国家电网公司电力调度自动化系统运行管理规定》（国家电网企管〔2014〕747号）

《国家电网公司现场标准化作业指导书编制导则（试行）》（国家电网生〔2004〕503 号）

《国家电网公司关于加强安全生产工作的决定》（国家电网办〔2005〕474号）

《国家电网公司关于开展现场标准化作业的指导意见》（国家电网生〔2006〕356号）

《国家电网调度控制管理规程》（国家电网调〔2014〕1405号）

《浙江电网自动化设备检修管理规定》（浙电调〔2012〕1039号）

《浙江省电力系统调度控制管理规程》（浙电调〔2013〕954号）

《浙江电网自动化主站“两票三制”管理规定（试行）》（浙电调字〔2009〕204号）

## 3 作业前准备

### 3.1 准备工作安排（见表4-38）

表4-38 准备工作安排

| √ | 序号 | 内容 | 标准 |
|---|---|---|---|
| | 1 | 根据本次作业项目、作业指导书，全体作业人员应熟悉作业内容、进度要求、作业标准、安全措施、危险点注意事项 | 要求所有作业人员都明确本次作业内容、进度要求、作业标准及安全措施、危险点注意事项 |
| | 2 | 根据需要，准备好施工所需的备品备件、调试设备、材料、工器具及相关技术资料 | 备品备件、调试设备、工器具应试验合格，满足本次施工要求，材料应齐全，图纸资料应符合现场实际 |
| | 3 | 根据现场工作时间和工作内容填写工作票 | 工作票应填写正确，并按《国家电网公司电力安全工作规程（变电部分）》和《浙江电网自动化主站“两票三制”管理规定（试行）》相关部分执行 |
| | 4 | 作业人员应熟悉 D5000 系统事故处理应急预案 | 要求所有作业人员均能按预案处理事故，预案必须放置于值班台；<br>预案必须是及时按时修订的，具有可操作性。事故处理必须遵守《浙江电网自动化系统设备检修流程管理办法（试行）》及《浙江电力调度自动化系统运行管理规范》的规定 |

## 3.2 劳动组织（见表 4-39）

表 4-39　　劳 动 组 织

| √ | 序号 | 人员名称 | 职　责 | 作业人数 |
| --- | --- | --- | --- | --- |
| | 1 | 工作负责人（安全监护人） | 1）明确作业人员分工。<br>2）办理工作票，组织编制安全措施、技术措施，合理分配工作并组织实施。<br>3）工作前对工作人员交代安全事项，工作结束后总结经验与不足之处。<br>4）严格遵照安规对作业过程安全进行监护。<br>5）对现场作业危险源预控负有责任，负责落实防范措施。<br>6）对作业人员进行安全教育，督促工作人员遵守安规，检查工作票所载安全措施是否正确完备，安全措施是否符合现场实际条件 | 1 |
| | 2 | 技术负责人 | 1）对安装作业措施、技术指标进行指导。<br>2）指导现场工作人员严格按照本作业指导书进行工作，同时对不规范的行为进行制止。<br>3）可以由工作负责人或安装人员兼任 | 1 |
| | 3 | 作业人员 | 1）严格依照安规及作业指导书要求作业。<br>2）经过培训考试合格，对本项作业的质量、进度负有责任 | 根据需要，至少 1 人 |

## 3.3 作业人员要求（见表 4-40）

表 4-40　　作 业 人 员 要 求

| √ | 序号 | 内　容 | 备注 |
| --- | --- | --- | --- |
| | 1 | 经年度安规考试合格 | |
| | 2 | 精神状态正常，无妨碍工作的病症，着装符合要求 | |
| | 3 | 经过调度自动化主站端维护上岗证培训，并考试合格 | |

## 3.4 技术资料（见表 4-41）

表 4-41　　技 术 资 料

| √ | 序号 | 名　称 | 备注 |
| --- | --- | --- | --- |
| | 1 | D5000 系统硬件维护技术手册 | |
| | 2 | D5000 系统使用手册——基础平台 | |

## 3.5 危险点分析及预控（见表 4-42）

表 4-42　　危 险 点 分 析 及 预 控

| √ | 序号 | 内　容 | 预 控 措 施 |
| --- | --- | --- | --- |
| | 1 | 误碰其他运行部件导致系统异常 | 加强工作监护，防止误碰其他部件或设备 |
| | 2 | 更换了有问题的部件导致系统异常 | 必须保证备品备件型号正确、功能正常 |
| | 3 | 更换部件配置不正常所引起的系统异常 | 加强更换部件配置正确性检查 |

续表

| √ | 序号 | 内　　容 | 预　控　措　施 |
|---|---|---|---|
| | 4 | 线缆插错，导致系统功能异常 | 更换前应做好线缆标识并记录相应端口位置，避免插错 |

## 3.6　主要安全措施（见表 4-43）

表 4-43　　主 要 安 全 措 施

| √ | 序号 | 内　　容 |
|---|---|---|
| | 1 | 工作地点置“在此工作”标示牌 |
| | 2 | 用红布将作业设备与相邻设备区隔 |
| | 3 | 作业设备（或部件所在主机）置为备用状态 |
| | 4 | 做好线缆（串口线）标识，并记录相应端口位置 |
| | 5 | 工作时，不得误碰与工作无关的运行设备 |

# 4　流程图

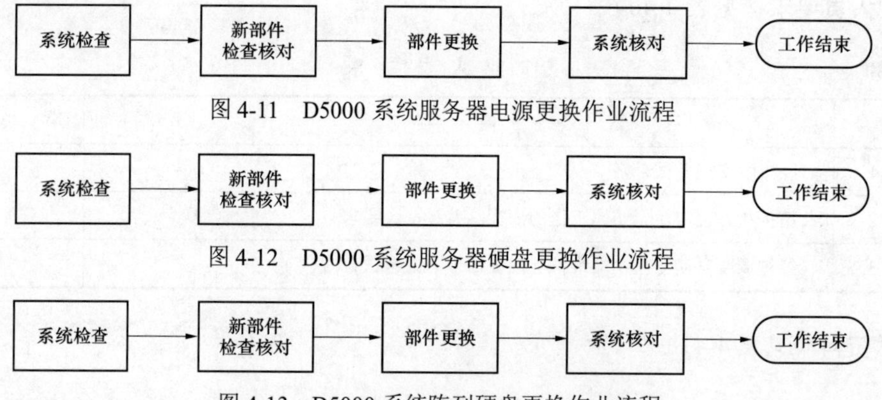


图 4-11　D5000 系统服务器电源更换作业流程

图 4-12　D5000 系统服务器硬盘更换作业流程

图 4-13　D5000 系统阵列硬盘更换作业流程

# 5　作业程序及作业标准

## 5.1　工作许可

工作票负责人会同工作票许可人检查工作票上所列安全措施是否正确完备，并在工作许可人完成施工现场的安全措施及一起现场核查无误后，与工作票许可人办理工作票许可手续。

## 5.2　开工检查（见表 4-44）

表 4-44　　开　工　检　查

| √ | 序号 | 内　　容 | 标准及注意事项 |
|---|---|---|---|
| | 1 | 工作内容核对 | 核对本次工作的内容，一般包括：要更换的故障部件 |
| | 2 | 备品备件及工器具检查 | 检查备品备件及工器具是否满足工作要求 |

续表

| √ | 序号 | 内　容 | 标准及注意事项 |
|---|---|---|---|
|  | 3 | 工作分工及安全交底 | 开工前工作负责人检查所有作业人员是否正确使用劳保用品，并由工作负责人带领进入作业现场并在工作现场向所有作业人员详细交代作业任务、安全措施和安全注意事项、设备状态及人员分工，全体作业人员应明确作业范围、进度要求等内容，并在工作票的工作班成员签字栏内签名 |

## 5.3 作业项目与工艺标准

### 5.3.1 D5000 系统服务器电源更换（见表 4-45）

**表 4-45　D5000 系统服务器电源更换作业**

| √ | 序号 | 内容 | 标　准 | 注意事项 |
|---|---|---|---|---|
|  | 1 | 系统检查 | 1）查看服务器前面板指示灯及电源模块指示灯，以确定故障电源模块。<br>2）通过 showservice 命令或查看系统管理界面，查看系统应用运行情况，并确定故障电源所在服务器上运行的应用为备用状态 | 若发现系统应用运行异常，则必须处理相应缺陷，待系统运行正常后再进行下一步操作；若故障电源所在服务器上运行的应用为主用状态，则应通知工作许可人将该主机的应用切换为备用状态，具体操作见 D5000 系统应用切换作业指导书 |
|  | 2 | 新部件检查核对 | 准备一只型号与故障电源一样的新电源模块 |  |
|  | 3 | 部件更换 | 1）拔出故障电源模块的电源线。<br>2）拔出故障电源模块。<br>3）插入新的电源模块。<br>4）将电源线插入新的电源模块 | 操作时防止部件拔错及误碰其他运行部件或设备；新电源应卡紧并安装到位 |
|  | 4 | 系统核对 | 1）查看服务器前面板指示灯及新的电源模块指示灯是否正常。<br>2）查看系统日志，电源故障告警是否消除 |  |

### 5.3.2 D5000 系统服务器硬盘更换作业（见表 4-46）

**表 4-46　D5000 系统服务器硬盘更换作业**

| √ | 序号 | 内容 | 标　准 | 注意事项 |
|---|---|---|---|---|
|  | 1 | 系统检查 | 1）查看服务器前面板指示灯及硬盘指示灯，以确定故障硬盘。<br>2）确定故障硬盘做了 RAID1 或 RAID5，且可热插拔。<br>3）通过 showservice 命令或查看系统管理界面，查看系统应用运行情况，并确定故障硬盘所在服务器上运行的应用为备用状态 | 若发现系统应用运行异常，则必须处理相应缺陷，待系统运行正常后再进行下一步操作；若故障硬盘所在服务器上运行的应用为主用状态，则应通知工作许可人将该主机的应用切换为备用状态，具体操作见 D5000 系统应用切换作业指导书 |
|  | 2 | 新部件检查核对 | 准备一只型号与故障硬盘一样的新硬盘 |  |
|  | 3 | 部件更换 | 拔出故障硬盘并插入新硬盘 | 操作时防止硬盘拔错及误碰其他运行部件或设备；新硬盘应卡紧并安装到位 |

续表

| √ | 序号 | 内容 | 标　准 | 注意事项 |
|---|---|---|---|---|
| | 4 | 系统核对 | 1）查看服务器前面板指示灯及新的硬盘指示灯是否正常。<br>2）查看硬盘同步是否完成。<br>3）通过 df –k 命令检查服务器逻辑卷是否正常 | |

### 5.3.3　D5000 系统阵列硬盘更换作业（见表 4-47）

**表 4-47　　D5000 系统阵列硬盘更换作业**

| √ | 序号 | 内容 | 标　准 | 注意事项 |
|---|---|---|---|---|
| | 1 | 系统检查 | 查看阵列前面板指示灯及硬盘指示灯，以确定故障硬盘 | 若发现系统应用运行异常，则必须处理相应缺陷，待系统运行正常后再进行下一步操作 |
| | 2 | 新部件检查核对 | 准备一只型号与故障硬盘一样的新硬盘 | |
| | 3 | 部件更换 | 拔出故障硬盘并插入新硬盘 | 操作时防止硬盘拔错及误碰其他运行部件或设备；新硬盘应卡紧并安装到位 |
| | 4 | 系统核对 | 1）查看阵列前面板指示灯及新的硬盘指示灯是否正常。<br>2）查看新硬盘同步是否正常。<br>3）通过＃lsvg –o 命令查看阵列是否正常 | |

### 5.4　作业完工（见表 4-48）

**表 4-48　　作　业　完　工**

| √ | 序号 | 内　容 |
|---|---|---|
| | 1 | 核对新装部件功能是否正常 |
| | 2 | 恢复安全措施，严格按现场安全技术措施中所做的安全技术措施恢复，恢复后经双方（工作人员及验收人员）核对无误 |
| | 3 | 全体工作班人员清扫、整理现场，清点工具及回收材料 |
| | 4 | 工作负责人周密检查施工现场，检查施工现场是否有遗留的工具、材料 |
| | 5 | 工作负责人在工作票上详细记录工作完成情况、遗留问题、结论意见等 |
| | 6 | 经值班员验收合格，并在工作票上签字后，办理工作票终结手续 |

## 6　作业指导书执行情况评估（见表 4-49）

**表 4-49　　作业指导书执行情况评估**

| 评估内容 | 符合性 | 优 | | 可操作项 | |
|---|---|---|---|---|---|
| | | 良 | | 不可操作项 | |

续表

<table>
<tr><td rowspan="2"></td><td rowspan="2">可操作性</td><td>优</td><td></td><td>修改项</td><td></td></tr>
<tr><td>良</td><td></td><td>遗漏项</td><td></td></tr>
<tr><td>存在问题</td><td colspan="5"></td></tr>
<tr><td>改进意见</td><td colspan="5"></td></tr>
</table>

## 7 作业记录

D5000 系统应用状态记录（见附录 A）。

## 附 录 A
## D5000 系统应用状态记录

<table>
<tr><th>序号</th><th>应用名</th><th colspan="2">操作前</th><th colspan="2">操作后</th><th>操作人/日期</th><th>监护人/日期</th></tr>
<tr><td rowspan="2">1</td><td rowspan="2">FES 应用</td><td>主机</td><td>备机</td><td>主机</td><td>备机</td><td></td><td></td></tr>
<tr><td></td><td></td><td></td><td></td><td></td><td></td></tr>
<tr><td rowspan="2">2</td><td rowspan="2">SCADA 应用</td><td>主机</td><td>备机</td><td>主机</td><td>备机</td><td></td><td></td></tr>
<tr><td></td><td></td><td></td><td></td><td></td><td></td></tr>
<tr><td rowspan="2">3</td><td rowspan="2">PUBLIC 应用</td><td>主机</td><td>备机</td><td>主机</td><td>备机</td><td></td><td></td></tr>
<tr><td></td><td></td><td></td><td></td><td></td><td></td></tr>
<tr><td rowspan="2">4</td><td rowspan="2">DATA_SRV 应用</td><td>主机</td><td>备机</td><td>主机</td><td>备机</td><td></td><td></td></tr>
<tr><td></td><td></td><td></td><td></td><td></td><td></td></tr>
<tr><td rowspan="2">5</td><td rowspan="2">商用数据库</td><td>主数据库</td><td>备数据库</td><td>主数据库</td><td>备数据库</td><td></td><td></td></tr>
<tr><td></td><td></td><td></td><td></td><td></td><td></td></tr>
</table>

编号：Q×××××××

# D5000 系统通道板及终端服务器更换标准化作业指导书

编写：__________ ________年____月____日

审核：__________ ________年____月____日

批准：__________ ________年____月____日

作业负责人：________________

作业日期：______年____月____日____时至______年____月____日____时

国 网 浙 江 省 电 力 公 司

## 1 范围

本作业指导书适用于 D5000 系统日常运行过程中由于冗余硬件故障所涉及的故障部件的更换作业，包括终端服务器、通道板、网络交换机等不涉及系统启停的设备更换作业。

## 2 规范性引用文件

下列文件对于本文件的应用是必不可少的。凡是注日期的引用文件，仅注日期的版本适用于本文件；凡是不注日期的引用文件，其最新版本（包括所有的修改版）适用于本文件。

《电力监控系统安全防护管理规定》（国家发展和改革委员会令 第 14 号）

《智能电网调度技术支持系统》（Q/GDW 680—2011）

《地区智能电网调度技术支持系统应用功能规范》（Q/GDW Z461—2010）

《国家电网公司电力安全工作规程（变电部分）》（Q/GDW 1799.1—2013）

《国家电网公司电力调度自动化系统运行管理规定》（国家电网企管〔2014〕747 号）

《国家电网公司现场标准化作业指导书编制导则（试行）》（国家电网生〔2004〕503 号）

《国家电网公司关于加强安全生产工作的决定》（国家电网办〔2005〕474 号）

《国家电网公司关于开展现场标准化作业的指导意见》（国家电网生〔2006〕356 号）

《国家电网调度控制管理规程》（国家电网调〔2014〕1405 号）

《浙江电网自动化设备检修管理规定》（浙电调〔2012〕1039 号）

《浙江省电力系统调度控制管理规程》（浙电调〔2013〕954 号）

《浙江电网自动化主站“两票三制”管理规定（试行）》（浙电调字〔2009〕204 号）

## 3 作业前准备

### 3.1 准备工作安排（见表 4-50）

表 4-50 准备工作安排

| √ | 序号 | 内容 | 标准 |
|---|---|---|---|
| | 1 | 根据本次作业项目、作业指导书，全体作业人员应熟悉作业内容、进度要求、作业标准、安全措施、危险点注意事项 | 要求所有作业人员都明确本次作业内容、进度要求、作业标准及安全措施、危险点注意事项 |
| | 2 | 根据需要，准备好施工所需的备品备件、调试设备、材料、工器具及相关技术资料 | 备品备件、调试设备、工器具应试验合格，满足本次施工要求，材料应齐全，图纸资料应符合现场实际 |
| | 3 | 根据现场工作时间和工作内容填写工作票 | 工作票应填写正确，并按《国家电网公司电力安全工作规程（变电部分）》和《浙江电网自动化主站“两票三制”管理规定（试行）》相关部分执行 |
| | 4 | 作业人员应熟悉 D5000 系统事故处理应急预案 | 要求所有作业人员均能按预案处理事故，预案必须放置于值班台；<br>预案必须是及时按时修订的，具有可操作性。事故处理必须遵守《浙江电网自动化系统设备检修流程管理办法（试行）》及《浙江电力调度自动化系统运行管理规范》的规定 |

## 3.2 劳动组织（见表 4-51）

表 4-51　劳 动 组 织

| √ | 序号 | 人员名称 | 职　责 | 作业人数 |
|---|---|---|---|---|
| | 1 | 工作负责人（安全监护人） | 1）明确作业人员分工。<br>2）办理工作票，组织编制安全措施、技术措施，合理分配工作并组织实施。<br>3）工作前对工作人员交代安全事项，工作结束后总结经验与不足之处。<br>4）严格遵照安规对作业过程安全进行监护。<br>5）对现场作业危险源预控负有责任，负责落实防范措施。<br>6）对作业人员进行安全教育，督促工作人员遵守安规，检查工作票所载安全措施是否正确完备，安全措施是否符合现场实际条件 | 1 |
| | 2 | 技术负责人 | 1）对安装作业措施、技术指标进行指导。<br>2）指导现场工作人员严格按照本作业指导书进行工作，同时对不规范的行为进行制止。<br>3）可以由工作负责人或安装人员兼任 | 1 |
| | 3 | 作业人员 | 1）严格依照安规及作业指导书要求作业。<br>2）经过培训考试合格，对本项作业的质量、进度负有责任 | 根据需要，至少 1 人 |

## 3.3 作业人员要求（见表 4-52）

表 4-52　作 业 人 员 要 求

| √ | 序号 | 内　容 | 备注 |
|---|---|---|---|
| | 1 | 经年度安规考试合格 | |
| | 2 | 精神状态正常，无妨碍工作的病症，着装符合要求 | |
| | 3 | 经过调度自动化主站端维护上岗证培训，并考试合格 | |

## 3.4 技术资料（见表 4-53）

表 4-53　技 术 资 料

| √ | 序号 | 名　称 | 备注 |
|---|---|---|---|
| | 1 | D5000 系统硬件维护技术手册 | |
| | 2 | D5000 系统使用手册——基础平台 | |

## 3.5 危险点分析及预控（见表 4-54）

表 4-54　危 险 点 分 析 及 预 控

| √ | 序号 | 内　容 | 预 控 措 施 |
|---|---|---|---|
| | 1 | 误碰其他运行部件导致系统异常 | 加强工作监护，防止误碰其他部件或设备 |
| | 2 | 更换了有问题的部件导致系统异常 | 必须保证备品备件型号正确、功能正常 |
| | 3 | 更换部件配置不正常所引起的系统异常 | 加强更换部件配置正确性检查 |

续表

| √ | 序号 | 内　容 | 预 控 措 施 |
|---|---|---|---|
| | 4 | 线缆插错，导致系统功能异常 | 更换前应做好线缆标识并记录相应端口位置，避免插错 |

## 3.6 主要安全措施（见表 4-55）

表 4-55　　主 要 安 全 措 施

| √ | 序号 | 内　容 |
|---|---|---|
| | 1 | 工作地点置“在此工作”标示牌 |
| | 2 | 用红布将作业设备与相邻设备区隔 |
| | 3 | 作业设备（或部件所在主机）置为备用状态 |
| | 4 | 做好线缆（串口线）标识，并记录相应端口位置 |
| | 5 | 工作时，不得误碰与工作无关的运行设备 |

# 4 流程图

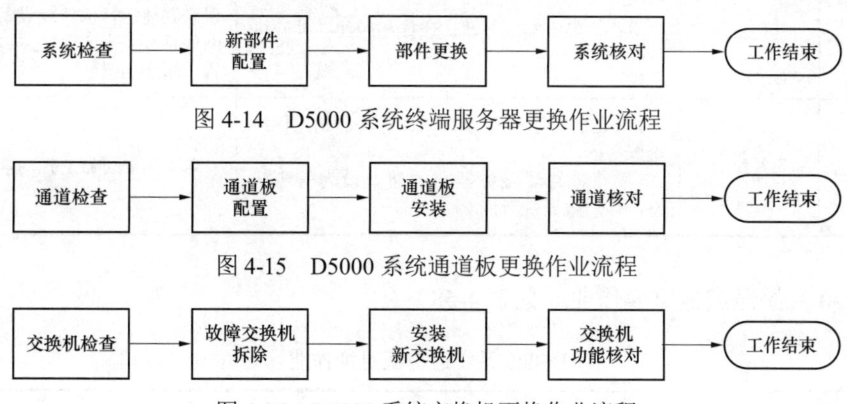


图 4-14　D5000 系统终端服务器更换作业流程



图 4-15　D5000 系统通道板更换作业流程



图 4-16　D5000 系统交换机更换作业流程

# 5 作业程序及作业标准

## 5.1 工作许可

工作票负责人会同工作票许可人检查工作票上所列安全措施是否正确完备，并在工作许可人完成施工现场的安全措施及一起现场核查无误后，与工作票许可人办理工作票许可手续。

## 5.2 开工检查（见表 4-56）

表 4-56　　开 工 检 查

| √ | 序号 | 内　容 | 标准及注意事项 |
|---|---|---|---|
| | 1 | 工作内容核对 | 核对本次工作的内容，一般包括要更换的故障部件 |
| | 2 | 备品备件及工器具检查 | 检查备品备件及工器具是否满足工作要求 |

续表

| √ | 序号 | 内　容 | 标准及注意事项 |
|---|---|---|---|
| | 3 | 工作分工及安全交底 | 开工前工作负责人检查所有作业人员是否正确使用劳保用品，并由工作负责人带领进入作业现场并在工作现场向所有作业人员详细交代作业任务、安全措施和安全注意事项、设备状态及人员分工，全体作业人员应明确作业范围、进度要求等内容，并在工作票的工作班成员签字栏内签名 |

## 5.3 作业项目与工艺标准

### 5.3.1 D5000 系统终端服务器更换作业（见表 4-57）

**表 4-57　D5000 系统终端服务器更换作业**

| √ | 序号 | 内容 | 标　准 | 注意事项 |
|---|---|---|---|---|
| | 1 | 系统检查 | 通过查看终端服务器面板指示及在前置机上 ping 终端服务器 IP 以确定故障终端服务器 | 必须清晰确定故障终端服务器，严禁发生误诊断 |
| | 2 | 新部件配置 | 准备一台新的 D5000 系统兼容的终端服务器，并配置 IP 地址 | IP 地址根据需要可配双网，地址应与故障部件一致 |
| | 3 | 部件更换 | 更换故障终端服务器，连接相应线缆并开机 | 操作时应防止终端服务器拆错及误碰其他运行部件或设备；串口线及网线应做好标识并记录相应端口位置，防止插错 |
| | 4 | 系统核对 | 1）在前置上重启 INIT_TS 进程，初始化终端服务器。<br>2）将该终端服务器上的通道设为值班状态，核对数据刷新情况 | 若有需要可做遥控功能试验 |

### 5.3.2 D5000 系统通道板更换作业（见表 4-58）

**表 4-58　D5000 系统通道板更换作业**

| √ | 序号 | 内容 | 标　准 | 注意事项 |
|---|---|---|---|---|
| | 1 | 通道检查 | 通过观察通道板指示灯及查看 fes_rdisp 通道码显示，确定要更换的通道板是哪个厂站的通道及位于哪个槽位 | |
| | 2 | 通道板配置 | 拔出故障通道板，准备一块型号与故障通道板一样的通道板，将新的通道板上的相关跳线配置成与故障通道板一样。主要涉及同步/异步、中心频偏、波特率、发送电平、接收电平等参数 | 只有模拟板需跳线，数字板无需跳线 |
| | 3 | 通道板安装 | 将新通道板插入故障通道板所在的槽位 | 必须将通道板卡紧 |
| | 4 | 通道核对 | 1）查看通道板显示灯是否正常。<br>2）查看 fes_rdisp 中该厂站通道码是否正常。<br>3）将该通道切换了值班通道，在工作站检查 show_real 中该厂站数据刷新是否正常 | 若有遥控功能，还应做遥控功能试验，检查遥控功能是否正常 |

### 5.3.3 D5000 系统交换机更换作业（见表 4-59）

表 4-59　　D5000 系统交换机更换作业

| √ | 序号 | 内容 | 标　准 | 注意事项 |
|---|---|---|---|---|
| | 1 | 交换机检查 | 查看交换机告警指示灯，并在服务器上通过 ping 交换机网关地址的可达性以确定要更换的前置交换机 | 前置网必须在前置机上 ping |
| | 2 | 故障交换机拆除 | 拆除故障前置交换机 | 拆除时不要影响其他运行设备 |
| | 3 | 安装新交换机 | 将新的交换机安装到相应位置，并将原先的网线插入相应的端口，然后开机 | 新的交换机一般只需将所有端口配置成一个 VLAN（虚拟局域网），相当于一个 HUB（集线器）；做好网线标志，记录网线对应的端口，避免插错 |
| | 4 | 交换机功能核对 | 1）查看新的交换机面板显示及端口显示。<br>2）在服务器上通过 ping 交换机网关地址检查该网段可达性。<br>3）若是前置交换机，则应将部分网络通道切换到该网段值班，检查数据刷新情况 | |

## 5.4 作业完工（见表 4-60）

表 4-60　　作 业 完 工

| √ | 序号 | 内　　容 |
|---|---|---|
| | 1 | 核对新装部件功能是否正常 |
| | 2 | 恢复安全措施，严格按现场安全技术措施中所做的安全技术措施恢复，恢复后经双方（工作人员及验收人员）核对无误 |
| | 3 | 全体工作班人员清扫、整理现场，清点工具及回收材料 |
| | 4 | 工作负责人周密检查施工现场，检查施工现场是否有遗留的工具、材料 |
| | 5 | 工作负责人在工作票上详细记录工作完成情况、遗留问题、结论意见等 |
| | 6 | 经值班员验收合格，并在工作票上签字后，办理工作票终结手续 |

# 6 作业指导书执行情况评估（见表 4-61）

表 4-61　　作业指导书执行情况评估

| 评估内容 | 符合性 | 优 | | 可操作项 | |
|---|---|---|---|---|---|
| | | 良 | | 不可操作项 | |
| | 可操作性 | 优 | | 修改项 | |
| | | 良 | | 遗漏项 | |
| 存在问题 | | | | | |
| 改进意见 | | | | | |

## 7 作业记录

D5000 系统应用状态记录（见附录 A）。

### 附 录 A
### D5000 系统应用状态记录

| 序号 | 应用名 | 操作前 | | 操作后 | | 操作人/日期 | 监护人/日期 |
|---|---|---|---|---|---|---|---|
| 1 | FES 应用 | 主机 | 备机 | 主机 | 备机 | | |
| | | | | | | | |
| 2 | SCADA 应用 | 主机 | 备机 | 主机 | 备机 | | |
| | | | | | | | |
| 3 | PUBLIC 应用 | 主机 | 备机 | 主机 | 备机 | | |
| | | | | | | | |
| 4 | DATA_SRV 应用 | 主机 | 备机 | 主机 | 备机 | | |
| | | | | | | | |
| 5 | 商用数据库 | 主数据库 | 备数据库 | 主数据库 | 备数据库 | | |
| | | | | | | | |

编号：Q×××××××

# D5000 系统日常巡视
# 标准化作业指导书

编写：__________ ________年____月____日

审核：__________ ________年____月____日

批准：__________ ________年____月____日

作业负责人：________________

作业日期：______年____月____日____时至______年____月____日____时

国 网 浙 江 省 电 力 公 司

## 1 范围

本作业指导书适用于 D5000 系统日常巡视作业，是对系统运行状态及常规运行指标的巡视。

## 2 规范性引用文件

下列文件对于本文件的应用是必不可少的。凡是注日期的引用文件，仅注日期的版本适用于本文件；凡是不注日期的引用文件，其最新版本（包括所有的修改版）适用于本文件。

《电力监控系统安全防护管理规定》（国家发展和改革委员会令 第 14 号）
《智能电网调度技术支持系统》（Q/GDW 680—2011）
《地区智能电网调度技术支持系统应用功能规范》（Q/GDW Z461—2010）
《国家电网公司电力安全工作规程（变电部分）》（Q/GDW 1799.1—2013）
《国家电网公司电力调度自动化系统运行管理规定》（国家电网企管〔2014〕747 号）
《国家电网公司现场标准化作业指导书编制导则（试行）》（国家电网生〔2004〕503 号）
《国家电网公司关于加强安全生产工作的决定》（国家电网办〔2005〕474 号）
《国家电网公司关于开展现场标准化作业的指导意见》（国家电网生〔2006〕356 号）
《国家电网调度控制管理规程》（国家电网调〔2014〕1405 号）
《浙江电网自动化设备检修管理规定》（浙电调〔2012〕1039 号）
《浙江省电力系统调度控制管理规程》（浙电调〔2013〕954 号）
《浙江电网自动化主站"两票三制"管理规定（试行）》（浙电调字〔2009〕204 号）

## 3 作业前准备

### 3.1 准备工作安排（见表 4-62）

表 4-62　准备工作安排

| √ | 序号 | 内　容 | 标　准 |
|---|---|---|---|
| | 1 | 根据本次作业项目、作业指导书，全体作业人员应熟悉作业内容、进度要求、作业标准、安全措施、危险点注意事项 | 要求所有作业人员都明确本次作业内容、进度要求、作业标准及安全措施、危险点注意事项 |
| | 2 | 作业人员应熟悉 D5000 系统事故处理应急预案 | 要求所有作业人员均能按预案处理事故，预案必须放置于值班台；<br>预案必须是及时按时修订的，具有可操作性。事故处理必须遵守《浙江电网自动化系统设备检修流程管理办法（试行）》及《浙江电力调度自动化系统运行管理规范》的规定 |

### 3.2 作业人员要求（见表 4-63）

表 4-63　作业人员要求

| √ | 序号 | 内　容 | 备注 |
|---|---|---|---|
| | 1 | 经年度安规考试合格 | |

续表

| √ | 序号 | 内　　容 | 备注 |
|---|---|---|---|
| | 2 | 精神状态正常，无妨碍工作的病症，着装符合要求 | |
| | 3 | 经过调度自动化主站端维护上岗证培训，并考试合格 | |

### 3.3　技术资料（见表 4-64）

表 4-64　　技　术　资　料

| √ | 序号 | 名　　称 | 备注 |
|---|---|---|---|
| | 1 | D5000 系统日常巡视技术手册 | |
| | 2 | D5000 系统使用手册——基础平台 | |

### 3.4　危险点分析及预控（见表 4-65）

表 4-65　　危险点分析及预控

| √ | 序号 | 内　　容 | 预　控　措　施 |
|---|---|---|---|
| | 1 | 巡视有漏项 | 加强作业完整性 |
| | 2 | 巡视记录有误或不完整 | 详细记录巡视结果 |
| | 3 | 巡视时发现缺陷未及时汇报 | 发现缺陷及时汇报 |

## 4　流程图

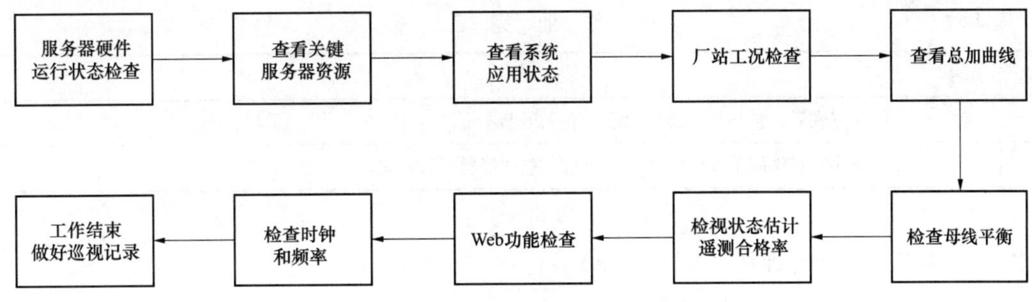


图 4-17　D5000 系统日常巡视流程

## 5　作业程序及作业标准

### 5.1　D5000 系统日常巡视（见表 4-66）

表 4-66　　D5000 系统日常巡视

| √ | 序号 | 内容 | 标　　准 | 注意事项 |
|---|---|---|---|---|
| | 1 | 服务器硬件运行状态检查 | 检查服务器前置面板有无告警灯闪烁 | 详细检查所有服务器，避免遗漏 |

续表

| √ | 序号 | 内容 | 标　准 | 注意事项 |
|---|---|---|---|---|
| | 2 | 查看关键服务器资源 | 查看 FES、SCADA、AGC、AVC、WAMS、WAMS_FES、调度计划、数据库、Web 服务器硬盘及 CPU 有无越限。通过资源列表查看当前状态，通过告警查询历史告警记录 | |
| | 3 | 查看系统应用状态 | 1. 查看状态。<br>方法一：在服务器器上执行 ss 命令。<br>方法二：查看系统管理界面中的应用状态。<br>2. 查看告警 | 关注当日应用及进程投退历史告警 |
| | 4 | 厂站工况检查 | 查看厂站通道图及通道告警列表 | 应关注是否有厂站频繁投退现象 |
| | 5 | 查看总加曲线 | 查看总加曲线图、计划值、转发数据、数据刷新 | 查看是否有数据刷新不正常等现象 |
| | 6 | 检查母线平衡 | 查看平衡曲线图或母线平衡表 | 发现数据不平衡，具体分析错误数据并做相应的处理 |
| | 7 | 检视状态估计遥测合格率 | 记录状态估计遥测合格率 | 状态估计遥测合格率应能实时刷新 |
| | 8 | Web 功能检查 | 登录 Web 服务器，查看模型同步、数据刷新是否正常 | |
| | 9 | 检查时钟和频率 | 记录总控台左侧的系统时钟及频率是否正常 | 时钟及频率应实时刷新 |

注　日常巡视每天若干次，将巡视结果记入值班日志或日常巡视记录（见附录 A），发现异常应及时处理。

## 5.2 作业完工（见表 4-67）

**表 4-67　　作　业　完　工**

| √ | 序号 | 内　容 |
|---|---|---|
| | 1 | 作业完成后，详细核对巡视记录，有无遗漏 |
| | 2 | 对作业中发生的不安全因素进行反思，总结经验吸取教训 |

# 6 作业指导书执行情况评估（见表 4-68）

**表 4-68　　作业指导书执行情况评估**

| 评估内容 | 符合性 | 优 | | 可操作项 | |
|---|---|---|---|---|---|
| | | 良 | | 不可操作项 | |
| | 可操作性 | 优 | | 修改项 | |
| | | 良 | | 遗漏项 | |
| 存在问题 | | | | | |
| 改进意见 | | | | | |

## 7 作业纪录

D5000 系统日常巡视记录（见附录 A）。

# 附 录 A
# D5000 系统日常巡视记录

| 服务器硬件运行状态 | 服务器资源占用 | 系统应用状态 | 厂站工况 | WEB |
|---|---|---|---|---|
| Zjzd1-fes01<br>Zjzd1-fes02<br>Zjzd1-fes03<br>Zjzd1-fes04<br>Zjzd1-sca01<br>Zjzd1-sca02<br>Zjzd1-agc01<br>Zjzd1-agc02<br>Zjzd1-his01<br>Zjzd1-his02<br>Zjzd1-avc01<br>Zjzd1-avc02<br>Zjzd1-pas01<br>Zjzd1-pas02<br>Zjzd1-wams01<br>Zjzd1-wams02<br>Zjzd1-wfes01<br>Zjzd1-wfes02<br>Zjzd2-ops01<br>Zjzd2-ops02<br>Zjzd2-ops03<br>Zjzd2-ops04<br>Zjzd2-ops05 | CPU 内存 硬盘<br>Zjzd1-fes01<br>Zjzd1-fes02<br>Zjzd1-fes03<br>Zjzd1-fes04<br>Zjzd1-sca01<br>Zjzd1-sca02<br>Zjzd1-agc01<br>Zjzd1-agc02<br>Zjzd1-his01<br>Zjzd1-his02<br>Zjzd1-avc01<br>Zjzd1-avc02<br>Zjzd1-pas01<br>Zjzd1-pas02<br>Zjzd1-wams01<br>Zjzd1-wams02<br>Zjzd1-wfes01<br>Zjzd1-wfes02<br>Zjzd2-ops01<br>Zjzd2-ops02<br>Zjzd2-ops03<br>Zjzd2-ops04<br>Zjzd2-ops05 | FES<br>SCADA<br>DATA_SRV | | Zjzd3-web01<br>Zjzd3-web02 |
| 总加曲线 | 母线平衡 | 报表 | 时钟和频率 | PAS |
| | | | | 状态估计收敛<br>遥测估计合格率 |

巡视时间：______________ 巡视人：____________

编号：Q×××××××

# D5000系统调度计划维护
# 标准化作业指导书

编写：__________ ________年____月____日

审核：__________ ________年____月____日

批准：__________ ________年____月____日

作业负责人：________________

作业日期：______年____月____日____时至______年____月____日____时

国 网 浙 江 省 电 力 公 司

## 1　范围

本作业指导书适用于 D5000 系统调度计划相关业务作业。

## 2　规范性引用文件

下列文件对于本文件的应用是必不可少的。凡是注日期的引用文件，仅注日期的版本适用于本文件；凡是不注日期的引用文件，其最新版本（包括所有的修改版）适用于本文件。

《电力监控系统安全防护管理规定》（国家发展和改革委员会令 第 14 号）

《智能电网调度技术支持系统》（Q/GDW 680—2011）

《地区智能电网调度技术支持系统应用功能规范》（Q/GDW Z461—2010）

《国家电网公司电力安全工作规程（变电部分）》（Q/GDW 1799.1—2013）

《国家电网公司电力调度自动化系统运行管理规定》（国家电网企管〔2014〕747 号）

《国家电网公司现场标准化作业指导书编制导则（试行）》（国家电网生〔2004〕503 号）

《国家电网公司关于加强安全生产工作的决定》（国家电网办〔2005〕474 号）

《国家电网公司关于开展现场标准化作业的指导意见》（国家电网生〔2006〕356 号）

《国家电网调度控制管理规程》（国家电网调〔2014〕1405 号）

《浙江电网自动化设备检修管理规定》（浙电调〔2012〕1039 号）

《浙江省电力系统调度控制管理规程》（浙电调〔2013〕954 号）

《浙江电网自动化主站“两票三制”管理规定（试行）》（浙电调字〔2009〕204 号）

## 3　作业前准备

### 3.1　准备工作安排（见表 4-69）

表 4-69　　准备工作安排

| √ | 序号 | 内　容 | 标　准 |
|---|---|---|---|
| | 1 | 了解当前调度计划运行情况，了解计划编制时段和本次维护影响范围 | 要求所有作业人员的维护操作需要得到调度计划编制人员的同意 |
| | 2 | 作业人员应熟悉 D5000 系统事故处理应急预案 | 要求所有作业人员均能按预案处理事故，预案必须放置于值班台；<br>预案必须是及时按时修订的，具有可操作性。事故处理必须遵守《浙江电网自动化系统设备检修流程管理办法（试行）》及《浙江电力调度自动化系统运行管理规范》的规定 |

### 3.2　劳动组织（见表 4-70）

表 4-70　　劳动组织

| √ | 序号 | 人员名称 | 职　责 | 作业人数 |
|---|---|---|---|---|
| | 1 | 工作负责人（安全监护人） | 1）明确作业人员分工。<br>2）办理工作票，组织编制安全措施、技术措施，合理分配工作并组织实施。 | 1 |

续表

| √ | 序号 | 人员名称 | 职　责 | 作业人数 |
|---|---|---|---|---|
| | 1 | 工作负责人（安全监护人） | 3）工作前对工作人员交代安全事项，工作结束后总结经验与不足之处。<br>4）严格遵照安规对作业过程安全进行监护。<br>5）对现场作业危险源预控负有责任，负责落实防范措施。<br>6）对作业人员进行安全教育，督促工作人员遵守安规，检查工作票所载安全措施是否正确完备，安全措施是否符合现场实际条件 | |
| | 2 | 技术负责人 | 1）对作业措施、技术指标进行指导。<br>2）指导现场工作人员严格按照本作业指导书进行工作，同时对不规范的行为进行制止。<br>3）可以由工作负责人或安装人员兼任 | 1 |
| | 3 | 作业人员 | 1）严格依照安规及作业指导书要求作业。<br>2）经过培训考试合格，对本项作业的质量、进度负有责任 | 根据需要，至少1人 |

## 3.3 作业人员要求（见表 4-71）

表 4-71　　作业人员要求

| √ | 序号 | 内　容 | 备注 |
|---|---|---|---|
| | 1 | 经年度安规考试合格 | |
| | 2 | 精神状态正常，无妨碍工作的病症，着装符合要求 | |
| | 3 | 经过调度自动化主站端维护上岗证培训，并考试合格 | |

## 3.4 技术资料（见表 4-72）

表 4-72　　技术资料

| √ | 序号 | 名　称 | 备注 |
|---|---|---|---|
| | 1 | D5000 系统调度计划维护技术手册 | |
| | 2 | D5000 系统使用手册——基础平台 | |

## 3.5 危险点分析及预控（见表 4-73）

表 4-73　　危险点分析及预控

| √ | 序号 | 内　容 | 预 控 措 施 |
|---|---|---|---|
| | 1 | 母线负荷预测节点维护导致母线负荷预测数据偏差较大 | 选择计划数据上报空闲时段，保证维护过程中不会有程序自动预测并上报，必要时可以停掉自动上报程序或者维护后重新上报一次 |
| | 2 | 新增经济机组不正确影响计划编制 | 新增前与计划人员确认新增的机组和机组生效时间 |

## 3.6 主要安全措施（见表 4-74）

表 4-74 主 要 安 全 措 施

| √ | 序号 | 内 容 |
|---|---|---|
| | 1 | 通知计划编制人员，做好沟通 |
| | 2 | 合理安排作业时段，避免维护过程中程序的自动预测并上报 |

# 4 流程图

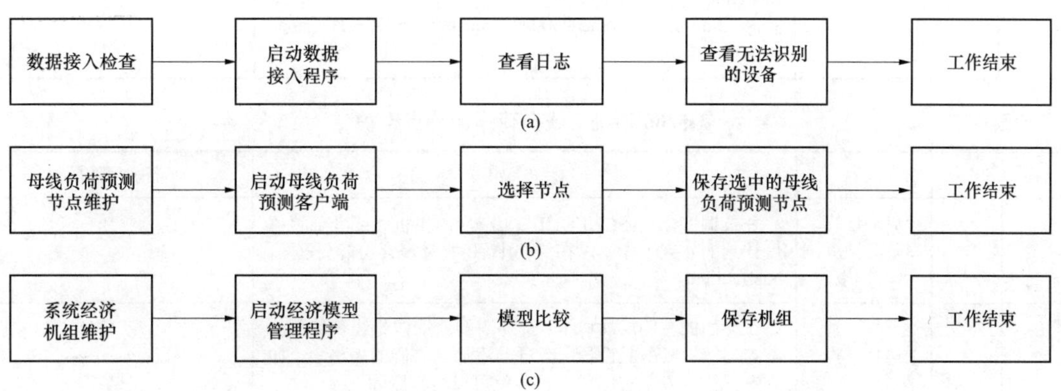


图 4-18 D5000 系统调度计划维护作业流程

（a）D5000 系统数据接入检查流程；（b）D5000 系统母线负荷预测节点维护流程；（c）D5000 系统经济机组维护流程

# 5 作业程序及作业标准

## 5.1 工作许可

工作票负责人会同工作票许可人检查工作票上所列安全措施是否正确完备，并在工作许可人完成施工现场的安全措施及一起现场核查无误后，与工作票许可人办理工作票许可手续。

## 5.2 开工检查（见表 4-75）

表 4-75 开 工 检 查

| √ | 序号 | 内 容 | 标准及注意事项 |
|---|---|---|---|
| | 1 | 工作内容核对 | 核对本次工作的内容，核对服务器的命名、IP 地址等 |
| | 2 | 服务器系统运行情况检查 | 检查服务器系统运行是否正常 |

## 5.3 作业项目与工艺标准（见表 4-76～表 4-78）

表 4-76 D5000 系统数据接入检查

| √ | 序号 | 内容 | 标 准 | 注意事项 |
|---|---|---|---|---|
| | 1 | 启动数据接入程序 | 登录调度计划主界面，单击数据准备界面中的“数据接收监视”按钮，或者在调度计划工作站或者服务器上的终端中，启动如下程序：mos_data_access_ctl –p1 –d1 | |

续表

| √ | 序号 | 内容 | 标　准 | 注意事项 |
|---|---|---|---|---|
| | 2 | 查看日志 | 选择界面左侧的“数据校验”菜单中的“日志查询”命令，在右侧的界面中选择需要查看的日期和需要查看的数据类型，然后单击“查询”按钮 | |
| | 3 | 查看无法识别设备 | 如果出现“…共*个无效…”字样，那么可以单击这一条记录，然后在下面的窗口中就会出现具体是哪些设备无法识别。出现这种情况时就要视情况修改相关设备名称或者修改配置文件：<br>zjzd2-ops01：/home/D50000/Zhejiang/conf/eco_unit_namemap.txt（经济机组）；<br>zjzd2-ops01：/home/D50000/Zhejiang/conf/DFEJH_name_map.txt（电厂） | |

表 4-77　　D5000 系统母线负荷预测节点维护

| √ | 序号 | 内容 | 标　准 | 注意事项 |
|---|---|---|---|---|
| | 1 | 启动母线负荷预测客户端 | 登录调度计划 SCHEDULE_LF 应用主机，或者部署调度计划的二区工作站，在终端中启动母线负荷预测程序：buslf_client | |
| | 2 | 选择节点 | 在界面的左侧层次树上，选择需要新增的母线负荷预测节点，然后双击此设备，会自动添加到右侧的表格中，如果选择错误双击右侧错误设备就可以将其删除 | |
| | 3 | 保存选中的母线负荷预测节点 | 单击“添加到母线负荷预测模型”按钮 | |

表 4-78　　D5000 系统经济机组维护

| √ | 序号 | 内容 | 标　准 | 注意事项 |
|---|---|---|---|---|
| | 1 | 启动经济模型管理程序 | 登录调度计划主界面，单击数据准备界面中的“经济模型管理”按钮，或者在调度计划工作站或者服务器上的终端中，启动如下程序：mos_model_main –user nari –tieline_type 0 –model_main_type 0 –display_log 1 | |
| | 2 | 模型比较 | 选择“模型管理”菜单中的“模型比较”命令，在弹出的界面中，勾选左侧需要比较的区域，然后单击“模型比较”按钮 | |
| | 3 | 保存机组 | 勾选需要新增的机组，然后单击“保存”按钮，在弹出的界面中选择生效时间和失效时间，或者选择默认时间 | |

## 5.4　作业完工（见表 4-79）

表 4-79　　作　业　完　工

| √ | 序号 | 内　容 |
|---|---|---|
| | 1 | 检查母线负荷预测程序是否可以正常预测 |
| | 2 | 重新发送数据，检查数据接入是否正常 |

续表

| √ | 序号 | 内　容 |
|---|---|---|
| | 3 | 在经济模型管理主界面，选择“模型管理”菜单中的“模型刷新”命令，然后在左侧层次树上查找是否已经正确添加该设备 |

## 6　作业指导书执行情况评估（见表 4-80）

**表 4-80**　　**作业指导书执行情况评估**

| 评估内容 | 符合性 | 优 | | 可操作项 | |
|---|---|---|---|---|---|
| | | 良 | | 不可操作项 | |
| | 可操作性 | 优 | | 修改项 | |
| | | 良 | | 遗漏项 | |
| 存在问题 | | | | | |
| 改进意见 | | | | | |

## 7　作业记录

D5000 系统应用状态记录（见附录 A）。

# 附　录　A
# D5000 系统应用状态记录

| 序号 | 应用名 | 操作前 | | 操作后 | | 操作人/日期 | 监护人/日期 |
|---|---|---|---|---|---|---|---|
| 1 | FES 应用 | 主机 | 备机 | 主机 | 备机 | | |
| | | | | | | | |
| 2 | SCADA 应用 | 主机 | 备机 | 主机 | 备机 | | |
| | | | | | | | |
| 3 | PUBLIC 应用 | 主机 | 备机 | 主机 | 备机 | | |
| | | | | | | | |
| 4 | DATA_SRV 应用 | 主机 | 备机 | 主机 | 备机 | | |
| | | | | | | | |
| 5 | 商用数据库 | 主数据库 | 备数据库 | 主数据库 | 备数据库 | | |
| | | | | | | | |

编号：Q××××××××

# D5000 系统安全校核维护
# 标准化作业指导书

编写：__________ ________年____月____日

审核：__________ ________年____月____日

批准：__________ ________年____月____日

作业负责人：________________

作业日期：______年____月____日____时至______年____月____日____时

国 网 浙 江 省 电 力 公 司

## 1 范围

本作业指导书适用于 D5000 系统安全校核相关业务作业。

## 2 规范性引用文件

下列文件对于本文件的应用是必不可少的。凡是注日期的引用文件，仅注日期的版本适用于本文件；凡是不注日期的引用文件，其最新版本（包括所有的修改版）适用于本文件。

《电力监控系统安全防护管理规定》（国家发展和改革委员会令　第 14 号）

《智能电网调度技术支持系统》（Q/GDW 680—2011）

《地区智能电网调度技术支持系统应用功能规范》（Q/GDW Z461—2010）

《国家电网公司电力安全工作规程（变电部分）》（Q/GDW 1799.1—2013）

《国家电网公司电力调度自动化系统运行管理规定》（国家电网企管〔2014〕747 号）

《国家电网公司现场标准化作业指导书编制导则（试行）》（国家电网生〔2004〕503 号）

《国家电网公司关于加强安全生产工作的决定》（国家电网办〔2005〕474 号）

《国家电网公司关于开展现场标准化作业的指导意见》（国家电网生〔2006〕356 号）

《国家电网调度控制管理规程》（国家电网调〔2014〕1405 号）

《浙江电网自动化设备检修管理规定》（浙电调〔2012〕1039 号）

《浙江省电力系统调度控制管理规程》（浙电调〔2013〕954 号）

《浙江电网自动化主站“两票三制”管理规定（试行）》（浙电调字〔2009〕204 号）

## 3 作业前准备

### 3.1 准备工作安排（见表 4-81）

表 4-81　　准备工作安排

| √ | 序号 | 内　容 | 标　准 |
|---|---|---|---|
|  | 1 | 了解当前安全校核运行情况，了解计划编制时段和本次维护影响范围 | 要求所有作业人员的操作需要得到安全校核编制人员的同意，在获取同意之后选择空闲时段维护 |
|  | 2 | 作业人员应熟悉 D5000 系统事故处理应急预案 | 要求所有作业人员均能按预案处理事故，预案必须放置于值班台；<br>预案必须是及时按时修订的，具有可操作性。事故处理必须遵守《浙江电网自动化系统设备检修流程管理办法（试行）》及《浙江电力调度自动化系统运行管理规范》的规定 |

### 3.2 劳动组织（见表 4-82）

表 4-82　　劳动组织

| √ | 序号 | 人员名称 | 职　责 | 作业人数 |
|---|---|---|---|---|
|  | 1 | 工作负责人（安全监护人） | 1）明确作业人员分工。<br>2）办理工作票，组织编制安全措施、技术措施，合理分配工作并组织实施。<br>3）工作前对工作人员交代安全事项，工作结束后总结经验与不足之处。 | 1 |

续表

| √ | 序号 | 人员名称 | 职　　责 | 作业人数 |
|---|---|---|---|---|
| | 1 | 工作负责人（安全监护人） | 4）严格遵照安规对作业过程安全进行监护。<br>5）对现场作业危险源预控负有责任，负责落实防范措施。<br>6）对作业人员进行安全教育，督促工作人员遵守安规，检查工作票所载安全措施是否正确完备，安全措施是否符合现场实际条件 | |
| | 2 | 技术负责人 | 1）对作业措施、技术指标进行指导。<br>2）指导现场工作人员严格按照本作业指导书进行工作，同时对不规范的行为进行制止。<br>3）可以由工作负责人或安装人员兼任 | 1 |
| | 3 | 作业人员 | 1）严格依照安规及作业指导书要求作业。<br>2）经过培训考试合格，对本项作业的质量、进度负有责任 | 根据需要，至少1人 |

## 3.3 作业人员要求（见表 4-83）

**表 4-83　　作 业 人 员 要 求**

| √ | 序号 | 内　　容 | 备注 |
|---|---|---|---|
| | 1 | 经年度安规考试合格 | |
| | 2 | 精神状态正常，无妨碍工作的病症，着装符合要求 | |
| | 3 | 经过调度自动化主站端维护上岗证培训，并考试合格 | |

## 3.4 技术资料（见表 4-84）

**表 4-84　　技 术 资 料**

| √ | 序号 | 名　　称 | 备注 |
|---|---|---|---|
| | 1 | D5000 系统安全校核技术手册 | |
| | 2 | D5000 系统使用手册——基础平台 | |

## 3.5 危险点分析及预控（见表 4-85）

**表 4-85　　危 险 点 分 析 及 预 控**

| √ | 序号 | 内　　容 | 预 控 措 施 |
|---|---|---|---|
| | 1 | 母线负荷预测节点维护导致母线负荷预测数据偏差较大 | 选择计划数据上报空闲时段，保证维护过程中不会有程序自动预测并上报，必要时可以停掉自动上报程序或者维护后重新上报一次 |

## 3.6 主要安全措施（见表 4-86）

**表 4-86　　主 要 安 全 措 施**

| √ | 序号 | 内　　容 |
|---|---|---|
| | 1 | 通知安全校核人员，做好沟通 |

## 4 流程图

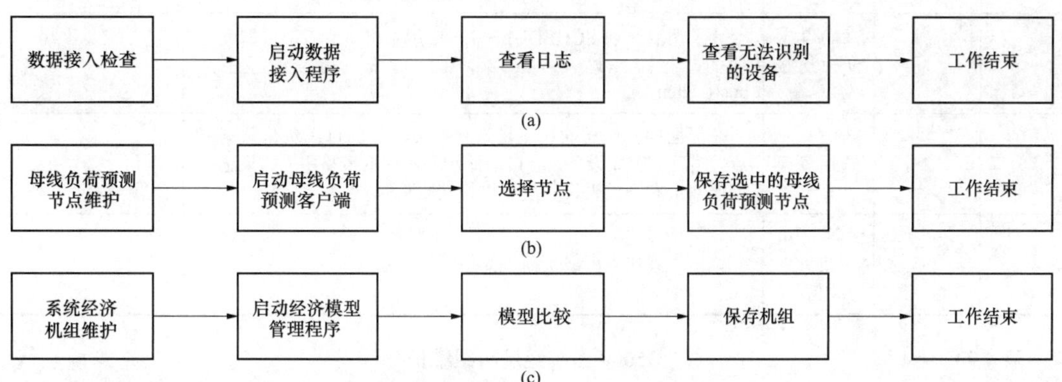


图 4-19 D5000 系统安全校核维护作业流程

（a）D5000 系统数据接入检查流程；（b）D5000 系统母线负荷预测节点维护流程；（c）D5000 系统经济机组维护流程

## 5 作业程序及作业标准

### 5.1 工作许可

工作票负责人会同工作票许可人检查工作票上所列安全措施是否正确完备，并在工作许可人完成施工现场的安全措施及一起现场核查无误后，与工作票许可人办理工作票许可手续。

### 5.2 开工检查（见表 4-87）

**表 4-87　开 工 检 查**

| √ | 序号 | 内　　容 | 标准及注意事项 |
|---|---|---|---|
| | 1 | 工作内容核对 | 核对本次工作的内容，核对服务器的命名、IP 地址等 |
| | 2 | 服务器系统运行情况检查 | 检查服务器系统运行是否正常 |

### 5.3 作业项目与工艺标准（见表 4-88～表 4-90）

**表 4-88　D5000 系统数据接入检查**

| √ | 序号 | 内容 | 标　　准 | 注意事项 |
|---|---|---|---|---|
| | 1 | 启动数据接入程序 | 登录调度计划主界面，单击数据准备界面中的“数据接收监视”按钮，或者在调度计划工作站或者服务器上的终端中，启动如下程序：mos_data_access_ctl-p1-d1 | |
| | 2 | 查看日志 | 选择界面左侧的“数据校验”菜单中的“日志查询”命令，在右侧的界面中选择需要查看的日期和需要查看的数据类型，然后单击“查询”按钮 | |
| | 3 | 查看无法识别的设备 | 如果出现“…共*个无效…”字样，那么可以单击这一条记录，然后在下面的窗口中就会出现具体是哪些设备无法识别。出现这种情况时就要视情况修改相关设备名称或者修改配置文件：zjzd2-ops01：/home/d5000/Zhejiang/conf/eco_unit_namemap.txt（经济机组）；zjzd2-ops01：/home/d5000/Zhejiang/ conf/DFEJH_name_map.txt（电厂） | |

表 4-89　　D5000 系统母线负荷预测节点维护

| √ | 序号 | 内容 | 标　　准 | 注意事项 |
|---|---|---|---|---|
| | 1 | 启动母线负荷预测客户端 | 登录调度计划 SCHEDULE_LF 应用主机，或者部署调度计划的二区工作站，在终端中启动母线负荷预测程序：buslf_client | |
| | 2 | 选择节点 | 在界面的左侧层次树上，选择需要新增的母线负荷预测节点，然后双击此设备，会自动添加到右侧的表格中，如果选择错误双击右侧错误设备就可以将其删除 | |
| | 3 | 保存选中的母线负荷预测节点 | 单击“添加到母线负荷预测模型”按钮 | |

表 4-90　　D5000 系统经济机组维护

| √ | 序号 | 内容 | 标　　准 | 注意事项 |
|---|---|---|---|---|
| | 1 | 启动经济模型管理程序 | 登录调度计划主界面，单击数据准备界面中的“经济模型管理”按钮，或者在调度计划工作站或者服务器上的终端中，启动如下程序：mos_model_main-user nari -tieline_type 0-model_main_type 0-display_log 1 | |
| | 2 | 模型比较 | 选择“模型管理”菜单中的“模型比较”命令，在弹出的界面中，勾选左侧需要比较的区域，然后单击“模型比较”按钮 | |
| | 3 | 保存机组 | 勾选需要新增的机组，然后单击“保存”按钮，在弹出的界面中选择生效时间和失效时间，或者选择默认时间 | |

## 5.4　作业完工（见表 4-91）

表 4-91　　作　业　完　工

| √ | 序号 | 内　　容 |
|---|---|---|
| | 1 | 检查母线负荷预测程序是否可以正常预测 |
| | 2 | 重新发送数据，检查数据接入是否正常 |
| | 3 | 在经济模型管理主界面，选择“模型管理”菜单中的“模型刷新”命令，然后在左侧层次树上查找是否已经正确添加该设备 |

# 6　作业指导书执行情况评估（见表 4-92）

表 4-92　　作业指导书执行情况评估

| 评估内容 | 符合性 | 优 | | 可操作项 | |
|---|---|---|---|---|---|
| | | 良 | | 不可操作项 | |
| | 可操作性 | 优 | | 修改项 | |
| | | 良 | | 遗漏项 | |
| 存在问题 | | | | | |
| 改进意见 | | | | | |

## 7 作业记录

D5000 系统应用状态记录（见附录 A）。

# 附 录 A

## D5000 系统应用状态记录

<table>
<tr><th>序号</th><th>应用名</th><th colspan="2">操作前</th><th colspan="2">操作后</th><th>操作人/日期</th><th>监护人/日期</th></tr>
<tr><td rowspan="2">1</td><td rowspan="2">FES 应用</td><td>主机</td><td>备机</td><td>主机</td><td>备机</td><td></td><td></td></tr>
<tr><td></td><td></td><td></td><td></td><td></td><td></td></tr>
<tr><td rowspan="2">2</td><td rowspan="2">SCADA 应用</td><td>主机</td><td>备机</td><td>主机</td><td>备机</td><td></td><td></td></tr>
<tr><td></td><td></td><td></td><td></td><td></td><td></td></tr>
<tr><td rowspan="2">3</td><td rowspan="2">PUBLIC 应用</td><td>主机</td><td>备机</td><td>主机</td><td>备机</td><td></td><td></td></tr>
<tr><td></td><td></td><td></td><td></td><td></td><td></td></tr>
<tr><td rowspan="2">4</td><td rowspan="2">DATA_SRV 应用</td><td>主机</td><td>备机</td><td>主机</td><td>备机</td><td></td><td></td></tr>
<tr><td></td><td></td><td></td><td></td><td></td><td></td></tr>
<tr><td rowspan="2">5</td><td rowspan="2">商用数据库</td><td>主数据库</td><td>备数据库</td><td>主数据库</td><td>备数据库</td><td></td><td></td></tr>
<tr><td></td><td></td><td></td><td></td><td></td><td></td></tr>
</table>

编号：Q××××××××

# D5000 系统调度管理维护
# 标准化作业指导书

编写：__________ ________年____月____日

审核：__________ ________年____月____日

批准：__________ ________年____月____日

作业负责人：________________

作业日期：______年____月____日____时至______年____月____日____时

国 网 浙 江 省 电 力 公 司

## 1 范围

本作业指导书适用于 D5000 系统调度管理相关业务作业。

## 2 规范性引用文件

下列文件对于本文件的应用是必不可少的。凡是注日期的引用文件，仅注日期的版本适用于本文件；凡是不注日期的引用文件，其最新版本（包括所有的修改版）适用于本文件。

《电力监控系统安全防护管理规定》（国家发展和改革委员会令　第 14 号）

《智能电网调度技术支持系统》（Q/GDW 680—2011）

《地区智能电网调度技术支持系统应用功能规范》（Q/GDW Z461—2010）

《国家电网公司电力安全工作规程（变电部分）》（Q/GDW 1799.1—2013）

《国家电网公司电力调度自动化系统运行管理规定》（国家电网企管〔2014〕747 号）

《国家电网公司现场标准化作业指导书编制导则（试行）》（国家电网生〔2004〕503 号）

《国家电网公司关于加强安全生产工作的决定》（国家电网办〔2005〕474 号）

《国家电网公司关于开展现场标准化作业的指导意见》（国家电网生〔2006〕356 号）

《国家电网调度控制管理规程》（国家电网调〔2014〕1405 号）

《浙江电网自动化设备检修管理规定》（浙电调〔2012〕1039 号）

《浙江省电力系统调度控制管理规程》（浙电调〔2013〕954 号）

《浙江电网自动化主站“两票三制”管理规定（试行）》（浙电调字〔2009〕204 号）

## 3 作业前准备

### 3.1 准备工作安排（见表 4-93）

表 4-93　　准备工作安排

| √ | 序号 | 内　容 | 标　准 |
| --- | --- | --- | --- |
|  | 1 | 根据本次作业项目、作业指导书，全体作业人员应熟悉作业内容、进度要求、作业标准、安全措施、危险点注意事项 | 要求所有作业人员都明确本次作业内容、进度要求、作业标准及安全措施、危险点注意事项 |
|  | 2 | 作业人员应熟悉 D5000 系统事故处理应急预案 | 要求所有作业人员均能按预案处理事故，预案必须放置于值班台；<br>预案必须是及时按时修订的，具有可操作性。事故处理必须遵守《浙江电网自动化系统设备检修流程管理办法（试行）》及《浙江电力调度自动化系统运行管理规范》的规定 |

### 3.2 劳动组织（见表 4-94）

表 4-94　　劳动组织

| √ | 序号 | 人员名称 | 职　责 | 作业人数 |
| --- | --- | --- | --- | --- |
|  | 1 | 工作负责人（安全监护人） | 1）明确作业人员分工。<br>2）办理工作票，组织编制安全措施、技术措施，合理分配工作并组织实施。 | 1 |

续表

| √ | 序号 | 人员名称 | 职　　责 | 作业人数 |
|---|---|---|---|---|
| | 1 | 工作负责人（安全监护人） | 3）工作前对工作人员交代安全事项，工作结束后总结经验与不足之处。<br>4）严格遵照安规对作业过程安全进行监护。<br>5）对现场作业危险源预控负有责任，负责落实防范措施。<br>6）对作业人员进行安全教育，督促工作人员遵守安规，检查工作票所载安全措施是否正确完备，安全措施是否符合现场实际条件 | 1 |
| | 2 | 技术负责人 | 1）对作业措施、技术指标进行指导。<br>2）指导现场工作人员严格按照本作业指导书进行工作，同时对不规范的行为进行制止。<br>3）可以由工作负责人或安装人员兼任 | 1 |
| | 3 | 作业人员 | 1）严格依照安规及作业指导书要求作业。<br>2）经过培训考试合格，对本项作业的质量、进度负有责任 | 根据需要，至少1人 |

## 3.3 作业人员要求（见表4-95）

**表4-95　　作业人员要求**

| √ | 序号 | 内　　容 | 备注 |
|---|---|---|---|
| | 1 | 经年度安规考试合格 | |
| | 2 | 精神状态正常，无妨碍工作的病症，着装符合要求 | |
| | 3 | 经过调度自动化主站端维护上岗证培训，并考试合格 | |

## 3.4 技术资料（见表4-96）

**表4-96　　技术资料**

| √ | 序号 | 名　　称 | 备注 |
|---|---|---|---|
| | 1 | D5000系统调度管理应用基础平台技术手册 | |
| | 2 | D5000系统调度管理应用达梦数据库技术手册 | |
| | 3 | D5000系统调度管理应用操作系统技术手册 | |
| | 4 | D5000系统调度管理应用应急预案手册 | |

## 3.5 危险点分析及预控（见表4-97）

**表4-97　　危险点分析及预控**

| √ | 序号 | 内　　容 | 预控措施 |
|---|---|---|---|
| | 1 | 数据库软件宕机引起应用系统异常 | 规范运维机制，注意日常巡检 |
| | 2 | 数据库硬件异常引起应用系统异常 | 通过两台硬件实现主备环境，注意日常巡检 |
| | 3 | 应用服务器JDK、字符集等运行环境变化引起应用系统异常 | 规范运维机制，改变运行环境必须通过审核确认 |

续表

| √ | 序号 | 内　容 | 预 控 措 施 |
|---|---|---|---|
| | 4 | 应用服务器硬件异常引起应用系统异常 | 通过多台硬件组成负载均衡实现，注意日常巡检 |
| | 5 | 带病毒的工作站接入网络导致病毒传播，引起系统异常或大面积瘫痪，甚至威胁电网安全 | 开发环境与正式应用环境隔离，单独组成开发网络环境，用户机器安装防病毒软件 |

### 3.6 主要安全措施（见表 4-98）

表 4-98　　主 要 安 全 措 施

| √ | 序号 | 内　容 |
|---|---|---|
| | 1 | 对正式环境进行巡检或变更，必须严格实行监护措施 |
| | 2 | 对软件版本发布，进行严格的测试、审批流程 |
| | 3 | 核查入网设备的安全防护措施 |
| | 4 | 工作时，不得误碰与工作无关的运行设备 |
| | 5 | 在工作区域放置警示标志 |
| | 6 | 检查设备供电电源的运行状态和方式 |

## 4 流程图

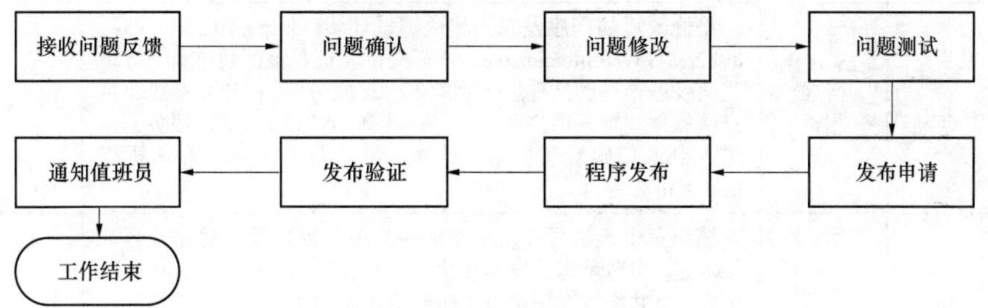


图 4-20　D5000 系统调度管理发布作业流程

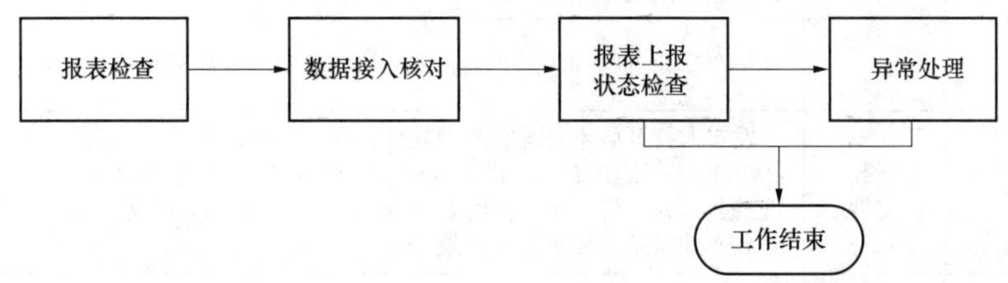


图 4-21　D5000 系统调度管理报表检查作业流程

## 5 作业程序及作业标准

### 5.1 工作许可

工作票负责人会同工作票许可人检查工作票上所列安全措施是否正确完备，并在工作许可人完成施工现场的安全措施及一起现场核查无误后，与工作票许可人办理工作票许可手续。

## 5.2 开工检查（见表 4-99）

**表 4-99** 开 工 检 查

| √ | 序号 | 内 容 | 标准及注意事项 |
|---|---|---|---|
| | 1 | 工作任务核对 | 核对本次工作的任务及内容，核对相关责任人是否到位等 |
| | 2 | 系统运行状态核对 | 检查系统运行是否正常 |

## 5.3 作业项目与工艺标准（见表 4-100 和表 4-101）

**表 4-100** 调度管理发布作业步骤

| √ | 序号 | 内容 | 标 准 | 注意事项 |
|---|---|---|---|---|
| | 1 | 接收问题反馈 | 用户登录 OMS 系统（http：//10.33.1.202：8082/MWWebSite/console），填写技术问题反馈处理流程单，经过相关处室负责人审核，提交自动化专职 | |
| | 2 | 问题确认 | 技术运维人员通过 OMS 集成测试环境（http：//10.33.1.195：8082/MWWebSite/console），根据问题反馈单核对问题是否属实 | |
| | 3 | 问题修改 | 模块负责人接收问题处理单，下载源代码进行修改：打开版本管理客户端软件，输入用户名及口令，选择 OMS 版本管理服务器，进入到源代码目录，选择需要修改的程序文件，通过使用 Check Out 命令，将文件下载到本地目录（如果没有目录会自动生成） | |
| | 4 | 问题测试 | 将修改后的程序发布到集成测试环境（http://10.33.1.195：8082/MWWebSite/console）进行测试验证，验证通过后，将源代码及编译后的文件上传到版本管理服务器：打开版本管理客户端软件，输入用户名及口令，选择 OMS 版本管理服务器，进入到源代码管理目录，选择需要上传的文件，右击执行 Check In 命令即可 | |
| | 5 | 发布申请 | 模块负责人填写发布申请单并由项目经理及自动化专职审核通过，申请单写明发布模块、发布原因、发布人、发布时间、审核人，并将发布申请单上传到版本管理服务器：打开版本管理客户端软件，输入用户名及口令，选择 OMS 版本管理服务器，进入到发布申请管理目录，将发布申请拖入即可 | |
| | 6 | 程序发布 | 将测试通过的程序发布到正式环境，具体操作步骤如下 | |
| | 6-1 | 下载文件 | 发布人打开版本管理客户端软件，输入用户名及口令，选择 OMS 版本管理服务器，进入到程序管理目录，根据发布清单，选择具体的文件，通过使用 Get latest Version 命令，将文件下载到本地目录（如果没有目录会自动生成） | |
| | 6-2 | 停止服务 | 打开 Xshell 软件，输入 ssh 应用服务器 IP，输入用户名及口令，登录到负载均衡每一台应用服务器，在命令行输入命令：ps-ef\|grep weblogic 查看进程，如果存在，则使用 kill-9 进程号，停止进程 | |
| | 6-3 | 上传文件 | 打开 Xftp 软件，输入负载均衡每一台应用服务器 IP，输入用户名及口令，进行登录操作，登录成功后根据发布清单进入到每个文件所在目录，将文件拖入到相应目录即可 | |

续表

| √ | 序号 | 内容 | 标　准 | 注意事项 |
|---|---|---|---|---|
| | 6-4 | 启动服务 | 上传完所有文件后，执行 cd/home/d5000/zhejiang/bea/user_projects/domains/oms_domain/bin 目录，并执行./startWebLogic.sh>../weblogic.log &启动服务，重复该操作，直到负载均衡每一台应用服务器操作完毕 | |
| | 7 | 发布验证 | 模块负责人及问题提出人进行验证，并通知值班员本次发布结束 | |
| | 8 | 工作结束 | 做好本次发布记录，如有异常记录异常情况 | |

**表 4-101　　调度管理报表检查作业步骤**

| √ | 序号 | 内容 | 标　准 | 注意事项 |
|---|---|---|---|---|
| | 1 | 报表检查 | 调度报表主要分日报、月报，每日需要对报表数据及上报情况进行检查，数据是否正确、上报是否成功 | |
| | 2 | 数据接入核对 | 数据主要是接入 D5000 准实时数据，通过登录 OMS 系统（http://10.33.1.202:8082/MWWebSite/console），打开 SCADA 数据维护界面，选择核对的点号及昨天的日期，单击“查询”按钮，查看每个时间点数据是否正确 | 如发现数据异常，通知 D5000 系统管理员处理 |
| | 3 | 报表上报状态检查 | 登录 OMS 系统（http://10.33.1.202:8082/MWWebSite/console），打开报表监控界面，查看每个报表的状态 | 如发现异常，可单击“详细信息”按钮查看具体异常情况，并根据异常情况进行处理 |
| | 4 | 异常处理 | 如发现报表异常，有两种情况，一种是数据异常，另一种是上报失败，针对两种情况，操作如下 | |
| | 4-1 | 数据异常 | 登录 OMS 系统（http://10.33.1.202:8082/MWWebSite/console），打开上报报表管理界面，通过报表上报日志下载异常的报表文件到本地，核对具体是哪个数据项异常，并分析异常原因，通知相关数据源负责人处理 | |
| | 4-2 | 上报失败 | 登录 OMS 系统（http://10.33.1.202:8082/MWWebSite/console），打开上报报表管理界面，通过报表上报日志分析上报失败原因，并打开上报报表管理界面补传报表：选择具体的报表，选择报表日期，单击“生产数据”按钮，查看数据是否正常，单击“手工上报”按钮，查看上报日志，确认上报成功 | |
| | 5 | 工作结束 | 做好本次报表检查记录，如有异常记录异常情况 | |

## 5.4　作业完工（见表 4-102）

**表 4-102　　作　业　完　工**

| √ | 序号 | 内　容 |
|---|---|---|
| | 1 | 工作负责人在工作票上详细记录工作完成情况、遗留问题、结论意见等 |
| | 2 | 通知值班员验收，并在工作票上签字后，办理工作票终结手续 |

## 6 作业指导书执行情况评估（见表 4-103）

**表 4-103　　作业指导书执行情况评估**

<table>
<tr><td rowspan="4">评估内容</td><td rowspan="2">符合性</td><td>优</td><td></td><td>可操作项</td><td></td></tr>
<tr><td>良</td><td></td><td>不可操作项</td><td></td></tr>
<tr><td rowspan="2">可操作性</td><td>优</td><td></td><td>修改项</td><td></td></tr>
<tr><td>良</td><td></td><td>遗漏项</td><td></td></tr>
<tr><td>存在问题</td><td colspan="5"></td></tr>
<tr><td>改进意见</td><td colspan="5"></td></tr>
</table>

## 7 作业记录

D5000 系统应用状态记录（见附录 A）。

## 附　录　A
## D5000 系统应用状态记录

<table>
<tr><th>序号</th><th>应用名</th><th colspan="2">操作前</th><th colspan="2">操作后</th><th>操作人/日期</th><th>监护人/日期</th></tr>
<tr><td rowspan="2">1</td><td rowspan="2">FES 应用</td><td>主机</td><td>备机</td><td>主机</td><td>备机</td><td rowspan="2"></td><td rowspan="2"></td></tr>
<tr><td></td><td></td><td></td><td></td></tr>
<tr><td rowspan="2">2</td><td rowspan="2">SCADA 应用</td><td>主机</td><td>备机</td><td>主机</td><td>备机</td><td rowspan="2"></td><td rowspan="2"></td></tr>
<tr><td></td><td></td><td></td><td></td></tr>
<tr><td rowspan="2">3</td><td rowspan="2">PUBLIC 应用</td><td>主机</td><td>备机</td><td>主机</td><td>备机</td><td rowspan="2"></td><td rowspan="2"></td></tr>
<tr><td></td><td></td><td></td><td></td></tr>
<tr><td rowspan="2">4</td><td rowspan="2">DATA_SRV 应用</td><td>主机</td><td>备机</td><td>主机</td><td>备机</td><td rowspan="2"></td><td rowspan="2"></td></tr>
<tr><td></td><td></td><td></td><td></td></tr>
<tr><td rowspan="2">5</td><td rowspan="2">商用数据库</td><td>主数据库</td><td>备数据库</td><td>主数据库</td><td>备数据库</td><td rowspan="2"></td><td rowspan="2"></td></tr>
<tr><td></td><td></td><td></td><td></td></tr>
</table>

# 5 业务接入类作业指导书应用

编号：Q××××××××

# D5000 系统 AGC 联调
# 标准化作业指导书

编写：__________ ________年____月____日

审核：__________ ________年____月____日

批准：__________ ________年____月____日

作业负责人：________________

作业日期：______年____月____日____时至______年____月____日____时

国 网 浙 江 省 电 力 公 司

## 1 范围

本作业指导书适用于 D5000 系统的 AGC 增加机组、参数录入和联调测试涉及的相关作业。

## 2 规范性引用文件

下列文件对于本文件的应用是必不可少的。凡是注日期的引用文件，仅注日期的版本适用于本文件；凡是不注日期的引用文件，其最新版本（包括所有的修改版）适用于本文件。

《电力监控系统安全防护管理规定》（国家发展和改革委员会令　第 14 号）

《智能电网调度技术支持系统》（Q/GDW 680—2011）

《地区智能电网调度技术支持系统应用功能规范》（Q/GDW Z461—2010）

《国家电网公司电力安全工作规程（变电部分）》（Q/GDW 1799.1—2013）

《国家电网公司电力调度自动化系统运行管理规定》（国家电网企管〔2014〕747 号）

《国家电网公司现场标准化作业指导书编制导则（试行）》（国家电网生〔2004〕503 号）

《国家电网公司关于加强安全生产工作的决定》（国家电网办〔2005〕474 号）

《国家电网公司关于开展现场标准化作业的指导意见》（国家电网生〔2006〕356 号）

《国家电网调度控制管理规程》（国家电网调〔2014〕1405 号）

《浙江电网自动化设备检修管理规定》（浙电调〔2012〕1039 号）

《浙江省电力系统调度控制管理规程》（浙电调〔2013〕954 号）

《浙江电网自动化主站“两票三制”管理规定（试行）》（浙电调字〔2009〕204 号）

## 3 作业前准备

### 3.1 准备工作安排（见表 5-1）

表 5-1　　准备工作安排

| √ | 序号 | 内　容 | 标　准 |
|---|---|---|---|
| | 1 | 根据本次作业项目、作业指导书，全体作业人员应熟悉作业内容、进度要求、作业标准、安全措施、危险点注意事项 | 要求所有作业人员都明确本次安装工作的作业内容、进度要求、作业标准及安全措施、危险点注意事项 |
| | 2 | 准备好作业所需的调度命名、通道参数、机组参数等相关资料 | 作业资料必须齐全，符合现场实际 |
| | 3 | 根据现场工作时间和工作内容填写工作票 | 工作票应填写正确，并按《国家电网公司电力安全工作规程（变电部分）》和《浙江电网自动化主站“两票三制”管理规定（试行）》相关部分执行 |
| | 4 | 作业人员应熟悉 D5000 系统事故处理应急预案 | 要求所有作业人员均能按预案处理事故，预案必须放置于值班台；<br>预案必须是及时按时修订的，具有可操作性。事故处理必须遵守《浙江电网自动化系统设备检修流程管理办法（试行）》及《浙江电力调度自动化系统运行管理规范》的规定 |

## 3.2 劳动组织（见表 5-2）

表 5-2　　劳 动 组 织

| √ | 序号 | 人员名称 | 职　责 | 作业人数 |
|---|---|---|---|---|
|  | 1 | 工作负责人（安全监护人） | 1）明确作业人员分工。<br>2）办理工作票，组织编制安全措施、技术措施，合理分配工作并组织实施。<br>3）工作前对工作人员交代安全事项，工作结束后总结经验与不足之处。<br>4）严格遵照安规对作业过程安全进行监护。<br>5）对现场作业危险源预控负有责任，负责落实防范措施。<br>6）对作业人员进行安全教育，督促工作人员遵守安规，检查工作票所载安全措施是否正确完备，安全措施是否符合现场实际条件 | 1 |
|  | 2 | 技术负责人 | 1）对安装作业措施、技术指标进行指导。<br>2）指导现场工作人员严格按照本作业指导书进行工作，同时对不规范的行为进行制止。<br>3）可以由工作负责人或安装人员兼任 | 1 |
|  | 3 | 作业人员 | 1）严格依照安规及作业指导书要求作业。<br>2）经过培训考试合格，对本项作业的质量、进度负有责任 | 根据需要，至少 1 人 |

## 3.3 作业人员要求（见表 5-3）

表 5-3　　作 业 人 员 要 求

| √ | 序号 | 内　容 | 备注 |
|---|---|---|---|
|  | 1 | 经年度安规考试合格 |  |
|  | 2 | 精神状态正常，无妨碍工作的病症，着装符合要求 |  |
|  | 3 | 经过调度自动化主站端维护上岗证培训，并考试合格 |  |

## 3.4 技术资料（见表 5-4）

表 5-4　　技 术 资 料

| √ | 序号 | 名称 | 备注 |
|---|---|---|---|
|  | 1 | D5000 系统新建厂站 AGC 实验技术手册 |  |
|  | 2 | 浙江省调 D5000_AGC 现场机组调试技术手册 |  |
|  | 3 | 调试所需的调度命名、设备参数等相关资料 | 作业资料必须齐全，符合现场实际且参数正确 |

## 3.5 危险点分析及预控（见表 5-5）

表 5-5　　危 险 点 分 析 及 预 控

| √ | 序号 | 内　容 | 预 控 措 施 |
|---|---|---|---|
|  | 1 | 网络拓扑关系与电网实际不符，影响 AGC 的计算结果 | 工作前详细核对当前电网与目标电网的拓扑结构和图纸 |

续表

| √ | 序号 | 内　容 | 预 控 措 施 |
|---|---|---|---|
| | 2 | 机组或通道参数与实际或现场不符影响结果的准确性 | 工作前详细检测、核对参数的合理性和完整性 |
| | 3 | 数据库信息定义有误引起的功能异常 | 加强数据库定义的校核工作 |
| | 4 | 遥调过程中未正确设置导致电厂投入自动模式 | 加强遥调操作前设置复查和过程监视 |
| | 5 | 修改、增加、删除跟计划工作无关的信息 | 明确作业范围，在工作中加强监护 |

### 3.6 主要安全措施（见表 5-6）

**表 5-6**　　主 要 安 全 措 施

| √ | 序号 | 内　容 |
|---|---|---|
| | 1 | 工作前详细核对相关图纸资料，并检查核对参数的合理性和完整性 |
| | 2 | 遥调前，应严格按指导书进行设置并加强复查和过程监视 |
| | 3 | AGC 联调中加强监护，将电厂侧 AGC 开环，防止出现误动 |
| | 4 | 工作过程中不得修改与调试无关的设备状态、参数等 |

## 4 流程图

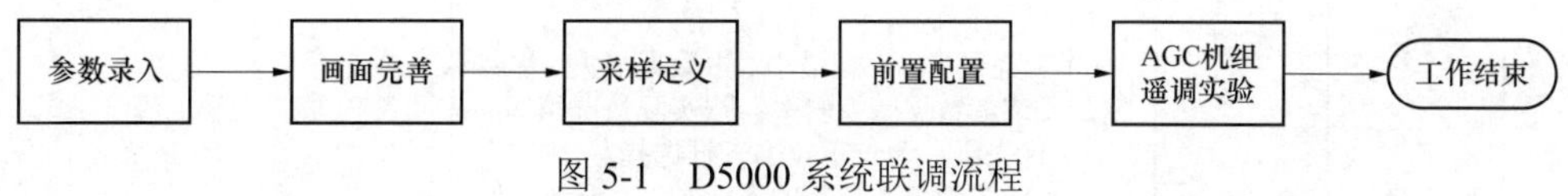


图 5-1　D5000 系统联调流程

## 5 作业程序及作业标准

### 5.1 工作许可

工作票负责人会同工作票许可人检查工作票上所列安全措施是否正确完备，并在工作许可人完成施工现场的安全措施及一起现场核查无误后，与工作票许可人办理工作票许可手续。

### 5.2 开工检查（见表 5-7）

**表 5-7**　　开 工 检 查

| √ | 序号 | 内　容 | 标准及注意事项 |
|---|---|---|---|
| | 1 | 工作内容核对 | 核对本次工作的内容，明确作业关键点 |
| | 2 | 资料检查 | 详细检查核对作业所需的资料，如 AGC 相关参数、通道接入资料（厂站 IP 地址或模拟/数字通道分配资料）等 |
| | 3 | 工作分工及安全交底 | 开工前工作负责人检查所有工作人员是否正确使用劳保用品，并由工作负责人带领进入作业现场并在工作现场向所有工作人员详细交代作业任务、安全措施和安全注意事项、设备状态及人员分工，全体工作人员应明确作业范围、进度要求等内容，并在工作票工作班成员签字栏内分别签名 |

## 5.3 作业项目与工艺标准（见表 5-8）

表 5-8 **D5000 系统 AGC 联调作业**

| √ | 序号 | 内容 | 标　　准 | 注意事项 |
|---|---|---|---|---|
| | 1 | 参数录入 | 依次在 AGC 电厂表、AGC 电厂控制器表、AGC 机组表中加入新增电厂的记录，录入参数 | 1）注意按照电厂表—电厂控制器表—机组表的顺序。<br>2）新增电厂录入参数时，先将“转等待”设为“否”，将其控制模式设置为 MANU。<br>3）在数据库里修改 AGC 参数后，需要进行模型维护操作，观察验证信息，如果校验不通过，按照提示信息修改至校验通过 |
| | 2 | 画面完善 | 在机组监控画面修改画面，增加相应的电厂记录，方便对机组监视 | 确保画面显示与机组关联正确 |
| | 3 | 采样定义 | 将新增机组的实际出力和目标出力定义采样 | |
| | 4 | 前置配置 | 1. 在前置的下行设点信息表中，新增测试电厂机组记录。<br>1）数据点名：从检索器拖入 AGC 电厂控制器表的“实发命令”域，必须填写。<br>2）厂站名：通过下拉列表框选择。<br>3）链路名：通过下拉列表框选择，可以不填。<br>4）数据点号：填写数据点号，必须填写。<br>5）通信场站编号：可以不填。<br>6）工程最大、工程最小、生数据最大、生数据最小或者数据转换斜率：按实际情况填写。<br>7）优先级：通过下拉列表框选择。<br>2. 104 规约表中填写的遥调类型，遥调起始地址。<br>3. 找到待测试电厂的记录，修改“是否允许遥控”的域为“是” | |
| | 5 | AGC 机组遥调实验 | 1. 检查机组的遥测信息：和电厂人员核对检查 AGC 接收到的机组出力的遥测值是否和电厂的实际出力一致。若不一致，请依次检查该遥测的 SCADA 值、前置值、前置报文是否与 AGC 显示的机组出力是否一致。<br>2. 检查机组的遥信信息：让电厂人员投退 AGC 的投入和允许信号，检查 AGC 是否可靠收到远方可控的遥信信号。若未收到，请逐级向前检查 SCADA 值、前置值，前置报文是否正确。<br>3. 发送遥调指令。<br>1）联系调度，取得待测机组的 AGC 控制权，把待测机组的 PLC 控制模式选择“MANU”，即当地控制。<br>2）联系现场自动化人员，将电厂侧 AGC 开环，使电厂只接受而不跟踪下发的目标值。<br>3）在 AGC 监控界面上，在待测试机组的任一数据上右击，然后单击“遥调设点”一栏，输入相应的遥调值，确定下发（为了确保测试结果，应多下发几个值进行测试，如最大值、 | 注意：<br>1）控制模式选择“MANU”，转等待选择为“否”，防止电厂投入自动模式。<br>2）一定要将电厂侧 AGC 投开环，防止电厂跟踪指令 |

续表

| √ | 序号 | 内容 | 标　准 | 注意事项 |
|---|---|---|---|---|
| | 5 | AGC机组遥调实验 | 最小值、带小数位的指令值、当前值等，最后一个指令一般下发当前值）；要求现场自动化专业人员观察指令下发情况，核对指令接收的正确性。若现场未收到指令，请检查下行设点信息表是否添加该 PLC 遥调记录，记录中的数据点号与是否匹配，以及该厂站是否允许遥控，前置通道是否正常，遥调报文是否正确；若电厂收到的指令不正确，请检查下行设点信息表定义的工程量最大值、工程量最小值、生数据最大值、生数据最小值、数据转换斜率、数据转换截距与电厂是否匹配，以及电厂指令接收装置是否需要校准 | |

### 5.4 作业完工（见表 5-9）

**表 5-9**　　作　业　完　工

| √ | 序号 | 内　容 |
|---|---|---|
| | 1 | 作业完成后，详细核对数据库、画面、实验结果等（见附录 A） |
| | 2 | 恢复安全措施，严格按现场安全技术措施中所做的安全技术措施恢复，恢复后经双方（工作人员及验收人员）核对无误 |
| | 3 | 工作负责人在工作票上详细记录工作完成情况、遗留问题、结论意见等 |
| | 4 | 经值班员验收合格，并在工作票上签字后，办理工作票终结手续 |

## 6 作业指导书执行情况评估（见表 5-10）

**表 5-10**　　作业指导书执行情况评估

| 评估内容 | 符合性 | 优 | | 可操作项 | |
|---|---|---|---|---|---|
| | | 良 | | 不可操作项 | |
| | 可操作性 | 优 | | 修改项 | |
| | | 良 | | 遗漏项 | |
| 存在问题 | | | | | |
| 改进意见 | | | | | |

## 7 作业记录

D5000 系统 AGC 联调工作记录（见附录 A）。

# 附　录　A

## （规范性附录）

## D5000 系统 AGC 联调工作记录

电厂/机组：×××/×××

| 序号 | 工作内容 | 完成情况 | 时间 | 作业（签名） | 核对（签名） |
|---|---|---|---|---|---|
| 1 | 电厂表参数录入 | | | | |
| 2 | 电厂控制器表参数录入 | | | | |
| 3 | 机组表参数录入 | | | | |
| 4 | 画面完善 | 机组监控画面 | | | |
| 5 | 定义采样 | 机组实际出力和目标出力 | | | |
| 6 | 前置下行设点信息表修改 | | | | |
| 7 | 前置 104 规约表配置检查 | | | | |
| 8 | 前置通信厂站表配置 | | | | |
| 9 | 电厂遥调实验 | | | | |

编号：Q×××××××

# D5000 系统 AVC 联调
# 标准化作业指导书

编写：________ ________年____月____日

审核：________ ________年____月____日

批准：________ ________年____月____日

作业负责人：________________

作业日期：______年____月____日____时至______年____月____日____时

国 网 浙 江 省 电 力 公 司

## 1 范围

本作业指导书适用于 D5000 系统新站接入浙江大学的 AVC 应用模块或南瑞科技公司的 AVC 应用模块的联调测试作业。

## 2 规范性引用文件

下列文件对于本文件的应用是必不可少的。凡是注日期的引用文件，仅注日期的版本适用于本文件；凡是不注日期的引用文件，其最新版本（包括所有的修改版）适用于本文件。

《电力监控系统安全防护管理规定》（国家发展和改革委员会令 第 14 号）

《智能电网调度技术支持系统》（Q/GDW 680—2011）

《地区智能电网调度技术支持系统应用功能规范》（Q/GDW Z461—2010）

《国家电网公司电力安全工作规程（变电部分）》（Q/GDW 1799.1—2013）

《国家电网公司电力调度自动化系统运行管理规定》（国家电网企管〔2014〕747 号）

《国家电网公司现场标准化作业指导书编制导则（试行）》（国家电网生〔2004〕503 号）

《国家电网公司关于加强安全生产工作的决定》（国家电网办〔2005〕474 号）

《国家电网公司关于开展现场标准化作业的指导意见》（国家电网生〔2006〕356 号）

《国家电网调度控制管理规程》（国家电网调〔2014〕1405 号）

《浙江电网自动化设备检修管理规定》（浙电调〔2012〕1039 号）

《浙江省电力系统调度控制管理规程》（浙电调〔2013〕954 号）

《浙江电网自动化主站“两票三制”管理规定（试行）》（浙电调字〔2009〕204 号）

## 3 作业前准备

### 3.1 准备工作安排（见表 5-11）

**表 5-11** 准 备 工 作 安 排

| √ | 序号 | 内 容 | 标 准 |
|---|---|---|---|
| | 1 | 根据本次作业项目、作业指导书，全体作业人员应熟悉作业内容、进度要求、作业标准、安全措施、危险点注意事项 | 要求所有作业人员都明确本次作业内容、进度要求、作业标准及安全措施、危险点注意事项 |
| | 2 | 准备好调试所需的信息表、IP 地址等相关资料 | 作业资料必须齐全，符合现场实际 |
| | 3 | 根据现场工作时间和工作内容填写工作票 | 工作票应填写正确，并按《国家电网公司电力安全工作规程（变电部分）》和《浙江电网自动化主站“两票三制”管理规定（试行）》相关部分执行 |
| | 4 | 作业人员应熟悉 D5000 系统事故处理应急预案 | 要求所有作业人员均能按预案处理事故，预案必须放置于值班台；<br>预案必须是及时按时修订的，具有可操作性。事故处理必须遵守《浙江电网自动化系统设备检修流程管理办法（试行）》及《浙江电力调度自动化系统运行管理规范》的规定 |

## 3.2 劳动组织（见表 5-12）

表 5-12　　劳 动 组 织

| √ | 序号 | 人员名称 | 职　　责 | 作业人数 |
|---|---|---|---|---|
| | 1 | 工作负责人（安全监护人） | 1）明确作业人员分工。<br>2）办理工作票，组织编制安全措施、技术措施，合理分配工作并组织实施。<br>3）工作前对工作人员交代安全事项，工作结束后总结经验与不足之处。<br>4）严格遵照安规对作业过程安全进行监护。<br>5）对现场作业危险源预控负有责任，负责落实防范措施。<br>6）对作业人员进行安全教育，督促工作人员遵守安规，检查工作票所载安全措施是否正确完备，安全措施是否符合现场实际条件 | 1 |
| | 2 | 技术负责人 | 1）对安装作业措施、技术指标进行指导。<br>2）指导现场工作人员严格按照本作业指导书进行工作，同时对不规范的行为进行制止。<br>3）可以由工作负责人或安装人员兼任 | 1 |
| | 3 | 作业人员 | 1）严格依照安规及作业指导书要求作业。<br>2）经过培训考试合格，对本项作业的质量、进度负有责任 | 根据需要，至少 1 人 |

## 3.3 作业人员要求（见表 5-13）

表 5-13　　作 业 人 员 要 求

| √ | 序号 | 内　　容 | 备注 |
|---|---|---|---|
| | 1 | 经年度安规考试合格 | |
| | 2 | 精神状态正常，无妨碍工作的病症，着装符合要求 | |
| | 3 | 经过调度自动化主站端维护上岗证培训，并考试合格 | |

## 3.4 技术资料（见表 5-14）

表 5-14　　技 术 资 料

| √ | 序号 | 名　　称 | 备注 |
|---|---|---|---|
| | 1 | D5000 系统 AVC 联调技术手册 | |
| | 2 | D5000 系统使用手册——地调 AVC V3.0 | |
| | 3 | 调试所需的相关遥信、遥测、遥控的点号，相关设备的 IP 地址等资料 | |

## 3.5 危险点分析及预控（见表 5-15）

表 5-15　　危 险 点 分 析 及 预 控

| √ | 序号 | 内　　容 | 预 控 措 施 |
|---|---|---|---|
| | 1 | 信息点号、IP 地址与实际不一致 | 工作前详细核对信息表等资料 |
| | 2 | 系统功能异常引起误发遥控命令 | 确定系统功能正常后再进行测试，如有必要，将调试厂站设为开环 |

续表

| √ | 序号 | 内　容 | 预 控 措 施 |
|---|---|---|---|
| | 3 | 修改、增加、删除跟计划工作无关的信息 | 明确调试目标，在工作中加强监护 |
| | 4 | 工作步骤有遗漏 | 工作负责人按工作流程详细核对所有工作，是否按计划完成 |

## 3.6 主要安全措施（见表 5-16）

**表 5-16**　　主 要 安 全 措 施

| √ | 序号 | 内　容 |
|---|---|---|
| | 1 | 详细核对各项参数资料，确保与实际一致 |
| | 2 | 当出现系统或功能模块异常时，立即暂停 AVC 联调 |
| | 3 | 调试过程中注重变电站的遥控权限，防止误动 |
| | 4 | 作业过程加强监护，确保作业的完整性与正确性 |

# 4 流程图

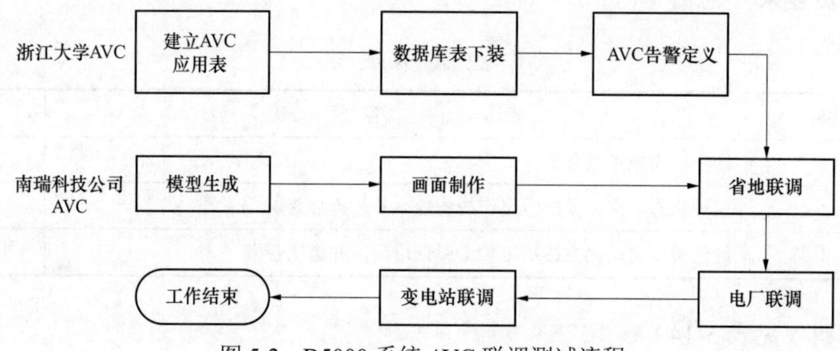


图 5-2　D5000 系统 AVC 联调测试流程

# 5 作业程序及作业标准

## 5.1 工作许可

工作票负责人会同工作票许可人检查工作票上所列安全措施是否正确完备，并在工作许可人完成施工现场的安全措施及一起现场核查无误后，与工作票许可人办理工作票许可手续。

## 5.2 开工检查（见表 5-17）

**表 5-17**　　开 工 检 查

| √ | 序号 | 内　容 | 标准及注意事项 |
|---|---|---|---|
| | 1 | 工作内容核对 | 核对本次工作的内容 |
| | 2 | 资料检查 | 详细检查核对作业所需的资料，如 IP 地址、信息表等 |
| | 3 | AVC 系统应用检查 | 确保 AVC 相关应用运行正常，不会误发遥控指令 |

续表

| √ | 序号 | 内容 | 标准及注意事项 |
|---|---|---|---|
| | 4 | 纵向传输平台检查 | 确保纵向传输平台省调侧和地调侧均已完成 AVC 接收和转发的相关配置 |
| | 5 | 工作分工及安全交底 | 开工前工作负责人检查所有工作人员是否正确使用劳保用品，并由工作负责人带领进入作业现场并在工作现场向所有工作人员详细交代作业任务、安全措施和安全注意事项、设备状态及人员分工，全体工作人员应明确作业范围、进度要求等内容，并在工作票工作班成员签字栏内分别签名 |

## 5.3 作业项目与工艺标准（见表 5-18 和表 5-19）

**表 5-18　　D5000 系统 AVC（浙江大学）联调作业**

| √ | 序号 | 内容 | 标　准 | 注意事项 |
|---|---|---|---|---|
| | 1 | 建立 AVC 应用表 | 确定 AVC 表号范围，利用建表工具建实时库表及历史库表（建库工具 rtdb_studio），并做好历史库表的迁移，在达梦管理界面中添加索引（达梦管理界面拉起方法：../dm/dmClient/bin/manager.sh） | 表号范围连续，且留有余地供今后扩展 |
| | 2 | 数据库表下装 | 进行数据库表的下装（包括 PUBLIC 应用的 1、2、5 号表及 AVC 应用的全部表），命令为 down_load public 1 2 5 及 down_load avc。若下装失败，可以执行 del_talbe table_no 后再次下装 | |
| | 3 | AVC 告警定义 | 确定 AVC 告警类型并利用平台告警配置工具配置告警类型、对应告警数据表 | 区分电厂联调告警和变电站遥控告警 |
| | 4 | 省地联调 | 1）确定纵向数据平台服务器 IP 地址。<br>2）在 net_config.sys 中添加纵向数据平台服务器 IP 地址。<br>3）根据以上信息修改${AVC_ROOT}/bin/avc_download.sh 及 avc_upload.sh 脚本文件中纵向数据平台服务器 IP 地址。<br>4）测试地调的协调数据文件能否在 5min 之内上传到 real 目录，若未能传到相关目录，查看协调数据文件有没有上送到纵向数据平台的服务器的指定目录下，如果没有，给上海交大的沈颖平打电话（浙江的纵向数据传输平台是上海交大做的）。<br>5）测试省调生成的协调数据文件能否下发到各地调（处理方式同 4） | 确认纵向数据传输平台已在省调侧和地调侧配置 AVC 文件接收和发送的相应路径 |
| | 5 | 电厂联调 | 1）利用电厂信息表建立 AVC 相关的遥测、遥信及遥调信号。<br>2）修改通信厂站表中对应厂站的“是否允许遥控”为“是”。<br>3）修改 AVC 应用中厂站参数表，设置“参与计算”“可控”。<br>4）修改 AVC 应用中的母线参数表，设置“AVC 可控”“参与考核”“母线电压控制上下限”。<br>5）根据电厂联调会议发文的参数，修改 AVC 应用中的发电机参数表中对于电厂相关发电机的容量、无功参考下限、无功参考上限。<br>6）启动前置实时数据监视，与电厂对数。<br>7）启动 avc_command_test 测试电厂下发遥调信息，如配置错误会有提示信息；根据错误提示信息排除故障，启动前置报文监视界面监视 AVC 遥调报文以确认 AVC 遥调报文正确 | 不参与 PAS 建模的电厂不能参与联调。<br>各遥测、遥信、遥调量命名需满足 AVC 命名规则 |

续表

| √ | 序号 | 内容 | 标　准 | 注意事项 |
|---|---|---|---|---|
| | 6 | 变电站联调 | 1）修改通信厂站表中对应厂站的“是否允许遥控”为“是”。<br>2）修改 AVC 应用中厂站参数表，设置“参与计算”“可控”。<br>3）修改 AVC 应用中的母线参数表，设置“参与考核”“母线电压控制上下限”。<br>4）校验变电站、母线、容抗器是否 PAS 建模。<br>5）校验母线、容抗器连接关系及相关计算参数。<br>6）启动 avc_command_test 测试对应变电站容抗器遥控信息，如配置错误会有提示信息；根据错误提示信息排除错误并启动。<br>7）单击“遥控预置”按钮并在前置报文监视界面监视 AVC 遥控报文以确认 AVC 遥控点号及控制操作是否正确。<br>8）如有需要，单击“遥控执行”按钮并在前置报文监视界面监视 AVC 遥控报文以确认 AVC 遥控点号及控制操作是否正确 | 如需实际遥控，请确认“数字信号表”中该遥控点的相关SCADA安全防护已配置 |

**表 5-19　　D5000 系统 AVC（南瑞科技公司）联调作业**

| √ | 序号 | 内容 | 标　准 | 注意事项 |
|---|---|---|---|---|
| | 1 | 模型生成 | 1）核查新接入厂站是否已经生成 PAS 网络模型，若未生成，需对该厂站进行节点入库、PAS 设备参数录入以及模型生成。<br>2）核查新接入厂站是否已经生成 AVC 控制模型，若未生成，进入 AVC 主界面的模型维护界面，按照操作步骤完成 AVC 模型更新 | |
| | 2 | 画面制作 | 制作新接入厂站的 AVC 控制状态图 | |
| | 3 | 省地联调 | 1）确定纵向数据平台服务器地址以及文件交互接收与发送文件目录位置。<br>2）根据以上信息参考维护使用手册修改 avc_cvc_para.sys 配置文件以及 avc_ftp.sh 脚本文件。<br>3）测试地调的协调数据文件能否在 5min 之内上传到省调侧 real 目录；若未上传到省调，查看地调侧本地是否已经生成，以及是否地调侧 ftp 至纵向传输平台指定的节点及其路径下，必要时联系纵向传输平台厂方共同检查，消除问题。<br>4）测试省调生成的协调数据文件能否下发到各地调 receive 目录。若未能下发至地调，查看省调侧本地是否已经生成，以及地调纵向传输平台相应路径下是否有文件，必要时联系纵向传输平台厂方共同检查，消除问题 | 确认纵向数据传输平台已在省调侧和地调侧配置 AVC 文件接收和发送的相应路径。<br>只有第一次功能部署时配置，新接入联调关口时不需要重新维护 |
| | 4 | 电厂联调 | 1）利用电厂信息表建立 AVC 相关的遥测、遥信及遥调信号。<br>2）修改通信厂站表中对应厂站的“是否允许遥控”为“是”。<br>3）修改 AVC 应用中厂站参数表，设置“参与计算”“可控”。<br>4）修改 AVC 应用中的母线参数表，设置“AVC 可控”“参与考核”“母线电压控制上下限”。 | 不参与 PAS 建模的电厂不能参与联调。<br>各遥测、遥信、遥调量命名需满足 AVC 命名规则 |

续表

| √ | 序号 | 内容 | 标　准 | 注意事项 |
|---|---|---|---|---|
| | 4 | 电厂联调 | 5）根据电厂联调会议发文的参数，修改AVC应用中的发电机参数表中对于电厂相关发电机的容量、无功参考下限、无功参考上限。<br>6）启动前置实时数据监视，与电厂对数。<br>7）在控制状态图上，切换电厂至“闭环”模式下，测试电厂下发遥调信息，在电厂监视界面查看指令下发情况，启动前置报文监视界面监视AVC遥调报文以确认AVC遥调报文正确 | |
| | 5 | 变电站联调 | 1）修改通信厂站表中对应厂站的“是否允许遥控”为“是”。<br>2）修改AVC应用中AVC厂站表，修改“排除计算”为“否”。<br>3）修改AVC应用中AVC母线表，修改“参与计算”为“是”。<br>4）修改AVC应用中AVC变压器表，修改“参与计算”为“是”。<br>5）修改AVC应用中AVC容抗器表，修改“参与计算”为“是”。<br>6）在AVC遥控关系表中录入本厂站需要控制的点，先设置为“测试态”。<br>7）根据需要是否对设备设置特殊限值时段，如无，则采用全局限值参数（功率因数/电压限值/动作次数）。<br>8）校验母线、容抗器连接关系及相关计算参数。<br>9）在测试主机上启动“avc_yk_mmi”进程。<br>10）在控制状态图上，使用右键进行设备遥控测试，可先右击“显示相关信息”选项检查遥控参数等是否获取正常。<br>11）遥控预置测试确认界面弹出后，单击“确认”按钮并在前置报文监视界面监视AVC遥控报文以确认AVC遥控点号及控制操作是否正确。<br>12）如有需要，单击“遥控执行”按钮并在前置报文监视界面监视AVC遥控报文以确认AVC遥控点号及控制操作是否正确。<br>13）测试完成后，如果需要投入闭环控制，需在AVC遥控关系表中把控制点修改为“运行态” | 如需实际遥控，请确认“数字信号表”中该遥控点的相关SCADA安全防护已配置 |

## 5.4　作业完工（见表5-20）

**表5-20**　　作　业　完　工

| √ | 序号 | 内　容 |
|---|---|---|
| | 1 | 作业完成后，按实际联调情况撰写作业报告 |
| | 2 | 恢复安全措施，严格按现场安全技术措施中所做的安全技术措施恢复，恢复后经双方（工作人员及验收人员）核对无误 |
| | 3 | 工作负责人在工作票上详细记录工作完成情况、遗留问题、结论意见等 |
| | 4 | 经值班员验收合格，并在工作票上签字后，办理工作票终结手续 |

## 6 作业指导书执行情况评估（见表5-21）

**表5-21　　作业指导书执行情况评估**

<table>
<tr><td rowspan="4">评估内容</td><td rowspan="2">符合性</td><td>优</td><td></td><td>可操作项</td><td></td></tr>
<tr><td>良</td><td></td><td>不可操作项</td><td></td></tr>
<tr><td rowspan="2">可操作性</td><td>优</td><td></td><td>修改项</td><td></td></tr>
<tr><td>良</td><td></td><td>遗漏项</td><td></td></tr>
<tr><td>存在问题</td><td colspan="5"></td></tr>
<tr><td>改进意见</td><td colspan="5"></td></tr>
</table>

## 7 作业记录

D5000系统AVC联调工作记录（见附录A）。

# 附　录　A
## （规范性附录）
## D5000系统AVC联调工作记录

电厂/变电站名：×××　　　　　　　　　　　　时间：×××

<table>
<tr><td rowspan="2">序号</td><td colspan="2">工作内容</td><td rowspan="2">完成情况</td><td rowspan="2">备　注</td><td rowspan="2">完成人员</td></tr>
<tr><td>浙大AVC</td><td>南瑞科技AVC</td></tr>
<tr><td>1</td><td>建立AVC应用表</td><td>模型生成</td><td></td><td></td><td></td></tr>
<tr><td>2</td><td>数据库表下装</td><td>画面制作</td><td></td><td></td><td></td></tr>
<tr><td>3</td><td>AVC告警定义</td><td></td><td></td><td></td><td></td></tr>
<tr><td rowspan="3">4</td><td rowspan="3">省地联调</td><td>配置文件修改</td><td></td><td></td><td></td></tr>
<tr><td>省调接收测试</td><td></td><td></td><td></td></tr>
<tr><td>省调下发测试</td><td></td><td></td><td></td></tr>
<tr><td rowspan="2">5</td><td rowspan="2">电厂联调</td><td>数据库定义</td><td></td><td></td><td></td></tr>
<tr><td>联调测试</td><td></td><td></td><td></td></tr>
<tr><td rowspan="2">6</td><td rowspan="2">变电站联调</td><td>数据库定义</td><td></td><td></td><td></td></tr>
<tr><td>联调测试</td><td></td><td></td><td></td></tr>
</table>

编号：Q×××××××

# D5000系统状态估计调试
# 标准化作业指导书

编写：__________ ________年____月____日

审核：__________ ________年____月____日

批准：__________ ________年____月____日

作业负责人：________________

作业日期：______年____月____日____时至______年____月____日____时

国 网 浙 江 省 电 力 公 司

## 1　范围

本作业指导书适用于 D5000 系统的状态估计参数录入及调试的相关工作。

## 2　规范性引用文件

下列文件对于本文件的应用是必不可少的。凡是注日期的引用文件，仅注日期的版本适用于本文件；凡是不注日期的引用文件，其最新版本（包括所有的修改版）适用于本文件。

《电力监控系统安全防护管理规定》（国家发展和改革委员会令　第 14 号）

《智能电网调度技术支持系统》（Q/GDW 680—2011）

《地区智能电网调度技术支持系统应用功能规范》（Q/GDW Z461—2010）

《国家电网公司电力安全工作规程（变电部分）》（Q/GDW 1799.1—2013）

《国家电网公司电力调度自动化系统运行管理规定》（国家电网企管〔2014〕747 号）

《国家电网公司现场标准化作业指导书编制导则（试行）》（国家电网生〔2004〕503 号）

《国家电网公司关于加强安全生产工作的决定》（国家电网办〔2005〕474 号）

《国家电网公司关于开展现场标准化作业的指导意见》（国家电网生〔2006〕356 号）

《国家电网调度控制管理规程》（国家电网调〔2014〕1405 号）

《浙江电网自动化设备检修管理规定》（浙电调〔2012〕1039 号）

《浙江省电力系统调度控制管理规程》（浙电调〔2013〕954 号）

《浙江电网自动化主站"两票三制"管理规定（试行）》（浙电调字〔2009〕204 号）

## 3　作业前准备

### 3.1　准备工作安排（见表 5-22）

表 5-22　　准备工作安排

| √ | 序号 | 内　容 | 标　准 |
|---|---|---|---|
| | 1 | 根据本次作业项目、作业指导书，全体作业人员应熟悉作业内容、进度要求、作业标准、安全措施、危险点注意事项 | 要求所有作业人员都明确本次安装工作的作业内容、进度要求、作业标准及安全措施、危险点注意事项 |
| | 2 | 根据现场工作时间和工作内容填写工作票 | 工作票应填写正确，并按《国家电网公司电力安全工作规程（变电部分）》和《浙江电网自动化主站"两票三制"管理规定（试行）》相关部分执行 |
| | 3 | 作业调试人员应当熟悉全网拓扑结构，准备好本次调试厂站相关的设备参数 | 要求所有作业人员都明确本次调试的目标和区域、厂站内的接线方式 |
| | 4 | 作业人员应熟悉 D5000 系统事故处理应急预案 | 要求所有作业人员均能按预案处理事故，预案必须放置于值班台；<br>预案必须是及时按时修订的，具有可操作性。事故处理必须遵守《浙江电网自动化系统设备检修流程管理办法（试行）》及《浙江电力调度自动化系统运行管理规范》的规定 |

### 3.2 劳动组织（见表 5-23）

表 5-23 劳 动 组 织

| √ | 序号 | 人员名称 | 职　　责 | 作业人数 |
|---|---|---|---|---|
| | 1 | 工作负责人（安全监护人） | 1）明确作业人员分工。<br>2）办理工作票，组织编制安全措施、技术措施，合理分配工作并组织实施。<br>3）工作前对工作人员交代安全事项，工作结束后总结经验与不足之处。<br>4）严格遵照安规对作业过程安全进行监护。<br>5）对现场作业危险源预控负有责任，负责落实防范措施。<br>6）对作业人员进行安全教育，督促工作人员遵守安规，检查工作票所载安全措施是否正确完备，安全措施是否符合现场实际条件 | 1 |
| | 2 | 技术负责人 | 1）对安装作业措施、技术指标进行指导。<br>2）指导现场工作人员严格按照本作业指导书进行工作，同时对不规范的行为进行制止。<br>3）可以由工作负责人或安装人员兼任 | 1 |
| | 3 | 作业人员 | 1）严格依照安规及作业指导书要求作业。<br>2）经过培训考试合格，对本项作业的质量、进度负有责任 | 根据需要，至少 1 人 |

### 3.3 作业人员要求（见表 5-24）

表 5-24 作 业 人 员 要 求

| √ | 序号 | 内　　容 | 备注 |
|---|---|---|---|
| | 1 | 经年度安规考试合格 | |
| | 2 | 精神状态正常，无妨碍工作的病症，着装符合要求 | |
| | 3 | 经过调度自动化主站端维护上岗证培训，并考试合格 | |

### 3.4 技术资料（见表 5-25）

表 5-25 技 术 资 料

| √ | 序号 | 名　　称 | 备注 |
|---|---|---|---|
| | 1 | 状态估计技术手册 | |
| | 2 | D5000 系统使用手册——PAS V3.0 | |
| | 3 | 调试所需的调度命名、一次接线图、设备参数等相关资料 | 作业资料必须齐全，符合现场实际且参数正确 |

### 3.5 危险点分析及预控（见表 5-26）

表 5-26 危 险 点 分 析 及 预 控

| √ | 序号 | 内　　容 | 预 控 措 施 |
|---|---|---|---|
| | 1 | 网络拓扑关系与电网实际不符，影响全网状态估计的收敛性 | 工作前详细核对当前电网与目标电网的拓扑结构和图纸 |

续表

| √ | 序号 | 内　　容 | 预　控　措　施 |
| --- | --- | --- | --- |
|  | 2 | 设备参数不正确、不完整，影响全网状态估计的指标 | 操作前应当检测、核对参数的合理性和完整性 |
|  | 3 | 修改、增加、删除跟计划工作无关的信息，导致系统功能异常 | 明确作业范围并在作业中加强监护 |
|  | 4 | 参数设置及微调无法恢复，影响全网状态估计的指标 | 参数设置及微调要有详细记录，微调先在层次库中进行，经观察无误后再填入数据库 |

### 3.6 主要安全措施（见表 5-27）

表 5-27　　主 要 安 全 措 施

| √ | 序号 | 内　　容 |
| --- | --- | --- |
|  | 1 | 工作前详细核对相关图纸资料，并检查核对参数的合理性和完整性 |
|  | 2 | 参数和拓扑结构的修改需进行审核确认 |
|  | 3 | 工作过程中不得修改与调试无关的设备状态、参数等 |
|  | 4 | 全面核对所有作业，确保作业的完整性与正确性 |

## 4 流程图

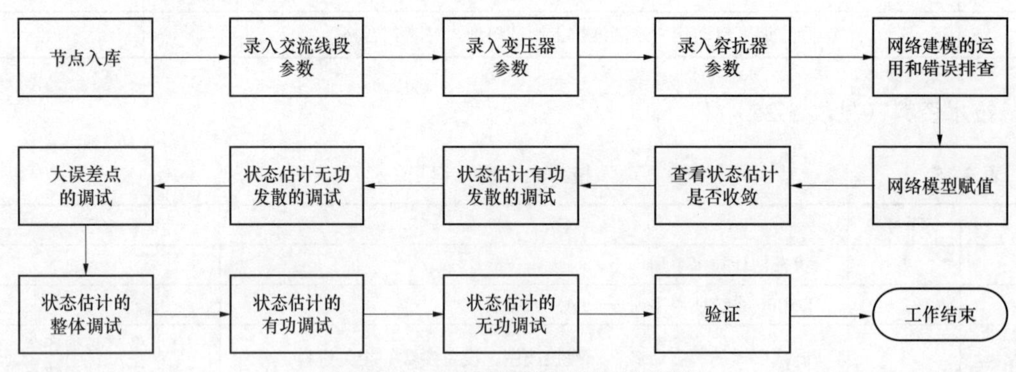


图 5-3　D5000 系统状态估计调试流程

## 5 作业程序及作业标准

### 5.1 工作许可

工作票负责人会同工作票许可人检查工作票上所列安全措施是否正确完备，并在工作许可人完成施工现场的安全措施及一起现场核查无误后，与工作票许可人办理工作票许可手续。

## 5.2 开工检查（见表 5-28）

表 5-28 开工检查

| √ | 序号 | 内容 | 标准及注意事项 |
| --- | --- | --- | --- |
| | 1 | 工作内容核对 | 核对本次工作的内容 |
| | 2 | 调试工作站是否工作正常 | 检查调试工作站是否正常工作，检查 PAS 网络是否正常 |
| | 3 | PAS 服务器检查 | PAS 服务器能否正常进行状态估计计算 |
| | 4 | 工作分工及安全交底 | 开工前工作负责人检查所有作业人员是否正确使用劳保用品，并由工作负责人带领进入作业现场并在工作现场向所有作业人员详细交代作业任务、安全措施和安全注意事项、设备状态及人员分工，全体作业人员应明确作业范围、进度要求等内容，并在工作票的工作班成员签字栏内签名 |

## 5.3 作业项目与工艺标准（见表 5-29）

表 5-29 D5000 系统状态估计调试作业

| √ | 序号 | 内容 | 标准 | 注意事项 |
| --- | --- | --- | --- | --- |
| | 1 | 节点入库 | 完成接线图后，对图形进行节点入库，查看有没有严重错误或者警告信息。如果有严重错误和警告信息，要把提示的警告和错误改正以后重新节点入库，直至无告警信息为止 | 节点入库成功后，应当检查节点号是否是连续的，一般连接在一起的设备，有一个端子的节点号是相同的。单击“拓扑着色”按钮，看是否所有设备都是带电的 |
| | 2 | 录入交流线段参数 | 在 DBI 中的 pas_model 应用下，打开交流线段表，在交流线段表中填入线路长度（km）及型号、电流正常限值或者填入电阻标幺值、电抗标幺值和充电电容标幺值（正序电纳标幺值）、电流正常限；也可输入电阻、电抗和充电电容（正序电纳）有名值、电流正常限，选其一即可 | 根据能够获取的参数情况选择填写 |
| | 3 | 录入变压器参数 | 在 DBI 中的 pas_model 应用下，打开变压器绕组表，选择分接头类型，填入额定功率（MVA）、额定电压、短路损耗（kW）和短路电压百分比（只填百分号前面的值，如 12 即表示 12%）。如果有设备实测的电阻标幺值、电抗标幺值、电纳标幺值，直接填入即可 | 对于短路损耗和短路电压百分比，如果是双绕组变压器，只有一组损耗和电压百分比的实验数据，填入高压侧绕组的参数表中；如果是三绕组变压器，有三组损耗和电压百分比的数据（高中、高低、中低），将高中侧的数据填入高压侧绕组参数表，高低侧数据填入中压侧绕组参数表，中低侧数据填入低压侧绕组参数表 |
| | 4 | 录入容抗器参数 | 在 DBI 中的 pas_model 应用下，打开容抗器表，选择容抗器的类型，填入额定电压（kV）和额定容量（Mvar） | 这里需要注意的是，并联电容器的额定容量为正——提供无功；而并联电抗器的额定容量为负——吸收无功 |
| | 5 | 录入发电机参数 | 在 DBI 中的 pas_model 应用下，打开发电机表，选择发电机类型，填入额定容量（MVA）、额定出力、有功出力上下限（MW）和无功出力上下限（Mvar） | |

续表

| √ | 序号 | 内容 | 标　准 | 注意事项 |
|---|---|---|---|---|
| | 6 | 网络建模的运用和错误的排查 | 进入“网络建模”主界面，先单击“转化成标幺值”按钮将填入的有名值和系统的基值转化成相应的标幺值；再单击“模型验证”按钮进行模型验证，验证的错误将在图形下部的列表中显示出来。<br>下面具体分析各类错误常见类型和纠错方法：<br>1）缺少参数、参数错误——缺少 PAS 计算必须的参数，根据错误提示在数据库的 pas_model 应用的相应表中填入相应的参数（一般提示的是设备的电阻电抗电纳标幺值没有填，可能是填了别的设备参数类型，没有转换成标幺值）。<br>2）节点号错误——重新对该厂站进行节点入库。<br>3）参数偏离正常值——设备参数可能填写有误，核查并修改。<br>4）无节点号——重新对相关厂站进行节点入库；另一种原因是由于在图形中删除了设备而在库中未删除造成的，要在库中将图形中已删的设备删去。<br>5）节点空挂——二次设备和终端设备的节电空挂可以忽略，但一次主设备相连的相关节点空挂的告警，可能是做图时设备未连好，或者相连的设备在 PAS 应用下不相连。将告警排除后再做节点入库 | 必须将所有的严重错误排除后才能将模型赋值给状态估计，否则模型验证不通过，状态估计不能正常使用 |
| | 7 | 网络模型赋值 | 如果没有严重错误，就可以单击“模型复制”按钮把最新的网络建模模型复制给状态估计进行计算 | 最新网络模型赋值给状态估计后，状态估计主进程会自动重启进行计算 |
| | 8 | 查看状态估计是否收敛 | 如果状态估计显示是发散的，在电气岛与迭代信息界面看哪个电气岛是发散的，缩小异常范围，然后在该电气岛中查找发散原因 | 如果状态估计发散，状态估计得不到正确的结果，必须进一步核查参数和量测的正确性 |
| | 9 | 状态估计有功发散的调试 | 有功发散的解决方法：<br>1）检查是否有多岛计算的情况发生，如果有多岛，查看是哪个岛发散。<br>2）检查发散岛内的线路、主变压器参数，是否存在很小的电抗。若存在，则返回 DBI 的 pas_model 应用下线路或变压器表中修改相关参数。<br>3）检查发散岛内的线路、主变压器参数中是否有电阻远大于电抗的情况。若存在，则返回 DBI 的 pas_model 应用下线路或变压器表中修改相关参数。<br>4）找到全网最大有功偏移的母线，检查该母线周边的线路参数、量测，若存在参数错误，返回 DBI 的 pas_model 应用的线路表中修改相关参数。若量测异常，采取对端代或人工置数等措施临时处理并记录缺陷。<br>5）检查是否有电网模型错误的情况。通过置伪遥信将此最大有功偏移的母线周围相关的支路（线路、主变压器）从主网中切除，再启动状态估计。用此方法找到电网模型中有问题的部分，并进行节点入库的相关检查。<br>6）检查系统有无很大很不合理量测（这种情况多出现迭代一次就发散的情况）。根据电气岛迭代信息表的内容，找出这种不合理量测设备所在厂站，在 DBI 中查看“计算前值”域，查找这种“很大很不合理遥测”的值，屏蔽此量测，启动状态估计计算，最后待处理该遥测异常问题后再解除屏蔽 | |

续表

| √ | 序号 | 内容 | 标　准 | 注意事项 |
|---|---|---|---|---|
| | 10 | 状态估计无功发散的调试 | 无功发散时解决有功发散的方法同样也要考虑，同时可以从以下几个方面进行检查：<br>1）变压器绕组额定电压参数、挡位参数、挡位量测有错误，尤其是系统中最高（最低）电压等级的厂站中的主变压器，其电压等级对应的电压基值与其额定电压是否匹配。若参数存在错误，则返回 DBI 中 pas_model 应用的变压器表和变压器绕组表中修改相关参数。若量测异常，采取遥测置数等临时处理并记录缺陷。<br>2）电容器参数有误，网络分析中需要按照 Mvar 单位输入，可以逐一查看电容器周边有无很大的不合理的无功。若存在错误，则返回 DBI 中 pas_model 应用的容抗器表中修改相关参数。<br>3）高压线路，尤其是 500kV 线路的充电无功有无问题。500kV 高压线路的充电无功很大，在线路端点或 500kV 主变压器低压侧（35kV 侧）需要连接电抗器来吸收无功，检查并完善电抗器建模，相关的开关刀闸状态是否正确。<br>4）找到全网无功偏差最大的母线，检查周边的线路参数、量测。若存在参数错误，返回 DBI 的 pas_model 应用的线路表中修改相关参数。若量测异常，采取人工置数等临时处理措施并记录缺陷。<br>5）对于电网模型参数中有问题的，通过置伪遥信将此母线周围相关的支路（线路、主变压器）从主网中切除，再启动状态估计，以明确电网模型中的异常部分，并进行节点入库的相关检查。<br>6）系统没有任何一个电压量测。这种情况多出现在拓扑后解裂的子网小岛中，偶尔也出现在调试的系统中。该情况下，迭代过程中的母线电压会发生大幅度变化，有的电压有可能升到 2.0 标幺值，有的电压有可能降到 0.5 标幺值，有时候状态估计还能认为计算已经收敛，但收敛结果的电压水平很差先检查没有 SCADA 的电压量测的原因，是否定义为 AC 相电压或者 BC 相电压值，如果是暂时收不上来的数据可以先用状态估计伪量测代替 | 无功发散主要是线路的充电电纳、变压器的电阻填的不正确以及部分无功量测错误，需要逐一核查 |
| | 11 | 大误差点的调试原则 | 如果状态估计计算是收敛的，但合格率比较低，就要看状态估计里面的大误差点列表，提高状态估计合格率就是要消除表中列出的不合格量测点。该列表中较大计算误差的量测点往往是多种原因综合作用的结果，不一定是其所在厂站的参数或量测错误直接引起的 | 状态估计调试的整体原则：先整体再局部、先高压再低压、先有功再无功。无功调试时也要考虑调试有功的方法。调试中，一般先调节有功，因为 SCADA 系统中有功量测的准确度比无功高，相对要比无功更容易调试。调试有功的过程中也就解决了大多数量测中的遥信、遥测问题 |
| | 12 | 状态估计的整体调试 | 首先要保证其高电压等级计算正确。整体调试方法：<br>1）先逐厂站检查最高电压等级对应电网中的厂站，检查状态估计结果和量测数据直接的偏差。<br>2）对于误差较大的厂站，进行人工分析，找出量测和参数中的问题。若存在参数错误，返回 DBI 的 pas_model 应用的相应表中修改相关参数。若量测异常，采取遥测置数或遥信置位等临时处理措施并记录缺陷 | 最高电压等级对应的电力网络骨干网络，是其他电压等级对应的电力网络的电源。<br>一般在联调结束后定义公式，以避免联调期间数据跳变给相关公式带来影响 |

续表

| √ | 序号 | 内容 | 标　　准 | 注意事项 |
| --- | --- | --- | --- | --- |
|  | 13 | 状态估计的有功调试 | 状态估计的有功调试方法：<br>1）有无不平衡量较大的线路和主变压器，通过预处理信息中的量测不平衡列表来检查，若有，查看潮流有功、无功的数值、符号是否匹配。若不匹配，进行人工分析，找出量测和参数中的问题。若存在参数错误，返回 DBI 的 pas_model 应用的相应表中修改相关参数。若量测异常，采取遥测置数等临时处理措施并记录缺陷。<br>2）有无母线有功（无功）不平衡的情况，通过预处理信息中的量测不平衡列表中来查看，若有，则找出错误的量测，采取人工置数等临时处理措施并记录缺陷。<br>3）发电、负荷的符号是否存在不正确，可以通过有功注入不合理来检查。对量测符号错误的情况，主站临时取反并记录缺陷。<br>4）有无不应该屏蔽的遥测情况。可以通过量测控制的全部伪量测列表来检查。若有不该屏蔽的遥测，解除屏蔽并启动状态估计计算。<br>5）有无遥信断开但是遥测值不为 0 的情况。检查可疑数据中大误差点列表中有无状态估计为 0 但量测不为 0 的情况。若遥信或遥测错误，可通过遥信预处理中的可疑的开关、刀闸列表来确定，并采取置伪遥信、遥信封锁或遥测置数的方法临时处理并记录缺陷。<br>6）有无母联开关分，但是线路、主变压器的正、副母刀闸均合上的情况。可通过对比两条母线的电压量测是否完全相同来判定是否错误合环。若有错误合环，则采取置伪遥信或遥信封锁的方法临时处理并记录缺陷。<br>7）有无母联开关合，但是所连母线的电压量测相差较大的情况。检查母联开关是否错误的合上。若错误合上，采取置伪遥信或遥信封锁的方法临时处理并记录缺陷。<br>8）有无线路、主变压器被旁路代的情况。若有，检查旁路开关和线路的旁路刀闸是否状态正确，若有错误遥信，则采取置伪遥信或遥信封锁的方法临时处理并记录缺陷。<br>9）对有功不合理的线路，检查线路开关是否错误合上，导致错误合环，把两个相角相差较大的节点合在一起。若有错误合环，采取置伪遥信或遥信封锁的方法临时处理并记录缺陷。<br>10）双回线上的估计结果与量测不一致，双回线参数可能有误。若存在参数错误，返回 DBI 的 pas_model 应用的交流线段表中修改相关参数。若有量测错误，则采取遥测置数的方法临时处理并记录缺陷。<br>11）环网上的计算结果与量测不一致，环网上的线路的参数可能有误。若存在参数错误，返回 DBI 的 pas_model 应用的交流线段表中修改相关参数。若确定量测错误，则采取遥测置数的方法临时处理并记录缺陷。<br>12）并列运行的两台主变压器计算出的有功与量测不一致，主变压器的阻抗参数可能有误。核对参数，若存在参数错误，返回 DBI 的 pas_model 应用的变压器表和变压器绕组表中修改相关参数。若确定量测错误，则采取遥测置数的方法临时处理并记录缺陷 | 量测被屏蔽，状态估计计算时不采用该量测值 |

续表

| √ | 序号 | 内容 | 标　准 | 注意事项 |
|---|---|---|---|---|
| | 14 | 状态估计的无功调试 | 有功调试正确后，基本上系统中的开关、刀闸的状态也就正确了。有功调试的方法也都适用于无功的调试，无功调试还需要考虑以下一些问题：<br>1. 主变压器挡位的调节方法。<br>1）估计得到的主变压器无功是否与量测偏差较大，估计结果中是否出现了双主变压器之间的无功环流。如果有，检查并列运行的双主变压器分头参数是否正确、计算采用的挡位值是否正确。若存在参数错误，返回 DBI 的 pas_model 应用的变压器表和变压器绕组表中修改相关参数。<br>2）估计得到的母线电压值是否与量测值偏差较大，如有偏差，则主变压器参数（主要是主变压器的额定电压）和挡位有问题。若存在参数错误，返回 DBI 的 pas_model 应用的变压器表和变压器绕组表中修改相关参数。若存在挡位错误，采取遥测置数临时处理并记录缺陷。<br>3）可利用主变压器周围的有功、无功、电压量测对挡位进行校验和修正。<br>4）对于挡位可估计的绕组，如果估计结果已达到挡位上限（如挡位=1 为最大挡）但电压仍不合理，很可能是分头类型参数有误。若参数有误，则返回 DBI 的 pas_model 应用的变压器绕组表中修改分接头类型。<br>2. 并联容抗器的调试。<br>1）电容器开关遥信状态是否正确。若有错误，采取置伪遥信或遥信封锁的方法临时处理并记录缺陷。<br>2）电容器计算得到的无功是正的（发出无功）、电抗器是负的（吸收无功），单位都是 Mvar。如果数值不合理，检查电容器参数。若存在参数错误，返回 DBI 的 pas_model 应用的容抗器表中修改相关参数。若存在量测错误，采取遥测置数临时处理并记录缺陷。<br>3. 高压线路的充电无功调试。<br>1）估算高压线路（尤其是 500kV 线路）的充电无功是否正确，若不正确，则采用遥测置数等办法临时处理并记录缺陷。<br>2）检查电网中在 500kV 线路端点或 500kV 主变压器低压侧（35kV 侧）连接的电抗器是否建模，相关的遥信状态是否正确。若未建模，则对网络建模的错误进行处理。<br>3）对有大量不合理的无功流动的线路，同时检查线路两端的电压是否与量测不符。开关遥信错误，导致错误合环，把两个电压相差较大的母线合在一起。若有错误合环，采取置伪遥信或遥信封锁的方法临时处理并记录缺陷 | |
| | 15 | 验证 | 作业完成后，详细核对状态估计计算结果与实际量测是否存在偏差，状态估计合格率是否能够达到要求 | |

## 5.4 作业完工（见表 5-30）

**表 5-30**　　　　作　业　完　工

| √ | 序号 | 内　容 |
|---|---|---|
| | 1 | 核对状态估计遥测合格率、量测覆盖率是否满足要求，并填写调试报告（见附录 A） |

续表

| √ | 序号 | 内　容 |
|---|---|---|
| | 2 | 统计、汇总量测问题和量测人工干预点（状态估计代、对端代、遥测置数、遥信封锁等），提交自动化运行值班员 |
| | 3 | 恢复安全措施，严格按现场安全技术措施中所做的安全技术措施恢复，核对无误 |
| | 4 | 工作负责人在工作票上详细记录工作完成情况、遗留问题、结论意见 |
| | 5 | 经值班员验收合格，并在工作票上签字后，办理工作票终结手续 |

## 6　作业指导书执行情况评估（见表 5-31）

表 5-31　　作业指导书执行情况评估

| 评估内容 | 符合性 | 优 | | 可操作项 | |
|---|---|---|---|---|---|
| | | 良 | | 不可操作项 | |
| | 可操作性 | 优 | | 修改项 | |
| | | 良 | | 遗漏项 | |
| 存在问题 | | | | | |
| 改进意见 | | | | | |

## 7　作业记录

D5000 系统状态估计调试报告（见附录 A）。

# 附　录　A

## （规范性附录）

## D5000 系统状态估计调试报告

| 作业记录 | | | | |
|---|---|---|---|---|
| √ | 序号 | 内　　容 | 备　　注 | |
| | 1 | 节点入库 | | |
| | 2 | 录入交流线段的参数 | 参数记录 | |
| | 3 | 录入变压器的参数 | 参数记录 | |
| | 4 | 录入容抗器参数 | 参数记录 | |
| | 5 | 网络建模的运用和错误的排查 | | |
| | 6 | 网络模型赋值 | | |
| | 7 | 在状态估计主界面上看状态估计是否收敛 | | |
| | 8 | 验证 | 状态估计遥测合格率： | 厂站覆盖率： |
| 自验收记录（此处简要描述状态估计调试情况，包含以下内容） | | | | |
| √ | 序号 | 内　　容 | 发现问题 | 处理方法 |
| | 1 | 状态估计有功发散的调试 | | |
| | 2 | 状态估计无功发散的调试 | | |
| | 3 | 大误差点的调试步骤 | | |
| | 4 | 状态估计的整体调试 | | |
| | 5 | 状态估计的有功调试 | | |
| | 6 | 状态估计的无功量测调试 | | |
| 存在问题及处理意见 | | 设备参数尚存问题、不合格量测和量测人工干预点（状态估计代，对端代） | | |
| 调试结论 | | | | |
| 责任人签字： | | | 调试时间： | |

编号：Q××××××××

# D5000 系统厂站接入
# 标准化作业指导书

编写：__________ ________年____月____日

审核：__________ ________年____月____日

批准：__________ ________年____月____日

作业负责人：________________

作业日期：_____年____月____日____时至_____年____月____日____时

国 网 浙 江 省 电 力 公 司

## 1 范围

本作业指导书适用于 D5000 系统的新建、改建、扩建工程涉及的厂站接入和通道调试作业。

## 2 规范性引用文件

下列文件对于本文件的应用是必不可少的。凡是注日期的引用文件，仅注日期的版本适用于本文件；凡是不注日期的引用文件，其最新版本（包括所有的修改版）适用于本文件。

《电力监控系统安全防护管理规定》（国家发展和改革委员会令　第 14 号）

《智能电网调度技术支持系统》（Q/GDW 680—2011）

《地区智能电网调度技术支持系统应用功能规范》（Q/GDW Z461—2010）

《国家电网公司电力安全工作规程（变电部分）》（Q/GDW 1799.1—2013）

《国家电网公司电力调度自动化系统运行管理规定》（国家电网企管〔2014〕747 号）

《国家电网公司现场标准化作业指导书编制导则（试行）》（国家电网生〔2004〕503 号）

《国家电网公司关于加强安全生产工作的决定》（国家电网办〔2005〕474 号）

《国家电网公司关于开展现场标准化作业的指导意见》（国家电网生〔2006〕356 号）

《国家电网调度控制管理规程》（国家电网调〔2014〕1405 号）

《浙江电网自动化设备检修管理规定》（浙电调〔2012〕1039 号）

《浙江省电力系统调度控制管理规程》（浙电调〔2013〕954 号）

《浙江电网自动化主站“两票三制”管理规定（试行）》（浙电调字〔2009〕204 号）

## 3 作业前准备

### 3.1 准备工作安排（见表 5-32）

表 5-32　　准备工作安排

| √ | 序号 | 内　　容 | 标　　准 |
|---|---|---|---|
| | 1 | 根据本次作业项目、作业指导书，全体作业人员应熟悉作业内容、进度要求、作业标准、安全措施、危险点注意事项 | 要求所有作业人员都明确本次作业内容、进度要求、作业标准及安全措施、危险点注意事项 |
| | 2 | 准备好作业所需的调度命名、一次接线图、信息表、通道参数等相关资料 | 作业资料必须齐全，符合现场实际 |
| | 3 | 根据现场工作时间和工作内容填写工作票 | 工作票应填写正确，并按《国家电网公司电力安全工作规程（变电部分）》和《浙江电网自动化主站“两票三制”管理规定（试行）》相关部分执行 |
| | 4 | 作业人员应熟悉 D5000 系统事故处理应急预案 | 要求所有作业人员均能按预案处理事故，预案必须放置于值班台；<br>预案必须是及时按时修订的，具有可操作性。事故处理必须遵守《浙江电网自动化系统设备检修流程管理办法（试行）》及《浙江电力调度自动化系统运行管理规范》的规定 |

## 3.2 劳动组织（见表 5-33）

表 5-33　　劳 动 组 织

| √ | 序号 | 人员名称 | 职　　责 | 作业人数 |
|---|---|---|---|---|
| | 1 | 工作负责人（安全监护人） | 1）明确作业人员分工。<br>2）办理工作票，组织编制安全措施、技术措施，合理分配工作并组织实施。<br>3）工作前对工作人员交代安全事项，工作结束后总结经验与不足之处。<br>4）严格遵照安规对作业过程安全进行监护。<br>5）对现场作业危险源预控负有责任，负责落实防范措施。<br>6）对作业人员进行安全教育，督促工作人员遵守安规，检查工作票所载安全措施是否正确完备，安全措施是否符合现场实际条件 | 1 |
| | 2 | 技术负责人 | 1）对安装作业措施、技术指标进行指导。<br>2）指导现场工作人员严格按照本作业指导书进行工作，同时对不规范的行为进行制止。<br>3）可以由工作负责人或安装人员兼任 | 1 |
| | 3 | 作业人员 | 1）严格依照安规及作业指导书要求作业。<br>2）经过培训考试合格，对本项作业的质量、进度负有责任 | 根据需要，至少 1 人 |

## 3.3 作业人员要求（见表 5-34）

表 5-34　　作 业 人 员 要 求

| √ | 序号 | 内　　容 | 备注 |
|---|---|---|---|
| | 1 | 经年度安规考试合格 | |
| | 2 | 精神状态正常，无妨碍工作的病症，着装符合要求 | |
| | 3 | 经过调度自动化主站端维护上岗证培训，并考试合格 | |

## 3.4 技术资料（见表 5-35）

表 5-35　　技 术 资 料

| √ | 序号 | 名　　称 | 备注 |
|---|---|---|---|
| | 1 | D5000 系统使用手册——基础平台 V3.0 | |
| | 2 | D5000 系统新建厂站接入技术手册 | |
| | 3 | 待接入厂站的调度命名、信息表、图纸等资料 | 与实际现场相符 |
| | 4 | 相关的工作联系单及调度命名文件 | |

## 3.5 危险点分析及预控（见表 5-36）

表 5-36　　危 险 点 分 析 及 预 控

| √ | 序号 | 内　　容 | 预 控 措 施 |
|---|---|---|---|
| | 1 | 图纸资料与实际或现场不符导致拓扑关系错误 | 工作前详细核对图纸资料 |

续表

| √ | 序号 | 内　　容 | 预 控 措 施 |
|---|---|---|---|
| | 2 | 画面及信息定义有误引起的功能异常 | 加强作图画面及信息定义的校核工作 |
| | 3 | 修改、增加、删除跟计划工作无关的信息 | 工作中加强监护，严格管理用户权限 |
| | 4 | 新建厂站告警信息影响实时监控业务和信息统计 | 新厂站划入调试责任区，严格管理责任区 |
| | 5 | 作业流程不完整导致功能缺失 | 严格按步骤执行，并做好逐项记录 |

### 3.6 主要安全措施（见表 5-37）

表 5-37　　主 要 安 全 措 施

| √ | 序号 | 内　　容 |
|---|---|---|
| | 1 | 详细核对图纸和信息表等资料 |
| | 2 | 新增厂站划入调试责任区 |
| | 3 | 维护人员仅拥有待接入厂站的修改权限，作业过程加强监护 |
| | 4 | 全面核对所有作业，确保作业的完整性与正确性 |

## 4 流程图

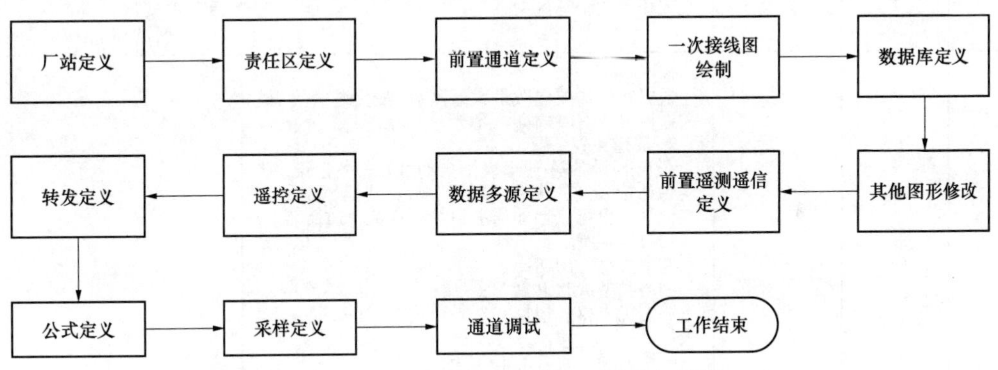


图 5-4　D5000 系统新改扩建厂站接入流程

## 5 作业程序及作业标准

### 5.1 工作许可

工作票负责人会同工作票许可人检查工作票上所列安全措施是否正确完备，并在工作许可人完成施工现场的安全措施及一起现场核查无误后，与工作票许可人办理工作票许可手续。

### 5.2 开工检查（见表 5-38）

表 5-38　　开 工 检 查

| √ | 序号 | 内　　容 | 标准及注意事项 |
|---|---|---|---|
| | 1 | 工作内容核对 | 核对本次工作的内容，除了一般的工作内容外，应确定是否有转发定义，包括哪些公式定义等 |

续表

| √ | 序号 | 内 容 | 标准及注意事项 |
|---|---|---|---|
| | 2 | 资料检查 | 详细检查核对作业所需的资料，如一次接线图、信息表、通道接入资料（厂站IP地址或模拟/数字通道分配资料）、公式定义要求、报表要求、告警要求等 |
| | 3 | 工作分工及安全交底 | 开工前工作负责人检查所有工作人员是否正确使用劳保用品，并由工作负责人带领进入作业现场并在工作现场向所有工作人员详细交代作业任务、安全措施和安全注意事项、设备状态及人员分工，全体工作人员应明确作业范围、进度要求等内容，并在工作票工作班成员签字栏内分别签名 |

## 5.3 作业项目与工艺标准（见表5-39）

**表5-39　　D5000系统新增厂站接入作业**

| √ | 序号 | 内容 | 标 准 | 注意事项 |
|---|---|---|---|---|
| | 1 | 厂站定义 | 在DBI界面打开SCADA/系统类/厂站信息表，在厂站信息表中新加一条记录，所要输入的域：厂站名称、厂站编号、记录所属应用、区域ID、厂站类型、厂站拼音名、是否事故推画面 | 厂站编号建议按类型做好规划 |
| | 2 | 责任区定义 | 在总控台上启动责任区定义界面，将该厂站定义在相关的责任区中 | 一般在联调期间，新增厂站应属于调试责任区，投运后划入试运行责任区，试运行结束后划入相应的责任区 |
| | 3 | 前置通道定义 | 1. 通信厂站设置<br>根据实际需要更改最大遥测数、最大遥信数、最大遥控数、对时周期、是否遥控等。<br>2. 通道设置<br>在FES/设备类/通道表中自动触发一条记录，默认为该接入站的未命名通道。根据实际情况修改该记录，也可以增加通道记录，规范通道命名。<br>1）104通道。<br>通道类型：网络；<br>网络类型：TCP客户；<br>通道优先权：根据实际需要设定，1级最高，4级最低；<br>网络描述：对方的IP地址；<br>端口号：2404；<br>RTU地址：公共地址；<br>工作方式：主站；<br>校验方式：无校验；<br>通道规约类型：IEC-104。<br>2）101通道。<br>通道类型：串口；<br>通道优先权：根据实际需要设定，1级最高，4级最低；<br>网络描述：终端服务器号，如ts17；<br>端口号：该终端服务器的第几个端口，1～16；<br>工作方式：主站；<br>RTU地址：公共地址；<br>校验方式：偶校验；<br>波特率：9600（应按实际设定）；<br>通道规约类型：IEC-101。<br>3. 通信规约设置<br>设置遥信、遥测、遥控、SOE起始地址及相关参数：标准101的遥信、遥测、遥控的起始地址分别为1H、4001H、6001H；若是华东版101，遥信起始地址应为21H | 1）是否允许遥控域在遥控试验及投运期间设为是，其余时间设为否。<br>2）故障阈值一般在投运后设为10%，其余时间设为0。<br>3）注意遥控起始地址的配置 |

续表

| √ | 序号 | 内容 | 标　　准 | 注意事项 |
|---|---|---|---|---|
| | 4 | 一次接线图绘制 | 1. 主接线图绘制<br>利用 GDesigner 绘制厂站接线图。启动图形编辑器有三种方式。<br>方法一：在 D5000 系统主控台上选择“图形编辑”图标。<br>方法二：在终端命令窗口执行 GDesigner 命令。<br>方法三：在画面显示（图形浏览器）界面上选择“新建编辑图形”命令。<br>在绘制图形时可以选择类似的接线图，单击“另存图形”按钮，输入图形文件名和关联厂站，另存时提示是否要清除数据库连接，单击“是”按钮，修改完后网络保存。<br>2. 设备定义入库<br>在图形编辑界面中，可按间隔或单个设备定义入库，并定义设备的相关属性如设备名、电压等级等，确保接线图中所有的设备均已定义入库。<br>3. 节点入库<br>在作图界面中，单击“节点入库”按钮，实现该厂站的节点入库，更新电网拓扑模型 | 1）图形文件命名、保存路径应统一规范。<br>2）设备命名应符合规范。<br>3）图形文件使用应统一规范。<br>4）图形整体布局应符合相关文件要求、保持风格一致性。<br>5）应做好设备的间隔关联及画面组合。<br>6）图形节点入库前应消除所有告警，确保图形联库正确并且不存在需链接等错误 |
| | 5 | 数据库定义 | 1. 电网参数<br>根据 PAS 要求，在设备类的相关设备定义设备参数，主要有以下参数。<br>1）线路：电压等级，电阻、电抗和电纳：可输入有名值或标幺值，也可以输入线路类型和长度；线路电流限值。<br>2）变压器：各侧电压等级、各侧铭牌电压（分别在高、中、低端额定电压栏输入，两绕组变压器中压侧不输入）、各侧额定容量（MVA）（两绕组变压器输入高压侧即可）、各侧短路损耗（kW），各侧短路电压百分数，各侧阻抗有名值或标幺值、高中压侧抽头类型、高中压侧正常运行方式下抽头位置、高压侧是否有载调压。<br>3）电容电抗器：电压等级、容抗器类型（并联电容、并联电抗、串联电容、串联电抗、分裂电抗）、额定无功容量（Mvar）。<br>4）发电机：电压等级，额定功率（MVA），有功最大最小出力（MW）、无功最大最小出力（Mvar），机组类型（水电、火电等）。<br>5）负荷：电压等级。<br>6）开关、刀闸：电压等级、类型（开关、非接地刀闸、接地刀闸）。<br>2. 测点类<br>1）SCADA/设备类/测点遥测信息表：添加类似母线频率、发电机可调速率、发电机出力上/下限、发电机可用容量等记录。<br>2）SCADA/设备类/测点遥信信息表：添加类似脱硫装置投切信号、AGC 投入/退出信号、机组有功高/低越限告警信号等记录。<br>3）SCADA/设备类/保护节点表：可通过手工录入，也可通过专用工具导入。需定义保护名称、间隔 ID（通过域值设定整个间隔的保护）、保护类型（用于告警），是否光字牌设为“是”。 | 1）具有遥控功能虚遥信一般建议定义在测点遥信表中。<br>2）保护节点表中的事故总信号的保护类型应设为“事故总”。<br>3）根据实际需要定义自定义告警方式。<br>4）根据实际需要定义限值。<br>5）PAS 参数一般建议由运方专业录入 |

续表

| √ | 序号 | 内容 | 标　　准 | 注意事项 |
|---|---|---|---|---|
|  | 5 | 数据库定义 | 4）SCADA/设备类/终端设备表：添加类似避雷器等设备。<br>3. 参数类<br>二次遥信定义表中定义相关遥信的自定义告警方式。<br>4. 计算类<br>1）如果需要定义该厂站的一些总加量，需要在SCADA/计算类/计算值表中先定义一条总加量的记录，如某站220kV侧总有功，然后利用公式定义来计算该总加值。<br>2）在 SCADA/计算类/限值表中定义相关遥测的限值定义。<br>3）在 SCADA/计算类/特殊值计算表中定义变压器挡位、功率因数等量测 |  |
|  | 6 | 其他图形修改 | 1. 编辑接线图索引及通道图、工况图、新增该厂站的链接。<br>2. 其他分画面绘制。<br>根据需要绘制光字牌、间隔图、其他遥测、其他遥信、其他遥控、主变压器油温、主变压器挡位等分画面 |  |
|  | 7 | 前置遥测遥信定义 | 1. 前置遥测定义<br>在前置遥测定义表中仅需要填写通道和点号以及系数即可。按照变电站送上来的顺序在点号域中填写点号，并可以通过域值设定选择通道。单击“域值设定”按钮，然后单击“通道一”按钮，可以把该厂站内所有的记录一次设置域值，通道二、三、四按实际情况设置。<br>1）死区值：一般填0，不判死区，即RTU送过来的遥测就直接从FES往SCADA送。如果填写一个数值$a$，则这次送来的值和上一次送来的值之间的差值$<a$，就认为该值在死区范围内，FES不将这次的值送给SCADA。<br>2）归零值：一般填0，不判零漂。如果填上数值$a$，就会把从RTU送过来的绝对值$<a$的值当0送往SCADA。<br>3）系数：填写从源码值还原成一次值的比例关系。<br>4）满码值：RTU送最大数值的码值。<br>5）满度值：该遥测量的最大值、满码值和满度值配合使用。例如，一个220V的母线电压，它的满度值250V，它的满码值为4096，这就意味着RTU送4096就代表250V。<br>关于遥测的换算，首先查看通道表该通道的遥测类型，遥测类型有三个选项：计算量、工程量、实际值。<br>6）计算量：在前置遥测定义表的系数域中填写系数。满度值、满码值不参与计算，系统缺省配置为1。实际值=原码×系数+基值。<br>7）工程量：在前置遥测定义表的系数域中填写满度值、满码值。实际值=原码×满度值/满码值+基值。<br>8）实际值：不计算，直接为RTU送的值。 | 前置遥测/遥信定义填写通道名时，一般按通道号从小到大排列，即通道一定义为通道编号最小的通道，通道四定义为通道编号最大的通道 |

续表

| √ | 序号 | 内容 | 标　　准 | 注意事项 |
|---|---|---|---|---|
| | 7 | 前置遥测遥信定义 | 2. 前置遥信定义<br>在前置遥信定义表中仅需要填写通道和点号即可，同前置遥测定义表。<br>1）是否过滤抖动：单选菜单，是或者否。选为“是”就意味着如果该点遥信有抖动会过滤掉抖动过程中成对出现的遥信。<br>2）抖动时限：填写判断抖动的时间。在该时间内来的成对遥信会被前置滤去。<br>3）极性：单选菜单。正极性意味遥信 0 判为分、1 判为合。反极性意味遥信 1 判为分、0 判为合。一般该域值设为正极性 | |
| | 8 | 数据多源定义 | 1. 在 SCADA/参数类/遥测定义表中，将相关的遥测“是否点多源”域定义为“是”。<br>2. 在 SCADA/计算类/点多源表中定义点多源，需定义类型、是否取状态估计 、优先级判定、来源数目、来源 ID、优先级判定等域 | 优先级判定：根据各来源量的质量码的多源数据优先级值进行判定，具体定义可参见数据质量信息表，优先取值高的量，其中越限的量与正常的量具备同等优先级。在同等质量码的情况下，按顺序由高到低 |
| | 9 | 遥控定义 | 1）在 SCADA/参数类/遥信定义表中选中具备遥控功能的开关（或虚遥信），将“是否遥控”设为“是”。<br>2）在 SCADA/参数类/遥控定义表中定义遥控号。遥控号为偏移量，起始地址在规约表中定义。遥控方式一般设为监护遥控，也可根据实际情况设置单人遥控。<br>3）在遥控挡位关系表中定义主变压器挡位升、降、急停的遥信 ID 及合、分操作。<br>4）通信厂站表中将该厂站的“是否遥控”设为“是” | 通信厂站表的“是否遥控”一般在联调期间或投运后设为“是”，一般配置为监护遥控 |
| | 10 | 转发定义 | 1. 在 SCADA/参数类/遥信定义表或遥测定义中选中相应的遥测或遥信，将“是否转发”设为“是”。<br>2. 在前置转遥测、遥信发表中定义转发序号和通信厂站 | |
| | 11 | 公式定义 | 在公式定义工具中定义计算公式，新增厂站相关的公式一般有系统总加、变电站总加、功率因数、主变压器挡位等，公式命名应规范，保存在相应的分类中 | 一般在联调结束后定义公式，以避免联调期间数据跳变给相关公式带来影响 |
| | 12 | 采样定义 | 在采样定义工具中定义采样，根据实际情况设置为 5min 采样或者 1min 采样，在所有 SCADA 机器上执行 hissam_install 更新采样模版表 | |
| | 13 | 通道调试 | 数据库前置通道定义完成后，可与厂站进行通道调试工作。<br>1. 确定主站通道定义和厂站相符，包括规约类型、通道类型、网络类型、网络描述、IP 地址、端口号等。<br>2. 打开前置实时报文窗口，在前置 fes_bin 目录下执行 fes_rdisp 命令，找到相应的厂站和通道，看通道上下行是否正常。 | 若上下行均正常，但前置显示该通道故障，需要将通道表里“故障阈值”设置为“0” |

续表

| √ | 序号 | 内容 | 标　准 | 注意事项 |
|---|---|---|---|---|
| | 13 | 通道调试 | 3. 若无下行，发送数据总召命令，若仍无下行报文，检查前置机工作及相关应用是否正常。<br>4. 若无上行，对 101 通道，可采取在本环打环和通信远端打环的方法查看是否有上行报文以定位异常；对 104 通道，可以 ping 远动 IP 地址，(ping ×.×.×.×)，若不通，则是数据网异常。若能 ping 通，再使用 telnet 查看远动机 2404 端口是否已开启（telnet ×.×.×.× 2404）。若未开启，开启远动此端口。若已开启，检查远动机的转发配置。<br>5. 若上下行均正常，则核对部分遥信和遥测等量测数据是否正常。<br>6. 若量测异常，通过远动接收是否正常来判断是远动问题或厂站其他设备问题。若远动接收正常，则检查主站数据库定义是否与厂站远动一致，包括起始地址、前置点号、遥测系数、规约表的遥测类型等参数配置 | |

## 5.4　作业完工（见表 5-40）

表 5-40　　作　业　完　工

| √ | 序号 | 内　容 |
|---|---|---|
| | 1 | 作业完成后，详细核对数据库、接线图及相关定义，有无遗漏，将工作情况记入 D5000 系统厂站接入工作记录（附录） |
| | 2 | 恢复安全措施，严格按现场安全技术措施中所做的安全技术措施恢复，恢复后经双方（工作人员及验收人员）核对无误 |
| | 3 | 工作负责人在工作票上详细记录工作完成情况、遗留问题、结论意见等 |
| | 4 | 经值班员验收合格，并在工作票上签字后，办理工作票终结手续 |

# 6　作业指导书执行情况评估（见表 5-41）

表 5-41　　作业指导书执行情况评估

| 评估内容 | 符合性 | 优 | | 可操作项 | |
|---|---|---|---|---|---|
| | | 良 | | 不可操作项 | |
| | 可操作性 | 优 | | 修改项 | |
| | | 良 | | 遗漏项 | |
| 存在问题 | | | | | |
| 改进意见 | | | | | |

## 7 作业纪录

D5000 系统厂站接入工作记录（见附录 A）。

# 附 录 A
# （规范性附录）
# D5000 系统厂站接入工作记录

变电站：×××

| 序号 | 工作内容 | 完成情况 | 时间 | 作业（签名） | 核对（签名） |
|---|---|---|---|---|---|
| 1 | 厂站定义 | 厂站名称、编号 | | | |
| 2 | 责任区定义 | 责任区名 | | | |
| 3 | 前置通道定义 | 通道参数 | | | |
| 4 | 一次接线图绘制 | 画面名称 | | | |
| 5 | 数据库定义 | | | | |
| 6 | 其他图形修改 | | | | |
| 7 | 前置遥测遥信定义 | | | | |
| 8 | 数据多源定义 | | | | |
| 9 | 遥控定义 | | | | |
| 10 | 转发定义 | | | | |
| 11 | 公式定义 | 列出公式 | | | |
| 12 | 采样定义 | | | | |
| 13 | 通道调试 | 厂站配置是否存在问题 | | | |

编号：Q×××××××

# D5000 系统 WAMS 联调测试
# 标准化作业指导书

编写：__________ ________年____月____日

审核：__________ ________年____月____日

批准：__________ ________年____月____日

作业负责人：________________

作业日期：______年___月___日___时至______年____月____日____时

国 网 浙 江 省 电 力 公 司

## 1 范围

本作业指导书适用于 D5000 系统 WAMS 联调测试涉及的相关作业。

## 2 规范性引用文件

下列文件对于本文件的应用是必不可少的。凡是注日期的引用文件，仅注日期的版本适用于本文件；凡是不注日期的引用文件，其最新版本（包括所有的修改版）适用于本文件。

《电力监控系统安全防护管理规定》（国家发展和改革委员会令　第 14 号）

《智能电网调度技术支持系统》（Q/GDW 680—2011）

《地区智能电网调度技术支持系统应用功能规范》（Q/GDW Z461—2010）

《国家电网公司电力安全工作规程（变电部分）》（Q/GDW 1799.1—2013）

《国家电网公司电力调度自动化系统运行管理规定》（国家电网企管〔2014〕747 号）

《国家电网公司现场标准化作业指导书编制导则（试行）》（国家电网生〔2004〕503 号）

《国家电网公司关于加强安全生产工作的决定》（国家电网办〔2005〕474 号）

《国家电网公司关于开展现场标准化作业的指导意见》（国家电网生〔2006〕356 号）

《国家电网调度控制管理规程》（国家电网调〔2014〕1405 号）

《浙江电网自动化设备检修管理规定》（浙电调〔2012〕1039 号）

《浙江省电力系统调度控制管理规程》（浙电调〔2013〕954 号）

《浙江电网自动化主站“两票三制”管理规定（试行）》（浙电调字〔2009〕204 号）

## 3 作业前准备

### 3.1 准备工作安排（见表 5-42）

表 5-42　　准备工作安排

| √ | 序号 | 内　容 | 标　准 |
|---|---|---|---|
| | 1 | 根据本次作业项目、作业指导书，全体作业人员应熟悉作业内容、进度要求、作业标准、安全措施、危险点注意事项 | 要求所有作业人员都明确本次作业内容、进度要求、作业标准及安全措施、危险点注意事项 |
| | 2 | 准备好作业所需的相关参数等资料 | 作业资料必须齐全，符合现场实际 |
| | 3 | 根据现场工作时间和工作内容填写工作票 | 工作票应填写正确，并按《国家电网公司电力安全工作规程（变电部分）》和《浙江电网自动化主站“两票三制”管理规定（试行）》相关部分执行 |
| | 4 | 作业人员应熟悉 D5000 系统事故处理应急预案 | 要求所有作业人员均能按预案处理事故，预案必须放置于值班台；<br>预案必须是及时按时修订的，具有可操作性。事故处理必须遵守《浙江电网自动化系统设备检修流程管理办法（试行）》及《浙江电力调度自动化系统运行管理规范》的规定 |

## 3.2 劳动组织（见表 5-43）

**表 5-43** 劳 动 组 织

| √ | 序号 | 人员名称 | 职 责 | 作业人数 |
|---|---|---|---|---|
| | 1 | 工作负责人（安全监护人） | 1）明确作业人员分工。<br>2）办理工作票，组织编制安全措施、技术措施，合理分配工作并组织实施。<br>3）工作前对工作人员交代安全事项，工作结束后总结经验与不足之处。<br>4）严格遵照安规对作业过程安全进行监护。<br>5）对现场作业危险源预控负有责任，负责落实防范措施。<br>6）对作业人员进行安全教育，督促工作人员遵守安规，检查工作票所载安全措施是否正确完备，安全措施是否符合现场实际条件 | 1 |
| | 2 | 技术负责人 | 1）对安装作业措施、技术指标进行指导。<br>2）指导现场工作人员严格按照本作业指导书进行工作，同时对不规范的行为进行制止。<br>3）可以由工作负责人或安装人员兼任 | 1 |
| | 3 | 作业人员 | 1）严格依照安规及作业指导书要求作业。<br>2）经过培训考试合格，对本项作业的质量、进度负有责任 | 根据需要，至少 1 人 |

## 3.3 作业人员要求（见表 5-44）

**表 5-44** 作 业 人 员 要 求

| √ | 序号 | 内 容 | 备注 |
|---|---|---|---|
| | 1 | 经年度安规考试合格 | |
| | 2 | 精神状态正常，无妨碍工作的病症，着装符合要求 | |
| | 3 | 经过调度自动化主站端维护上岗证培训，并考试合格 | |

## 3.4 技术资料（见表 5-45）

**表 5-45** 技 术 资 料

| √ | 序号 | 名 称 | 备注 |
|---|---|---|---|
| | 1 | D5000 系统使用手册——基础平台 V3.0 | |
| | 2 | D5000 系统 WAMS 联调技术手册 | |
| | 3 | 调试所需的 IP 地址、STN 号等作业资料 | |

## 3.5 危险点分析及预控（见表 5-46）

**表 5-46** 危 险 点 分 析 及 预 控

| √ | 序号 | 内 容 | 预 控 措 施 |
|---|---|---|---|
| | 1 | IP 地址等作业资料与实际不符 | 工作前详细核对 IP 地址等作业资料 |
| | 2 | 修改、增加、删除跟计划工作无关的信息 | 明确调试目标，在工作中加强监护 |

续表

| √ | 序号 | 内　容 | 预　控　措　施 |
|---|---|---|---|
| | 3 | 工作步骤有遗漏 | 工作负责人按工作流程详细核对所有工作，是否按计划完成 |
| | 4 | 作业流程不完整导致功能缺失 | 严格按步骤执行 |

### 3.6 主要安全措施（见表 5-47）

表 5-47　　主要安全措施

| √ | 序号 | 内　容 |
|---|---|---|
| | 1 | 详细核对参数，核实 IP 地址、厂站 STN 号的唯一性和正确性 |
| | 2 | 作业过程中加强监护 |
| | 3 | 全面核对所有作业，确保作业的完整性与正确性 |

## 4 流程图

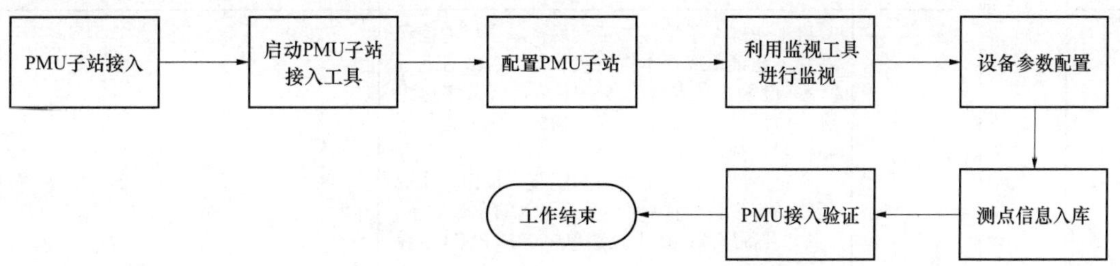


图 5-5　D5000 系统 WAMS 联调测试流程

## 5 作业程序及作业标准

### 5.1 工作许可

工作票负责人会同工作票许可人检查工作票上所列安全措施是否正确完备，并在工作许可人完成施工现场的安全措施及一起现场核查无误后，与工作票许可人办理工作票许可手续。

### 5.2 开工检查（见表 5-48）

表 5-48　　开工检查

| √ | 序号 | 内　容 | 标准及注意事项 |
|---|---|---|---|
| | 1 | 工作内容核对 | 核对本次工作的内容 |
| | 2 | 资料检查 | 详细检查核对作业所需资料，包括 WAMS_FES 服务器外网地址、PMU 子站 IP 地址及网关、PMU 子站 8 位 IDCODE（IDCODE 必须与子站保持一致）以及 16 位 STN 厂站编号 |
| | 3 | 工作分工及安全交底 | 开工前工作负责人检查所有工作人员是否正确使用劳保用品，并由工作负责人带领进入作业现场并在工作现场向所有工作人员详细交代作业任务、安全措施和安全注意事项、设备状态及人员分工，全体工作人员应明确作业范围、进度要求等内容，并在工作票工作班成员签字栏内分别签名 |

## 5.3 作业项目与工艺标准（见表 5-49）

表 5-49　　D5000 系统 WAMS 联调作业

| √ | 序号 | 内容 | 标　　准 | 注意事项 |
|---|---|---|---|---|
| | 1 | 确认端口已开启 | 1. 主站侧<br>1）WAMS 主站侧数据 8000 端口已经开启。<br>2）PMU 子站侧命令端口 8001 和离线端口 8002（或 8600）已开启。<br>2. 子站侧<br>1）PMU 子站到主站网络连接正常，可以访问主站侧数据端口。<br>2)PMU 厂家增加与 D5000-WAMS 前置通信的主站组 | |
| | 2 | 启动 PMU 子站接入工具 | 启动方式一：通过 WAMS 系统主界面的“PMU 接入标志调用”按钮启动远程 pmu_setup 工具。<br>启动方式二：直接登录 WAMS 前置服务器，通过命令行方式启动 pmu_setup 工具；若未启动，按照方式二手工启动，手动启动失败，则需要联系厂家排查 | 目前 PMU 子站接入工具（pmu_setup）只支持在两台 WAMS 前置服务器上运行接入 PMU。<br>运行条件：WAMS_FES 应用正常启动 |
| | 3 | 配置 PMU 子站 | 启动 PMU 子站接入工具后，单击“通信厂站”下拉菜单选择本次待接入厂站；或者通过“厂站检索”文本框输入：厂站拼音首字母组合；或厂站中文名称（支持模糊匹配）进行厂站检索选择。<br>选定厂站后，单击“添加配置”按钮，生成新的通信参数配置界面，需要输入的参数如下。<br>1）设备厂家：在下拉菜单中选择 PMU 装置厂家。<br>2）每秒接受帧数：可选择每秒 25、50、100 帧。根据现场实际接入需求选择。<br>3）IP 地址 1/IP 地址 2：填写子站通信 IP 地址（通常只需填写 IP1 即可）。<br>4）STN：厂站名代码。需要提前向用户或 PMU 实施厂家索取。完整的 STN 为 16 位代码，并且根据不同地区要求，STN 可为英文或中文。<br>5）离线文件标志：默认自动输入与 STN 一致。但在部分地区对离线文件生成名需不同于 STN 时可另行手动修改。<br>6）IDCODE：8 位装置编号。由用户或 PMU 实施厂家提供。<br>7）数据管道/管理管道/文件管道：主站同 PMU 装置建立通信与数据传输使用的三个端口号。一般情况管理管道、数据管道固定为 8001、8000。而文件通道在不同地区会有不同设置要求，一般有 2 种 8002 和 8600。在配置时，需与用户确认本 WAMS 系统使用的文件管道端口号。浙江文件管道端口号为 8002。<br>8）封锁链接置态：默认为“未封锁”。在某些情况下只能在指定前置机接入时，可选择封锁在该前置机接入。<br>9）在配置输入完毕后，单击“保存”按钮，并等待配置保存成功的提示 | STN 号的选取。例如，0000000000JSSDB 或 00000000 潮汕电厂，这里界面配置时仅需输入非前导 0 的内容，如上例只需输入：JSSDB 或潮汕电厂，界面在保存配置后会自动补足前导 0 |

续表

<table>
<tr><th>√</th><th>序号</th><th>内容</th><th>标　准</th><th>注意事项</th></tr>
<tr><td></td><td>4</td><td>监视工具</td><td>1）单击“报文工具”按钮启动新增PMU装置的实时报文通信监视工具。<br>2）当实时报文工具对应接入 PMU 厂站的“管理管道”变为蓝色，报文显示内容为心跳报文时，表明主站与 PMU 正常建立通信。若一直未变蓝色，则在 WAMS 前置服务器终端上执行 ping 子站 IP 地址，若不通则说明主站到子站的网络连接异常，需要协调子站人员解决；若网络连接正常，则再执行 telnet 子站 IP 地址 8001，若一直显示“trying...”则说明子站业务端口未开放，需要子站侧开放 8001、8002 端口。<br>3）变为蓝色后可单击 PMU 接入工具主界面的“next”按钮进行下一步操作。如果单击“next”按钮出现提示信息：“等待 CFG1 文件召唤上送，请稍后重试！”可等待片刻后再继续尝试</td><td></td></tr>
<tr><td></td><td>5</td><td>设备参数配置</td><td>1）进入设备参数配置界面，该界面实现 PMU 上送设备信息与主站模型设备的匹配操作。<br>2）通过两侧的选入“=>”和选出“<=”按钮进行设备信息的选择匹配。匹配上的设备在主站设备与PMU设备列表中的状态会变为“已匹配”。<br>3）需要特别注意的是，由于 PMU 一般不采集 500kV 母线的量测，因此需要在匹配界面上将左侧的所有 500kV 母线与右侧的“通用替代项”进行匹配。此外，若 220kV 线路未采集，也需将其与“通用替代项”匹配</td><td>特别说明：需要根据不同的 PMU 名称规范来解读 PMU 设备列表的内容，实现与主站模型的对应（并且要求一个系统所有 PMU 子站使用统一的命名规范）。<br>目前 PMU 设备命名规范主要分为华东规范和华北规范，具体参考如下。<br>华东规范设备名编码规则<br><table>
<tr><th>设备类</th><th>设备名称</th><th>设备名编码</th><th>备注</th></tr>
<tr><td rowspan="3">线路</td><td>洛肥 5301</td><td>05301</td><td>线路编号</td></tr>
<tr><td>后厦Ⅰ线</td><td>HSXM1</td><td></td></tr>
<tr><td>后厦Ⅱ线</td><td>HSXM2</td><td></td></tr>
<tr><td>发电机</td><td>3#机组</td><td>0003F</td><td></td></tr>
<tr><td>变压器</td><td>2#变 220kV 侧</td><td>002B2</td><td>2B：2#变<br>2：220kV 侧</td></tr>
<tr><td>断路器</td><td>1#机 485</td><td>01485</td><td></td></tr>
<tr><td>母线</td><td>500kV 母线Ⅰ段</td><td>001M5</td><td>1M：1 段母线，5：500kV</td></tr>
</table>电压等级首字母：1=110kV，2=220kV，3=330kV，5=500kV，7=750kV，T=1000kV</td></tr>
<tr><td></td><td>6</td><td>测点信息入库</td><td>1）完成设备参数配置后，可单击“next”按钮进入下一步测点信息入库。<br>2）该界面显示“PMU 接入信息一览”，可方便使用者对入库信息进行基本检查。一般线路、主变压器、发电机都应该采集三相电压、三相电流等，母线需采集三相电压等，若这些基本量测缺失，则应联系子站人员确认。在确认配置与接入信息正确的情况下，单击“测点信息入库”按钮进行配置测点的入库。<br>3）入库操作成功后，需根据提示信息重新召唤该厂站管理通道的 CFG-1 帧配置，建立与 PMU 装置数据管道的正常链接并开始接收上送的实时数据</td><td></td></tr>
</table>

续表

| √ | 序号 | 内容 | 标　准 | 注意事项 |
|---|---|---|---|---|
| | 7 | PMU 接入验证 | 1）在实时数据查看工具界面检查本次接入数据是否正确（电压单位为 V，电流单位为 A，角度单位为弧度），当正确的 PMU 数据实时上送并刷新，就表明本次 PMU 接入数据成功。若数据未收到，则先确定 cfg2 文件是否生成，在 WAMS 前置服务器的 wfes_bin/log/cfg 下查看是否有该厂站的 cfg2 文件，若有则在实时报文界面上单击左侧该厂站的管理管道，在右下方的下拉框中选择“下发 cfg2 文件”命令，单击“执行”按钮，观察报文看 cfg2 文件是否正确下发，之后子站是否会上送 cfg2 文件，若不上送，则协调子站人员排查。若数据不正常，在实时数据界面上单击左侧该厂站的数据管道，查看数据品质是否为“正常”。若异常属于 PMU 子站采集异常，可以协调子站厂家解决此问题。另外，对于数据不符合电气量约束关系的情况，在主界面中单击“量测数据对比”按钮，进入量测对比界面，可查看 PMU、SCADA、RTNET 数据的差别。PMU 数据与 SCADA 数据相差较大时，首先，确认 SCADA 数据采集是否正确；其次，再将 PMU 实时数据和离线数据与SCADA 数据进行比较：① 可召唤PMU 离线文件，若离线数据与 SCADA 数据不一致，则说明 PMU 子站数据采集存在问题（可能是 PMU 子站 CT/PT 变比错误引起，或者接线错误等），可协调 PMU 子站厂家解决此问题。② PMU离线数据与SCADA数据一致，但PMU 实时数据与 SCADA 数据不一致时，可能原因是PMU子站配置修改后未通知主站重新接入，导致主站接收的实时数据不正确，此时只需要重新接入 PMU 子站即可解决此问题。<br>2）单击“Finish”按钮完成配置，返回初始界面继续下一个厂站的接入，或者直接单击“Cancel”按钮退出 PMU 接入工具 | |

## 5.4 作业完工（见表 5-50）

**表 5-50　　作　业　完　工**

| √ | 序号 | 内　容 |
|---|---|---|
| | 1 | 作业完成后，确认 WAMS 通道是否稳定，详细核对数据 |
| | 2 | 恢复安全措施，严格按现场安全技术措施中所做的安全技术措施恢复，恢复后经双方（工作人员及验收人员）核对无误 |
| | 3 | 工作负责人在工作票上详细记录工作完成情况、遗留问题、结论意见等 |
| | 4 | 经值班员验收合格，并在工作票上签字后，办理工作票终结手续 |

## 6 作业指导书执行情况评估（见表 5-51）

表 5-51　　　　作业指导书执行情况评估

<table>
<tr><td rowspan="4">评估内容</td><td rowspan="2">符合性</td><td>优</td><td></td><td>可操作项</td><td></td></tr>
<tr><td>良</td><td></td><td>不可操作项</td><td></td></tr>
<tr><td rowspan="2">可操作性</td><td>优</td><td></td><td>修改项</td><td></td></tr>
<tr><td>良</td><td></td><td>遗漏项</td><td></td></tr>
<tr><td>存在问题</td><td colspan="5"></td></tr>
<tr><td>改进意见</td><td colspan="5"></td></tr>
</table>

## 7 作业记录

D5000 系统 WAMS 联调工作记录（见附录 A）。

# 附　录　A
## （规范性附录）
## D5000 系统 WAMS 联调工作记录

<table>
<tr><td colspan="4">作业记录</td></tr>
<tr><td>√</td><td>序号</td><td>内　　容</td><td>备　　注</td></tr>
<tr><td></td><td>1</td><td>确认端口已经开启</td><td>记录 PMU 子站侧业务端口 8001、离线端口 8002（或 8600）</td></tr>
<tr><td></td><td>2</td><td>启动 PMU 子站接入工具</td><td></td></tr>
<tr><td></td><td>3</td><td>配置 PMU 子站</td><td>子站配置内容</td></tr>
<tr><td></td><td>4</td><td>监视工具</td><td></td></tr>
<tr><td></td><td>5</td><td>设备参数配置</td><td>设备参数配置内容备份</td></tr>
<tr><td></td><td>6</td><td>测点信息入库</td><td></td></tr>
<tr><td></td><td>7</td><td>PMU 接入完成</td><td>数据是否正确且有刷新</td></tr>
<tr><td colspan="4">自验收记录</td></tr>
<tr><td colspan="2">存在问题及处理意见</td><td colspan="2"></td></tr>
<tr><td colspan="2">测试结论</td><td colspan="2"></td></tr>
<tr><td colspan="2">责任人签字</td><td colspan="2"></td></tr>
</table>

编号：Q×××××××

# D5000 系统综合智能告警调试
# 标准化作业指导书

编写：__________ ________年____月____日

审核：__________ ________年____月____日

批准：__________ ________年____月____日

作业负责人：________________

作业日期：______年____月____日____时至______年____月____日____时

国 网 浙 江 省 电 力 公 司

## 1 范围

本作业指导书D5000系统综合智能分析与告警调试作业，包括作业前检查项、系统配置及常见故障处理方法。

## 2 规范性引用文件

下列文件对于本文件的应用是必不可少的。凡是注日期的引用文件，仅注日期的版本适用于本文件；凡是不注日期的引用文件，其最新版本（包括所有的修改版）适用于本文件。

《电力监控系统安全防护管理规定》（国家发展和改革委员会令　第14号）

《智能电网调度技术支持系统》（Q/GDW 680—2011）

《地区智能电网调度技术支持系统应用功能规范》（Q/GDW Z461—2010）

《国家电网公司电力安全工作规程（变电部分）》（Q/GDW 1799.1—2013）

《国家电网公司电力调度自动化系统运行管理规定》（国家电网企管〔2014〕747号）

《国家电网公司现场标准化作业指导书编制导则（试行）》（国家电网生〔2004〕503 号）

《国家电网公司关于加强安全生产工作的决定》（国家电网办〔2005〕474号）

《国家电网公司关于开展现场标准化作业的指导意见》（国家电网生〔2006〕356号）

《国家电网调度控制管理规程》（国家电网调〔2014〕1405号）

《浙江电网自动化设备检修管理规定》（浙电调〔2012〕1039号）

《浙江省电力系统调度控制管理规程》（浙电调〔2013〕954号）

《浙江电网自动化主站“两票三制”管理规定（试行）》（浙电调字〔2009〕204号）

## 3 作业前准备

### 3.1 准备工作安排（见表5-52）

表5-52　　准备工作安排

| √ | 序号 | 内容 | 标准 |
|---|---|---|---|
| | 1 | 根据本次作业项目、作业指导书，全体作业人员应熟悉作业内容、进度要求、作业标准、安全措施、危险点注意事项 | 要求所有作业人员都明确本次安装工作的作业内容、进度要求、作业标准及安全措施、危险点注意事项 |
| | 2 | 调试所需的地理潮流图等资料 | 确保地理潮流图为最新版本 |
| | 3 | 根据现场工作时间和工作内容填写工作票 | 工作票应填写正确，并按《国家电网公司电力安全工作规程（变电部分）》和《浙江电网自动化主站“两票三制”管理规定（试行）》相关部分执行 |
| | 4 | 作业人员应熟悉D5000系统事故处理应急预案 | 要求所有作业人员均能按预案处理事故，预案必须放置于值班台；<br>预案必须是及时按时修订的，具有可操作性。事故处理必须遵守《浙江电网自动化系统设备检修流程管理办法（试行）》及《浙江电力调度自动化系统运行管理规范》的规定 |

## 3.2 劳动组织（见表 5-53）

表 5-53　　劳 动 组 织

| √ | 序号 | 人员名称 | 职　　责 | 作业人数 |
|---|---|---|---|---|
| | 1 | 工作负责人（安全监护人） | 1）明确作业人员分工。<br>2）办理工作票，组织编制安全措施、技术措施，合理分配工作并组织实施。<br>3）工作前对工作人员交代安全事项，工作结束后总结经验与不足之处。<br>4）严格遵照安规对作业过程安全进行监护。<br>5）对现场作业危险源预控负有责任，负责落实防范措施。<br>6）对作业人员进行安全教育，督促工作人员遵守安规，检查工作票所载安全措施是否正确完备，安全措施是否符合现场实际条件 | 1 |
| | 2 | 技术负责人 | 1）对安装作业措施、技术指标进行指导。<br>2）指导现场工作人员严格按照本作业指导书进行工作，同时对不规范的行为进行制止。<br>3）可以由工作负责人或安装人员兼任 | 1 |
| | 3 | 作业人员 | 1）严格依照安规及作业指导书要求作业。<br>2）经过培训考试合格，对本项作业的质量、进度负有责任 | 根据需要，至少 1 人 |

## 3.3 作业人员要求（见表 5-54）

表 5-54　　作 业 人 员 要 求

| √ | 序号 | 内　　容 | 备注 |
|---|---|---|---|
| | 1 | 经年度安规考试合格 | |
| | 2 | 精神状态正常，无妨碍工作的病症，着装符合要求 | |
| | 3 | 经过调度自动化主站端维护上岗证培训，并考试合格 | |

## 3.4 技术资料（见表 5-55）

表 5-55　　技 术 资 料

| √ | 序号 | 名　　称 | 备注 |
|---|---|---|---|
| | 1 | D5000 系统综合智能分析与告警维护技术手册 | |
| | 2 | D5000 系统使用手册-综合智能分析与告警 V3.0 | |
| | 3 | 调试所需的地理接线图等资料 | 确保地理接线图为当前版本 |

## 3.5 危险点分析及预控（见表 5-56）

表 5-56　　危 险 点 分 析 及 预 控

| √ | 序号 | 内　　容 | 预控措施 |
|---|---|---|---|
| | 1 | 进程、动态库版本不一致导致功能异常 | 确保文件版本是当前系统运行的版本 |

续表

| √ | 序号 | 内　　容 | 预控措施 |
|---|---|---|---|
| | 2 | 配置文件错误导致功能异常 | 详细确认关键配置文件的配置 |
| | 3 | 作业流程不完整导致功能缺失 | 严格按步骤执行 |
| | 4 | 修改、增加、删除跟计划工作无关的信息 | 工作中加强监护 |

### 3.6 主要安全措施（见表 5-57）

**表 5-57　　主 要 安 全 措 施**

| √ | 序号 | 内　　容 |
|---|---|---|
| | 1 | 工作前详细核对当前电网地理接线图，是否为最新版本 |
| | 2 | 确保配置文件的版本与当前系统相一致 |
| | 3 | 全面核对所有作业，确保作业的完整性与正确性 |

## 4 流程图

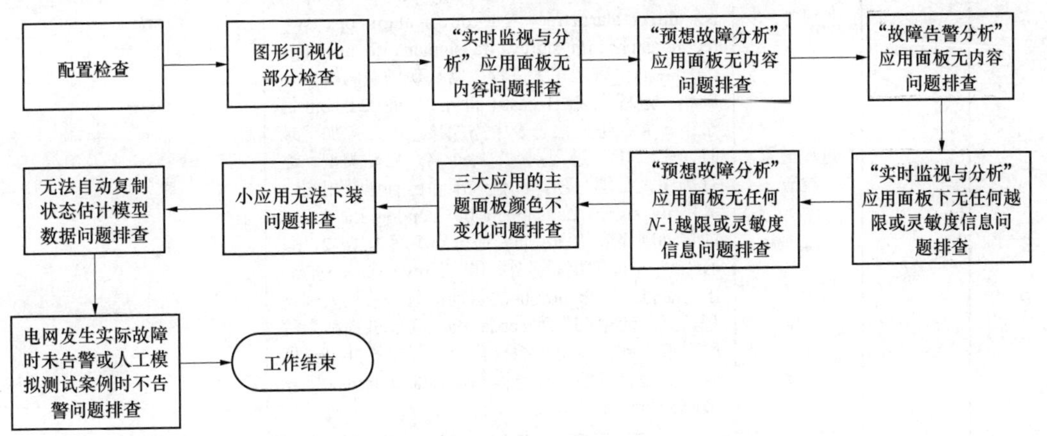


图 5-6　D5000 系统综合智能告警调试流程

## 5 作业程序及作业标准

### 5.1 工作许可

工作票负责人会同工作票许可人检查工作票上所列安全措施是否正确完备，并在工作许可人完成施工现场的安全措施及一起现场核查无误后，与工作票许可人办理工作票许可手续。

### 5.2 开工检查（见表 5-58）

**表 5-58　　开 工 检 查**

| √ | 序号 | 内　　容 | 标准及注意事项 |
|---|---|---|---|
| | 1 | 工作内容核对 | 核对本次工作的内容是否与计划一致 |

续表

| √ | 序号 | 内 容 | 标准及注意事项 |
|---|---|---|---|
| | 2 | 综合智能告警服务器、工作站、源码机检查 | 检查综合智能告警服务器配置是否完备，运行是否正常，工作站是否运行正常，源码机是否正常 |
| | 3 | 检查配置所需材料是否完备 | 地理潮流接线图是否为最新版，其他配置参数是否完备 |
| | 4 | 工作分工及安全交底 | 开工前工作负责人检查所有作业人员是否正确使用劳保用品，并由工作负责人带领进入作业现场并在工作现场向所有作业人员详细交代作业任务、安全措施和安全注意事项、设备状态及人员分工，全体作业人员应明确作业范围、进度要求等内容，并在工作票的工作班成员签字栏内签名 |

## 5.3 作业项目与工艺标准（见表 5-59 和表 5-60）

**表 5-59　　　　D5000 系统综合智能告警配置检查**

| √ | 序号 | 内容 | 标 准 | 注意事项 |
|---|---|---|---|---|
| | 1 | 进程配置检查 | 在进程信息表中，检查并增加如下进程信息：rt_ifa、isw_power、isw_app_cooperative、isw_pv_cache、isw_base_serv、isw_ctgy_serv、isw_op、isw_direct_alarm_recv、isw_direct_alarm_op、isw_record_cache、ifa_sigrcv、ifa_sigman、ifa_mandog、ifa_devsta。若无相关进程，需从现场源码机上复制相关进程至 zjzd1-pas01 和 zjzd1-pas02 的 bin 目录下，并在进程信息表中添加该进程，添加记录时，应用 ID、进程别名、命令名、启动类型、运行顺序为必填写项，其他选项和已有记录相同，其中 ifa_sigrcv、ifa_sigman、ifa_mandog、ifa_devsta 的启动顺序应特别注意，应分别填写为 1、2、3、4，顺序不能颠倒。另外，ifa_sigrcv、ifa_sigman、ifa_mandog、ifa_devsta 的启动类型为常驻关键进程，且“应用 id”为 scada_ifa，其他进程都为常驻可选进程。需检查综合智能告警主备机 bin 目录下是否有告警直传进程（isw_alarm_trans）以及故障分析程序（ifa_core） | |
| | 2 | 应用配置检查 | 综合智能告警的应用告警信息分别来自电网运行稳态监控（SCADA）、电网运行动态监视（WAMS）、二次设备在线监视与分析（SCADA_RELAY）以及高级应用（PAS）等基本模块，应逐个检查是否显示配置的智能告警功能模块，若无相关模块，需联系相应模块的厂家负责人进行应用安装，否则影响综合智能告警的告警信息 | 各个应用模块或功能部署完成后，才可以开始综合智能分析与告警功能的全面部署及调试工作 |
| | 3 | 可视化配置检查 | 综合智能告警功能需要可视化平台支撑，在图形展示上需要地理潮流接线图，因此需结合可视化工作站绘制地理潮流图。具备基础可视化环境后，可通过配置文件 visual_app_total_info.xml、theme_widget_config.xml 配置相应模块和功能，需将源码机 lib 目录下 libDLL 开头的可视化动态库同步到可视化工作站的 lib 目录下 | |

续表

| √ | 序号 | 内容 | 标　准 | 注意事项 |
| --- | --- | --- | --- | --- |
| | 4 | 服务器检查 | 综合智能告警功能可共用 PAS 的主备服务器，需要检查服务端程序是否运行正常。服务端常驻进程有 rt_ifa、isw_power、isw_app_cooperative、isw_pv_cache、isw_base_serv、isw_ctgy_serv、isw_op、isw_direct_alarm_recv、isw_direct_alarm_op、isw_record_cache、ifa_sigrcv、ifa_sigman、ifa_mandog、ifa_devsta。如果程序未正常运行，则在 bin 目录下找到该进程，输入该进程名，按 Enter 键后可拉起进程；若 bin 目录无该进程，需到现场工程源码机的 bin 目录下复制 | |

**表 5-60　　D5000 系统综合智能告警调试作业**

| √ | 序号 | 内容 | 标　准 | 注意事项 |
| --- | --- | --- | --- | --- |
| | 1 | 图形可视化部分检查 | 为保证后续可视化功能正常，需事先在数据库中配置和核对如下内容信息：<br>1）检查 scada_isw 应用下的 ISW 应用配置表，检查 RTNET、NETCA 计算是否完成；若长时间处于未完成状态，应查看 pas_rtnet 应用以及 pas_netca 应用是否运转正常，若运转有问题，根据相应模块作业指导书进行排查。<br>2）检查 public 应用下的应用面板信息表，检查是否插入了三条新记录，其中面板名称分别为 RTM、N-1 和 FA，初始应用号分别为 100000、201400 和 105000；若无此记录，应在表中添加三条记录，面板名称分别填写 RTM、N-1、FA，初始应用号依次为 100000、201400、105000，其他字段的信息选择默认值即可。<br>3）检查 public、scada、scada_isw、pas_netca 应用下的应用模块信息表，如没有内容则添加一条新的空记录并保存；如果没有该表，则在应用下下装该表。<br>4）检查 public 应用下的应用面板配置表，检查是否插入了三条新记录，其中所属面板 ID 分别为 RTM、N-1 和 FA，应用 ID 分别为 100000、201400 和 105000。若无此记录，应在表中添加三条记录，所属面板 ID 分别填写 RTM、N-1、FA，应用 ID 依次为 100000、201400、105000，其他字段的信息选择默认值即可 | |
| | 2 | “实时监视与分析”应用面板下无内容问题排查 | 1）执行$D5000_HOME/bin/目录下面的 test_base 命令，看能否弹出 QT 界面。<br>2）如果弹不出 QT 界面，则进一步监视字符终端上显示的后台打印出错信息，发生该问题的原因多半在于缺少界面程序运行所需的基本动态库文件。<br>3）根据后台打印信息，判断缺少哪一个动态库文件，然后从源码机的 lib 目录下复制到该机所对应的 lib 目录下，再执行 test_base 命令 | 源码机 lib 目录下动态库：<br>libisw_ pub.so、libDLL_FaultAppTreeWidget.so、libDLL_DsaAppTreeWidget.so、libDLL_ WAMSTreeWidget.so、libDLL_RelayApp TreeWidget.so、libDLL_ScadaThemeWi- dget.so、libDLL_BaseMonitorThemeWi-dget.so、libDLL_CtgyMonitorThemeWi-dget.so、libIFAComm.so、libIFANetTop.so。<br>若缺少相应动态库，则把其复制至主备机 lib 的目录下 |

续表

| √ | 序号 | 内容 | 标　准 | 注意事项 |
| --- | --- | --- | --- | --- |
|  | 3 | “预想故障分析”应用面板下无内容问题排查 | 1）执行$D5000_HOME/bin/目录下面的test_ctgy命令，看能否弹出QT界面。<br>2）如果弹不出QT界面，则进一步监视字符终端上显示的后台打印出错信息，发生该问题的原因多半在于缺少界面程序运行所需的基本动态库文件。<br>3）根据后台打印信息，判断缺少哪一个动态库文件，然后从源码机的lib目录下复制到该机所对应的lib目录下 | 同上 |
|  | 4 | “故障告警分析”应用面板下无内容问题排查 | 1）执行$D5000_HOME/bin/目录下面的test_fault命令，看能否弹出QT界面。<br>2）如果弹不出QT界面，则进一步监视字符终端上显示的后台打印出错信息，发生该问题的原因多半在于缺少界面程序运行所需的基本动态库文件。<br>3）根据后台打印信息，判断缺少哪一个动态库文件，然后从源码机的lib目录下复制到该机所对应的lib目录下 | 同上 |
|  | 5 | “实时监视与分析”应用面板下无任何越限或灵敏度信息问题排查 | 1. 通过dbi界面检查SCADA_ISW应用下的越限监视结果表（表号619，表英文名称：over_limit_result），看该表中有无越限信息；若无此信息，则检查SCADA应用下的设备表中有无设备的量测越限信息，若SCADA应用无设备越限信息，则正常。<br>2. 如果SCADA应用有设备越限，但是看不到该设备的灵敏度消除信息，则可从下面两个方面进行进一步的检查：<br>1）检查pas_sens应用的主机上面是否常驻sens_query_server这个进程，若无此进程，从工程现场源码机的bin目录下复制此进程至pas_sens主备机。<br>2）打开图形浏览器，将当前应用切换到PAS应用下的“灵敏度计算”小应用下，然后打开厂站接线图，并定位到该越限设备所在厂站，并通过在该一次设备上的右键菜单操作，查看该设备的灵敏度信息，看能否查询到结果。若无结果，根据pas_sens应用模块作业指导书排查问题 |  |
|  | 6 | “预想故障分析”应用面板下无任何N–1越限或灵敏度信息问题排查 | 在N–1应用主界面下检查当前N–1应用是否正常并且有无开断越限信息，若无开断越限信息则在pas_netca主界面上查看静态安全分析结果，看除基态越限外是否有N–1越限，若无越限，根据pas_netca应用模块作业指导书排查问题。<br>检查pas_netca应用主机的$/D5000_HOME/bin目录下面是否存在erase_ove_sens可执行程序。若不存在，需到工程现场源码机的bin目录复制该程序 |  |

续表

| √ | 序号 | 内容 | 标　准 | 注意事项 |
| --- | --- | --- | --- | --- |
|  | 7 | 三大应用的主题面板颜色不变化问题排查 | 1）检查 public 主机 conf 目录下的 down_load_PUBLIC.sys 配置文件，检查其内容中是否包含如下三条记录信息：<br>app_panel_info　　131<br>app_module_info　　132<br>app_module_panel_conf　　133<br>若不包含此信息，则手动添加。<br>2）检查在 public 主备服务器上是否常驻 dyn_panel_info 进程，如没有则在字符终端窗口中手动执行该进程，并将该进程信息通过 dbi 加入到进程信息表的 public 应用下 | 三大主题应用面板的颜色不会跟随其内部告警信息自动改变背景贴片的颜色（红色、黄色和绿色） |
|  | 8 | scada_ifa/scada_isw 小应用无法下装问题排查 | 检查应用主机 conf 目录下的.odb_app.ini 配置文件，增加两行记录：<br>scada_ifa　= 104000;<br>scada_isw　= 105000 |  |
|  | 9 | scada_ifa 应用层次库中模型为空，无法自动复制状态估计模型数据问题排查 | 1）检查 scada_ifa 主备服务器 data/dbsecs/scada/IFA 目录是否存在，如不存在则应手动从源码机对应目录复制。<br>2）检查 scada_ifa 主备服务器 data/dbsecs/pas/RTNET.USE 目录是否存在，如不存在则应手动从 pas_rtnet 应用主服务器对应目录复制。<br>3）检查状态估计 pas_rtnet 应用运行是否异常，周期运算是否收敛，状态估计结果不收敛可能导致 scada_ifa 应用无法自动从 pas_rtnet 应用下成功获取网络模型数据；如果异常，则首先处理状态估计的问题。<br>4）调用 kp ifa_sigrcv、ifa_sigrcv 命令，使 ifa_sigrcv 在前台打印出错信息，可以查找到具体获取模型数据失败的原因 | 如现场 scada_ifa 应用与 pas_rtnet 应用部署在相同的服务器上，则只需关注 1），否则 1）、2）皆需关注 |
|  | 10 | 电网发生实际故障时未告警或人工模拟测试案例时不告警问题排查 | 1）首先检查是否有开关变位、SOE 动作信号以及事故总等信息。若上述信息全无，则未告警原因为缺少信号；若缺少信号，则通过主控台上的历史告警查询界面，查看故障时间段的遥信变位、SOE 信号，根据基础信号以及故障分析逻辑判断故障是否应该报出。若信号满足逻辑则进一步继续查看故障时刻的综合智能告警主机上的 scada_ifa、scada_isw 应用下进程是否正常。若正常，则看主机 var/log/ifa/ifa_core_××日.log 找到相应的时间段，看诊断信号是否满足逻辑。<br>2）若有事故总信号，则进一步查看事故总信号是否在保护信号表里进行建模，事故总信号所属厂站是否正确，信号类型是否为“事故总”类型，否则事故总信号建模不正确。<br>3）查看开关变位或事故总信号的间隔时间是否在信号整合时间范围内，根据本工程的设备故障跳闸逻辑文档，查看信号是否满足判断逻辑要求。<br>4）排除异常后，按文档要求再次进行测试 | 执行该项检查时，应用及进程需运行正常，调试人员需熟悉故障诊断内部的处理逻辑 |

## 5.4 作业完工（见表 5-61）

**表 5-61　　　　作　业　完　工**

| √ | 序号 | 内　容 |
|---|---|---|
| | 1 | 核对智能告警功能是否正常，并填写综合智能告警调试报告（见附录 A） |
| | 2 | 恢复安全措施，严格按现场安全技术措施中所做的安全技术措施恢复，恢复后经双方（工作人员及验收人员）核对无误 |
| | 3 | 全体工作班人员清扫、整理现场，清点工具及回收材料 |
| | 4 | 工作负责人周密检查施工现场，检查施工现场是否有遗留的工具、材料 |
| | 5 | 工作负责人在工作票上详细记录工作完成情况、遗留问题、结论意见等 |
| | 6 | 经值班员验收合格，并在工作票上签字后，办理工作票终结手续 |

# 6　作业指导书执行情况评估（见表 5-62）

**表 5-62　　　　作业指导书执行情况评估**

<table>
<tr><td rowspan="4">评估内容</td><td rowspan="2">符合性</td><td>优</td><td></td><td>可操作项</td><td></td></tr>
<tr><td>良</td><td></td><td>不可操作项</td><td></td></tr>
<tr><td rowspan="2">可操作性</td><td>优</td><td></td><td>修改项</td><td></td></tr>
<tr><td>良</td><td></td><td>遗漏项</td><td></td></tr>
<tr><td>存在问题</td><td colspan="5"></td></tr>
<tr><td>改进意见</td><td colspan="5"></td></tr>
</table>

# 7　作业记录

D5000 系统综合智能告警调试报告（见附录 A）。

# 附 录 A
## （规范性附录）
## D5000 系统综合智能告警调试报告

<table>
<tr><td colspan="4">作业记录</td></tr>
<tr><td>√</td><td>序号</td><td>内　　容</td><td>备　　注</td></tr>
<tr><td></td><td>1</td><td>配置检查</td><td></td></tr>
<tr><td></td><td>2</td><td>图形可视化部分检查</td><td></td></tr>
<tr><td></td><td>3</td><td>“实时监视与分析”应用面板下无内容问题排查</td><td></td></tr>
<tr><td></td><td>4</td><td>“预想故障分析”应用面板下无内容问题排查</td><td></td></tr>
<tr><td></td><td>5</td><td>“故障告警分析”应用面板下无内容问题排查</td><td></td></tr>
<tr><td></td><td>6</td><td>“实时监视与分析”应用面板下无任何越限或灵敏度信息问题排查</td><td></td></tr>
<tr><td></td><td>7</td><td>“预想故障分析”应用面板下无任何 $N$–1 越限或灵敏度信息问题排查</td><td></td></tr>
<tr><td></td><td>8</td><td>三大应用的主题面板颜色不变化问题排查</td><td></td></tr>
<tr><td></td><td>9</td><td>scada_ifa/scada_isw 小应用无法下装问题排查</td><td></td></tr>
<tr><td></td><td>10</td><td>scada_ifa 应用层次库中模型为空，无法自动复制状态估计模型数据问题排查</td><td></td></tr>
<tr><td></td><td>11</td><td>电网发生实际故障时未告警或人工模拟测试案例时不告警问题排查</td><td></td></tr>
<tr><td colspan="4">自验收记录</td></tr>
<tr><td colspan="2">存在问题及处理意见</td><td colspan="2"></td></tr>
<tr><td colspan="2">调试结论</td><td colspan="2"></td></tr>
<tr><td colspan="2">责任人签字：</td><td colspan="2"></td></tr>
</table>